山水林田湖草沙系统治理

THE MANAGEMENT OF
MOUNTAIN, WATER, FOREST, FIELD, LAKE, GRASS
AND SAND SYSTEM IN NINGXIA

吴 月 宋春玲 著

社会科学文献出版社
SOCIAL SCIENCES ACADEMIC PRESS (CHINA)

目　录

前　言

　　宁夏位于我国西北内陆、黄河上游、生态环境脆弱区，统筹推进山水林田湖草沙系统治理，筑牢西部生态安全屏障，是建设经济繁荣、民族团结、环境优美、人民富裕美丽新宁夏的重要路径选择。宁夏境内山林资源、草地资源、水资源、湖泊及湿地资源、沙资源、农田资源的分布存在时空差异，因此统筹推动宁夏山水林田湖草沙系统治理主要存在以下问题：生态环境本底脆弱、生态系统稳定性差、生态投入力度不足、林草碳汇能力不足、湿地生态功能弱、实现"双碳"目标时间紧任务重、水资源短缺且利用率低下、水沙关系不协调、草场退化、荒漠化及沙化治理难度大、水土流失及土壤盐渍化形势严峻、局部环境污染严重、相关体制机制不健全等。因此，提出以"山水林田湖草沙生命共同体"理念为指导，通过加快统筹谋划、搞好顶层设计、整体施策，建立健全相关体制机制，不断加大林草生态及自然保护区建设、积极构筑西部生态安全屏障，统筹水资源、水环境、水生态"三水"综合治理，推进环境污染治理率先区建设，推进宁夏节水型社会建设，加大高标准农田及节水灌溉农业建设、积极构建粮食安全保障体系，增加林草植被覆盖度、助推防风固沙示范区建设，加强生态法治建设，建立健全生态产品价值实现机制等路径选择，统筹推进宁夏黄河流域山水林田湖草沙系统治理，为全面建设社会主义现代化美丽新宁夏贡献地方经验、地方模式。

　　宁夏作为我国西部重要生态安全屏障区，始终坚持以习近平生态文明思想为指引，坚持走生态优先、绿色发展之路，踔厉奋发，笃行不怠，以黄河流域生态保护和高质量发展先行区建设为契机，统筹推进山水林田湖草沙系统治理，探索实践具有宁夏特点的生态文明建设新路径，使宁夏成为拥有蓝天白云、清水绿岸、田园风光的绿色生态宝地。宁夏立足实际，统筹谋划、整体施策、多措并举深入实施山水林田湖草沙一体化治理，取得显著成效：黄河宁夏段水生态环境及岸堤生态环境质量明显改善，贺兰山破损山体生态保护修复项目稳步推进，六盘山水源涵养和水土保持生态功能日益显现，罗山防风固沙生态屏障作用显著提升，"一河三山"生态保护修复成效明显；持续推进林草生态工程建设，加快农田等人工生态系统建设，开展大规模国土绿化行动，加快水土流失和荒漠化综合治理，切实维护山水林田湖草沙等生态系统动态平衡，有效维护生物多样性，宁夏生态环境发生了历史性、转折性、全局性变化。截至 2022 年底，宁夏森林覆盖率、草原综合植被盖度、湿地保护率分别达到 18%、56.7%、56%[①]，地级以上城市环境空气质量优良天数比例为 84.2%，黄河干流宁夏段水体水质连续六年保持"Ⅱ类"进出，20 个地表水国控考核断面水质优良比例为 90%，受污染耕地安全利用率达到 100%[②]，"塞上江南"越来越山清水秀。

宁夏回族自治区党委、政府秉持以人民为中心的发展思想，不断满足人民群众日益增长的美好生态需要，城乡人居环境明显改善。通过深化煤尘、烟尘、汽尘、扬尘"四尘"同治，强化饮用水源、黑臭水体、工业废水、城乡污水、农业退水"五水共治"，推进建筑垃圾、生活垃圾、危险废物、畜禽粪污、工业固废、电子废弃物"六废联治"，打好蓝天保卫战、碧水攻坚战、净土守卫战。宁夏通过加强环境基础设施建设，全面整治城乡人居环境，不断推进人民生产方式和生活方式绿色变革，逐步实现终端用户电力化、电力生产零碳化的生态发展蓝图，为应对全球气候变化提供宁夏智慧、宁夏方案、宁夏力量，作出宁夏贡献。

---

① 宁夏回族自治区林业和草原局：《2022 宁夏林草十件大事》，国家林业和草原局、国家公园管理局网站，2023 年 2 月 10 日。

② 宁夏回族自治区生态环境厅生态环境监测处、生态环境监测中心：《2022 年宁夏生态环境状况公报》，宁夏回族自治区生态环境厅网站，2023 年 5 月 22 日。

新时代以来，宁夏持续高水平建设高标准农田，全力保障粮食安全和重要农产品稳定安全供给。截至 2022 年底，宁夏已实施高标准农田建设项目 1387 个，已建成高标准农田 972 万亩（超过宁夏耕地面积的一半）、较 2021 年同期增加了 96 万亩，建成高效节水灌溉农田 523 万亩、较 2021 年同期增加了 36 万亩，预计到 2027 年，将实现 1424 万亩永久基本农田高标准农田建设全覆盖①。

宁夏持续实施林草生态修复、人工造林、封沙育林、发展特色经济林和经果林、水土流失治理等综合措施，推进荒漠化、沙化防治，同时充分利用沙区特色优势资源布局沙产业，发挥沙漠的生态功能、经济功能，实现区域经济、社会、生态的绿色协调发展、可持续发展、高质量发展。连续 20 多年，宁夏荒漠化土地和沙化土地面积实现双缩减，创造了防沙治沙"中国经验"：第五次全国荒漠化和沙化监测结果显示，宁夏沙化土地面积由 1958 年的 2475 万亩减少到 2014 年的 1686.9 万亩，率先在全国实现了沙漠化逆转；第六次全国荒漠化和沙化调查结果显示，至 2019 年底，宁夏荒漠化面积 2.64 万平方千米，较第五次荒漠化和沙化监测面积减少 0.15 万平方千米；其中沙化土地约 1 万平方千米，较第五次荒漠化和沙化监测时减少 0.12 万平方千米。"十二五"期间，宁夏完成治沙造林 401.67 万亩；"十三五"期间，完成防沙治沙任务 660.6 万亩；"十四五"期间，规划防沙治沙目标任务为 450 万亩，2021~2022 年已完成营造林 300 万亩，退化草原修复 43.87 万亩，荒漠化治理 180 万亩。

宁夏回族自治区党委、政府秉持生态惠民、生态利民、生态为民原则，通过培育、发展、推广具有宁夏特色的生态产品，使其种类增多、品质更优、使用更安全，以高水平生态保护促进高质量发展，创造高品质生活，人民群众的获得感、幸福感和安全感不断增强。

---

① 张国凤：《宁夏：以项目推进高标准农田建设》，《农民日报》2023 年 3 月 16 日；段海涛：《我区重奖先进树榜样　跑出农建加速度》，宁夏回族自治区农业农村厅网站，2023 年 3 月 7 日。

第一章

宁夏自然和社会经济概况

宁夏回族自治区位于中国西北内陆地区，属于黄河上游，东连陕西、南接甘肃、北与内蒙古自治区接壤，是我国北方防沙带、丝绸之路生态保护带、黄土高原—川滇生态修复带的交会点，也是中国东西轴线中心、连接华北与西北的重要枢纽，在构建全国生态安全屏障中具有重要的地位和作用，在推动黄河流域生态保护和高质量发展建设中具有重要战略地位。宁夏总面积 6.64 万平方千米，2022 年底常住人口 728 万人[①]。

第一节　气候水文特征

宁夏地跨我国东部季风区和西北干旱区，西南靠近青藏高寒区，属温带大陆性干旱、半干旱气候[②]。按全国气候区划，最南端（固原市的南半部）属中温带半湿润气候区，固原市北部至同心、盐池南部属中温带半干旱气候区，中北部属中温带干旱气候区[③]。全年平均气温 5.3℃～9.9℃，呈北高南

---

① 宁夏回族自治区统计局、国家统计局宁夏调查总队：《宁夏统计年鉴（2023）》，中国统计出版社，2024。

② 谢增武、王坤、曹世雄：《宁夏发展沙产业的社会、经济与生态效益》，《草业科学》2013年第 3 期。

③ 宁夏回族自治区人民政府：《宁夏回族自治区主体功能区规划》（宁政发〔2014〕53 号），2014 年 6 月 18 日。

低分布；年均日照时数 2250～3100 小时，年平均太阳总辐射量 4950～6100 兆焦耳/平方米，是全国太阳能资源丰富的地区之一①。宁夏各地多年平均年降水量为 166.9～647.3 毫米，南多北少，集中在 6～9 月且多暴雨，各地年均蒸发量为 1312～2204 毫米，蒸发强烈②。宁夏各地年平均风速为 2.0～7.0 米/秒，其中，银川市为 1.5 米/秒，石嘴山市为 1.4 米/秒，吴忠市为 1.7 米/秒，中卫市为 2.3 米/秒，固原市为 3.1 米/秒；全年大风日数（极大风速≥17.0 米/秒，或者风力≥8 级的天数）以贺兰山和六盘山最多，在 100 天以上，其他地区在 4～46 天，主要发生在 4～6 月，且春季 8 级以上大风占全年大风日数的一半以上，风能资源总储量为 2253 万千瓦，适宜开发的风能资源储量为 1214 万千瓦，是全国风力发电的"富矿区"③（见图 1-1）。境内终年受西风环流控制，地处东亚季风边缘，降雨量小而蒸发量大，呈现南湿北干分布特征；风大沙多，导致境内干旱少雨、缺林少绿、生态环境脆弱，加之不合理的人为活动，致使局部区域荒漠化及沙化程度加重，草场退化，生态失调，自然环境十分恶劣，不仅严重制约着区域经济社会的高质量发展，而且对西北、华北乃至全国的生态安全和环境质量构成严重威胁。

宁夏位于黄河上游地区，黄河自中卫市入境，至石嘴山市出境。黄河是宁夏境内唯一过境干流，过境长度 397 公里，流域面积 5.14 万平方千米，近 90% 的水资源来自黄河。黄河流域宁夏段是我国生态安全战略格局"黄土高原—川滇生态屏障"的重要组成部分，是我国西部重要的生态屏障区，保护黄河安澜是中华民族伟大复兴的千秋大计，也是宁夏实现黄河流域生态保护和高质量发展先行区的重要抓手。

---

① 资料来源：http：//nx. weather. com. cn/nxqh/qhgk/06/646177. shtml。
② 宁夏回族自治区人民政府办公厅：《宁夏回族自治区自然资源保护和利用"十四五"规划》（宁政办发〔2021〕57 号），2021 年 9 月 7 日；周翠芳、张广平：《宁夏北部地区汛期降水量特征及其预测方法》，《干旱区资源与环境》2010 年第 10 期。
③ 资料来源：http：//nx. weather. com. cn/nxqh/qhgk/06/646177. shtml；宁夏回族自治区统计局、国家统计局宁夏调查总队《宁夏统计年鉴（2021）》，中国统计出版社，2022。

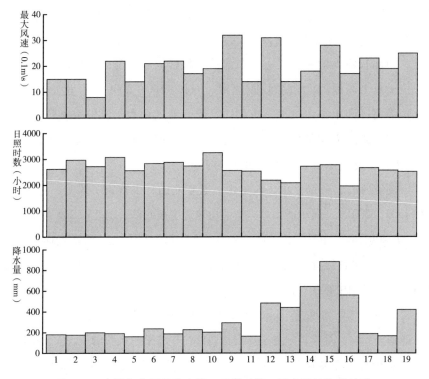

图 1-1　宁夏各市县区降水量、日照时数、最大风速资料统计

说明：银川市、石嘴山市、吴忠市、固原市和中卫市分别以市政府所在地金凤区、大武口区、利通区、原州区和沙坡头区为代表；银川市西夏区、金凤区，吴忠市红寺堡区未单独列入。

资料来源：宁夏回族自治区统计局、国家统计局宁夏调查总队《宁夏统计年鉴（2021）》，中国统计出版社，2022。图中：1—银川市，2—永宁县，3—贺兰县，4—灵武市，5—石嘴山市，6—惠农区，7—平罗县，8—吴忠市，9—盐池县，10—同心县，11—青铜峡市，12—固原市，13—西吉县，14—隆德县，15—泾源县，16—彭阳县，17—中卫市，18—中宁县，19—海原县。

第二节　地形地貌特征

宁夏境内山峰迭起，平原错落，丘陵连绵，沙丘、沙地散布，地形呈南北狭长展布，地势南高北低、西高东低。从地貌类型看，南部以流水侵蚀的黄土地貌为主，中部和北部以干旱剥蚀、风蚀地貌为主，地貌类型齐全，包括平原、丘陵、山地和台地，分别占宁夏总面积的 39.26%、37.41%、

14.84%和8.49%①。其中，宁夏北部由银川平原和卫宁平原组成，海拔1100米以上，因得黄河自流灌溉之利，土壤肥沃，素有"天下黄河富宁夏"之誉；中部有两大地貌单元，即东部的灵盐台地和西部的中低山地及山间盆地，位于黄土高原西北边缘丘陵地带，海拔1500~2000米；南部山区为黄土丘陵沟壑区和土石山区，是重要的水源涵养和水土流失重点防治区；宁夏西、北、东三面被腾格里沙漠、乌兰布和沙漠、毛乌素沙地包围，沙漠面积0.12万平方千米（占宁夏总面积的1.8%②）。

宁夏境内山地有贺兰山、六盘山、卫宁北山、牛首山、罗山、青龙山等，海拔1500~3500米，属中低山地。贺兰山地处宁夏北部，南北长200余千米，东西宽20~40千米，一般海拔2000~3000米③。总体呈东北—西南走向，西侧坡度和缓、东侧坡度陡峭，南段山势缓平、北段山势较高。主峰俄博疙瘩，海拔3556米。贺兰山横亘于我国西北地区，不仅削弱了干冷的西北季风东袭，也阻挡了暖湿的东南季风西进，同时又遏制了腾格里沙漠南侵，是我国一条重要的自然地理分界线，是维护宁夏平原乃至西北、华北平原重要的生态安全屏障。

六盘山地处宁夏南部的黄土高原之上，平均海拔2500米以上，是近南北走向的狭长山地，最高峰米缸山海拔2942米。六盘山横贯陕甘宁三省区，既是中原农耕文化和北方游牧文化的结合部，关中平原的天然屏障；又是泾河、清水河、葫芦河等黄河支流的发源地和北方重要的分水岭；还是古丝绸之路东段北道必经之地，是重要的生态安全和军事安全保障地区。

罗山位于宁夏南部同心县，南北绵延30多千米，东西宽18千米，呈南北走向，最高峰好汉圪塔海拔2624.5米。罗山是宁夏中部的最高峰，不仅有效阻滞了毛乌素沙地的南侵，成为宁夏中部的绿色生态屏障，也是宁夏中部重要的水源涵养林区。

---

① 宁夏回族自治区人民政府办公厅：《宁夏回族自治区自然资源保护和利用"十四五"规划》（宁政办发〔2021〕57号），2021年9月7日。

② 资料来源：https://www.osgeo.cn/post/4d3eb；沙金燕《黄河流域生态保护背景下宁夏春季沙尘暴与地形的相关性分析》，《宁夏农林科技》2021年第7期。

③ 史江峰、刘禹、蔡秋芳等：《油松（pinus tabulaeformis）树轮宽度与气候因子统计相关的生理机制——以贺兰山地区为例》，《生态学报》2006年第3期。

第三节　动植物资源

宁夏自然条件独特，自然植被以草原、灌丛、森林为主，生物多样性丰富，拥有1900多种野生植物和近500种野生动物①，如菊科、禾科、禾本科、豆科、蔷薇科等植物，鸟纲、哺乳纲、鱼纲、两栖纲、爬行纲等动物，碧凤蝶、红珠绢蝶、绒天蛾、女贞天蛾、地鳖虫等昆虫；而且培育了许多品质独特、经济价值较高的优良作物品种，如葡萄、枸杞、大枣、优质瓜果、蔬菜等；还包括名贵药用植物（甘草、麻黄、锁阳、肉苁蓉等）和食用植物（发菜、沙枣、沙棘等）。宁夏境内动植物资源丰富，是维护宁夏山水林田湖草沙生态系统平衡的重要自然资源和物种库，也是供给人类生产生活众多生态产品的重要资源库。

宁夏现有14个自然保护区，其中，国家级自然保护区9个，自治区级自然保护区5个。建立自然保护区的主要目的是保护珍贵的动植物资源、自然遗迹资源以及森林、草原、荒漠、湿地、水域、农田、城镇等自然生态系统和人工生态系统，切实保护宁夏的生态环境。

第四节　矿产资源

宁夏已发现各类有用矿产50余种，其中已探明储量的矿产有30余种②。主要矿产资源包括：能源矿产有煤炭、石油、天然气等（见表1-1），金属矿产有金、银、铁、镁、铜、铅、锌矿等，冶金辅助原料非金属矿产有耐火黏土、熔剂用灰岩、冶金用白云岩、冶金用砂岩等，化工原料非金属矿产有磷矿、盐矿、硫铁矿、芒硝等，建材和其它非金属矿产有水泥用灰岩、石膏、陶瓷土、玻璃用白云岩、玻璃用砂岩等（见表1-2），还包括贺兰石等，为宁夏产业发展提供了资源能源基础，宁夏是我国重要的能源供给保障区。

---

① 宁夏回族自治区人民政府办公厅：《宁夏回族自治区自然资源保护和利用"十四五"规划》（宁政办发〔2021〕57号），2021年9月7日。

② 宁夏社会科学院国史研究所编《国情概览·宁夏卷》，人民出版社，2016。

表 1-1　宁夏主要矿产资源产地及特征

矿产资源	主要特征	主要产地
煤炭	煤种齐全,煤质优良,分布广泛	贺兰山、宁东、香山、固原
石油	质地优良,采运方便,分布面广	银川、六盘山、灵盐地区
天然气	开发潜力大	银川、六盘山、灵盐地区
石膏	品质优良	同心

资料来源:宁夏社会科学院国史研究所编《国情概览·宁夏卷》,人民出版社,2016。

表 1-2　宁夏主要矿产资源储量

矿产名称	单位	探明资源量 2022 年	探明资源量 2021 年	控制资源量 2021 年	推断资源量 2021 年
能源矿产					
煤炭	亿吨	54.18	73.04	55.41	193.74
金属矿产					
铁矿(矿石)	万吨			10.64	194.38
铜矿(铜)	吨			2177.48	25389.08
铅矿(铅)	吨				7943.02
锌矿(锌)	吨				2352.13
镁矿(矿石)	万吨	1377.31	1365.29	5635.92	11324.92
金矿(金)	千克			9.56	557.48
银矿(银)	吨			2.09	62.24
冶金辅助原料非金属矿产					
熔剂用灰岩(矿石)	万吨			1458.3	1025.8
冶金用白云岩(矿石)	万吨			13576.4	4840.81
冶金用石英岩(矿石)	万吨	185.76	217.44	18022.98	482397
冶金用砂岩(矿石)	万吨				125.68
铸型用砂(矿石)	万吨				4.6
耐火黏土(矿石)	万吨			339.23	114.9
化工原料非金属矿					
硫铁矿(矿石)	万吨				15.48
芒硝(矿石)	万吨				15698.11
电石用灰岩(矿石)	万吨	10901.73	—	3339.44	16498.29
制碱用灰岩(矿石)	万吨	884.58	531.3	18094	26320.86
盐矿(矿石)	万吨	2914.64	57816.92	57359.92	148614.63
磷矿(矿石)	万吨	—	21.76	272.23	961.78

续表

矿产名称	单位	探明资源量		控制资源量	推断资源量
		2022 年	2021 年	2021 年	2021 年
建材和其它非金属矿产					
石膏（矿石）	万吨	12716.39	8621.54	233550.24	217232.81
水泥用灰岩（矿石）	万吨	52625.88	36071.38	147648.72	260282.75
玻璃用白云岩（矿石）	万吨				
玻璃用砂岩（矿石）	万吨				
水泥配料用砂岩（矿石）	万吨			415.36	339.46
玻璃用砂（矿石）	万吨			53.81	62.64
陶瓷土（矿石）	万吨	72.25	—	856.64	1854.77
砖瓦用黏土（矿石）	万立方米			578.42	584.61
水泥配料用黏土（矿石）	万吨	—	12.87	810.57	2105.41
建筑用辉绿岩（矿石）	万立方米			253	
饰面用大理岩（矿石）	万立方米			208	
水泥配料用板岩（矿石）	万吨	—	418.57	894.89	
砚石（矿石）	万吨				45.83

资料来源：宁夏回族自治区统计局、国家统计局宁夏调查总队《宁夏统计年鉴（2022）》，中国统计出版社，2023；宁夏回族自治区统计局、国家统计局宁夏调查总队《宁夏统计年鉴（2023）》，中国统计出版社，2024。

第五节　社会经济条件

根据《宁夏回族自治区 2022 年国民经济和社会发展统计公报》，2022年，宁夏地区生产总值（GDP）为 5069.57 亿元，较 2021 年增长了 4.0%，是 2000 年的 17 倍，是 1978 年的 390 倍；人均 GDP 由 1978 年的 370 元增加到 2022 年的 69781 元，较 2021 年增长了 3.5%。1978~2000 年，宁夏地区生产总值和人均 GDP 增速较慢，2001~2020 年，增速加快（见图 1-2）。地方一般公共预算收入达 460.15 亿元，同口径（扣除留抵退税因素后）增长 13.7%。城镇居民人均可支配收入由 1978 年的 346 元增加到 2022 年的 40194 元，农村居民人均可支配收入由 1978 年的 116 元增加到 2022 年的

16430 元，比 2021 年分别增长 5.0% 和 7.1%；城镇居民人均生活消费支出为 24213 元，较 2021 年降低了 4.6%，农村居民人均生活消费支出为 12825 元，较 2021 年下降了 5.2%；1978~2022 年，城镇和农村人均可支配收入呈稳定增长态势，消费支出呈波动增长态势，但城镇人均可支配收入和消费支出均高于农村地区，城乡差距日益加大（见图 1-3）。三次产业比重由 1978 年的 23.5∶50.8∶25.7 调整为 2022 年的 8.0∶48.3∶43.7，其中第三产业比重较 2020 年降低了 6.7 个百分点，较 2021 年降低了 3.5 个百分点（见表 1-3）。城镇化率由 2000 年的 32.54% 增长到 2016 年的 56.29%，继而增长到 2022 年的 66.34%①。改革开放 40 多年来，宁夏的经济得到快速发展，人民生活水平明显提高。

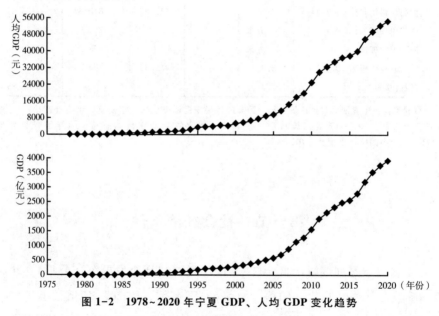

图 1-2　1978~2020 年宁夏 GDP、人均 GDP 变化趋势

---

① 资料来源：宁夏回族自治区统计局、国家统计局宁夏调查总队《宁夏回族自治区 2022 年国民经济和社会发展统计公报》，2023 年 4 月 26 日；宁夏回族自治区统计局、国家统计局宁夏调查总队《宁夏统计年鉴（2023）》，中国统计出版社，2024；宁夏回族自治区统计局、国家统计局宁夏调查总队《宁夏回族自治区 2016 年国民经济和社会发展统计公报》，2017 年 4 月 18 日。

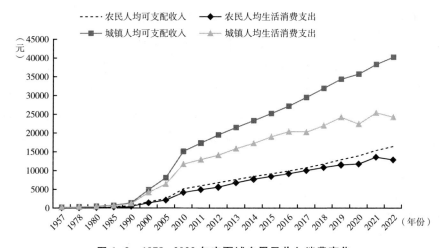

图 1-3 1978~2022 年宁夏城乡居民收入消费变化

表 1-3 1978~2022 年宁夏三次产业比例

	1978 年	1980 年	1985 年	1990 年	1995 年
占比（%）	23.5：50.8：25.7	26.7：45.5：27.8	29.2：40.2：30.6	26：39.1：34.9	20.2：42.6：37.2
	2000 年	2005 年	2010 年	2011 年	2012 年
占比（%）	15.6：41.2：43.2	11.8：45.9：42.3	9.4：49.0：41.6	8.8：50.2：41.0	8.5：49.5：42.0
	2013 年	2014 年	2015 年	2016 年	2017 年
占比（%）	8.7：49.3：42.0	7.9：48.7：43.4	8.2：47.4：44.4	7.6：47.0：45.4	7.3：45.9：46.8
	2018 年	2019 年	2020 年	2021 年	2022 年
占比（%）	7.6：44.5：47.9	7.5：42.3：50.2	8.6：41.0：50.4	8.1：44.7：47.2	8.0：48.3：43.7

资料来源：宁夏回族自治区统计局、国家统计局宁夏调查总队《宁夏统计年鉴》（2003～2023），中国统计出版社，2004~2024；宁夏回族自治区统计局、国家统计局宁夏调查总队《宁夏回族自治区 2022 年国民经济和社会发展统计公报》，2023 年 4 月 26 日。

一 农业发展情况

根据《宁夏回族自治区 2022 年国民经济和社会发展统计公报》《宁夏

统计年鉴（2023）》，2022 年底，宁夏耕地面积 1805.85 万亩，其中，粮食播种面积 1038.44 万亩，主要包括水稻、小麦、玉米、薯类、豆类等；油料播种面积 39.98 万亩，蔬菜播种面积 194.10 万亩，瓜果播种面积 78.26 万亩，园林水果面积 156.24 万亩。全年粮食作物产量 375.83 万吨，油料作物产量 4.54 万吨，蔬菜产量 527.92 万吨，瓜果产量 201.04 万吨，枸杞产量 8.63 万吨，红枣产量 9.67 万吨。肉类产品产量 36.77 万吨，禽蛋产品产量 13.21 万吨，牛奶产量 342.50 万吨，水产品产量 17.04 万吨[①]。

宁夏生态农产品种类多、产量高、品质优，部分农产品还具有鲜明的地方特色，形成"品"字招牌，是我国重要的生态产品供应区。

二 工业发展及能源消费情况

根据《宁夏回族自治区 2022 年国民经济和社会发展统计公报》《宁夏统计年鉴（2023）》，2022 年，宁夏工业增加值 2093.96 亿元，较 2021 年增长 6.4%，规模以上工业增加值增长 7.0%。分门类来看，采矿业增加值增长 6.0%，制造业增加值增长 9.0%，电力、燃气及水生产和供应业增加值增长 0.7%。主要工业产品产量：原煤产量 9479.3 万吨、较 2021 年增长 9.3%，发电量 2235.1 亿千瓦小时、较 2021 年增长 7.3%，焦炭产量 1225.4 万吨、较 2021 年增长 18.0%，原铝（电解铝）产量 125.2 万吨、较 2021 年增长 3.6%，农用化肥产量 71.0 万吨、较 2021 年增长 13.8%，精甲醇产量 997.2 万吨、较 2021 年增长 14.1%，电石（碳化钙）产量 470.4 万吨、较 2021 年增长 5.6%，水泥产量 1667.4 万吨、较 2021 年减少 13.2%，铁合金产量 383.8 万吨、较 2021 年增长 3.4%[②]。可见，宁夏工业原材料及能源丰富，产品种类多、产量高。

截至 2022 年底，宁夏发电装机容量 6474.5 万千瓦，其中，火电装机容量

[①] 资料来源：宁夏回族自治区统计局、国家统计局宁夏调查总队《宁夏回族自治区 2022 年国民经济和社会发展统计公报》，2023 年 4 月 26 日；宁夏回族自治区统计局、国家统计局宁夏调查总队《宁夏统计年鉴（2023）》，中国统计出版社，2024。

[②] 资料来源：宁夏回族自治区统计局、国家统计局宁夏调查总队《宁夏回族自治区 2022 年国民经济和社会发展统计公报》，2023 年 4 月 26 日；宁夏回族自治区统计局、国家统计局宁夏调查总队《宁夏统计年鉴（2023）》，中国统计出版社，2024。

3303.8 万千瓦，水电装机容量 42.6 万千瓦，风电装机容量 1456.7 万千瓦，光伏发电装机容量 1583.7 万千瓦。宁夏新能源装机规模达到 3042 万千瓦（居全国第八位），成为继青海、河北、甘肃之后全国第四个新能源装机占比突破 50% 的省份，新能源也成为宁夏电网第一大电源（见表 1-4）。随着清洁能源装机规模及占比不断提升，宁夏清洁能源发电量稳步提升。从 2011 年的 28.7 亿千瓦小时增长到 2022 年的 513.9 亿千瓦小时，11 年间增长了近 17 倍，清洁能源发电量占比从 2011 年的 3.06% 提升到 2022 年的 23.0%，增速较快（见表 1-5）。

表 1-4　2010~2022 年宁夏清洁能源发电装机规模

单位：万千瓦

年份	生物质发电	水电	风电	光伏
2010		42.6	76.6	9
2011		42.6	142	49.1
2012		42.6	264.6	53.1
2013		42.6	301.8	155.1
2014	2.4	42.6	417.8	173.7
2015	2.4	42.6	822.1	308.8
2016	7.4	42.6	941.6	526
2017	8.4	42.6	941.6	620.2
2018	9.6	42.6	1011.1	816.4
2019	9.7	42.6	1116.1	918.1
2020	9.7	42.6	1376.6	1197.1
2021	12.7	42.6	1454.8	1384
2022	14.2	42.6	1456.7	1583.7

资料来源：宁夏回族自治区统计局、国家统计局宁夏调查总队《宁夏统计年鉴》（2003~2023），中国统计出版社，2004~2024；宁夏回族自治区统计局、国家统计局宁夏调查总队《宁夏回族自治区 2022 年国民经济和社会发展统计公报》，2023 年 4 月 26 日。

表 1-5　2011~2022 年宁夏清洁能源发电量及占比

单位：亿千瓦小时，%

年份	水电	风电	光伏	总量	占比
2011	16.68	6.90	5.12	28.7	3.06
2012	19.01	26.51	5.69	51.21	5.09
2013	18.76	65.23	9.17	93.16	8.43

续表

年份	水电	风电	光伏	总量	占比
2014	17.46	70.87	26.64	114.97	9.94
2015	15.52	80.50	40.77	136.79	11.85
2016	14.02	125.47	51.34	190.83	16.68
2017	15.45	149.32	71.79	236.56	17.13
2018	19.76	180.55	94.57	294.88	17.74
2019	21.87	185.50	114.70	322.07	18.24
2020	22.5	194.2	135.67	352.37	18.72
2021	20.72	281.16	183.33	485.21	23.3
2022				513.9	23.0

资料来源：宁夏回族自治区统计局、国家统计局宁夏调查总队《宁夏统计年鉴》（2003~2023），中国统计出版社，2004~2024；宁夏回族自治区统计局、国家统计局宁夏调查总队《宁夏回族自治区2022年国民经济和社会发展统计公报》，2023年4月26日。

宁夏一次能源生产量由1978年的806.4万吨标准煤增加到2005年的1756.8万吨标准煤，继而增加到2022年的7001.2万吨标准煤；能源消耗总量由1980年的320.0万吨标准煤增加到2005年的2470.4万吨标准煤，继而增加到2022年的9283.7万吨标准煤，比上年增加646.9万吨标准煤[1]。万元地区生产总值能耗（单位GDP能耗）1.91吨标准煤，是全国单位GDP能耗的近4倍；单位GDP电耗2960.93千瓦小时/万元，是全国单位GDP电耗的3.7倍[2]。可见，宁夏能源生产量增速较快，但利用率较低。

三 全域生态旅游发展情况

宁夏依托悠久的历史文化资源和地质遗迹资源、神秘的西夏古韵、浓郁的回乡风情、巍峨的贺兰山及六盘山、壮美的黄河风光、雄浑的大漠风光、

---

[1] 资料来源：宁夏回族自治区统计局、国家统计局宁夏调查总队《宁夏统计年鉴（2023）》，中国统计出版社，2024。

[2] 说明：《中国统计年鉴（2023）》公布单位GDP能耗及电耗数据为2021年数据，故宁夏单位GDP能耗及电耗数据选用2021年数据。资料来源：宁夏回族自治区统计局、国家统计局宁夏调查总队《宁夏统计年鉴（2022）》，中国统计出版社，2023；国家统计局《中国统计年鉴（2023）》，中国统计出版社，2024。

旖旎的塞上江南景观以及红色遗迹遗址，吸引大量的游客到宁夏观光旅游、休闲度假旅游、康体养生旅游、研学旅游，使生态旅游成为宁夏经济发展的一项支柱产业。

根据《2022 年宁夏文化和旅游统计公报》，2022 年，宁夏旅游业总收入 305.71 亿元，较 2021 年增长 6.65%，旅游业总收入占宁夏地区生产总值的 6.03%，占第三产业增加值的 13.81%（见表 1-6）。其中，入境旅游收入约 14251.46 万元，是 2021 年的 5 倍多；国内旅游收入约 304.28 亿元，较 2021 年同期增长 6.25%。全年共接待国内外游客 3883.03 万人次，较 2021 年同期增长 7.16%。其中，接待国内游客 3882.48 万人次（占国内外游客总数的 99.99%），较 2021 年同期增长 7.18%。近年来，宁夏全域旅游发展迅速，带动相关产业从业人员不断增加，提高了当地各族人民的收入，为推动黄河流域生态保护和高质量发展先行区建设提供路径选择。

表 1-6　2010~2022 年宁夏旅游指标统计

年份	GDP（亿元）	旅游业总收入（亿元）	旅游业占 GDP 的比重(%)	第三产业增加值（亿元）	旅游业占第三产业增加值的比重(%)	接待总人数（万人次）
2010	1571.68	67.8	4.31	686.91	9.87	1020.6
2011	1931.83	84.21	4.36	836.99	10.06	1169.61
2012	2131.00	103.39	4.85	949.51	10.89	1340.89
2013	2327.68	127.30	5.47	1057.46	12.04	1820.42
2014	2473.94	142.70	5.77	1143.35	12.48	1674.99
2015	2579.38	161.30	6.25	1225.78	13.16	1839.48
2016	2781.39	210.02	7.55	1360.65	15.44	2159.95
2017	3200.28	277.72	8.68	1543.67	17.99	3103.16
2018	3510.21	295.68	8.42	1742.69	16.97	3344.70
2019	3748.48	340.03	9.07	1881.44	18.07	4011.02
2020	3956.34	199.07	5.03	1973.58	10.09	3429.54
2021	4522.31	286.65	6.34	2136.28	13.42	3623.67
2022	5069.57	305.71	6.03	2212.99	13.81	3883.03

资料来源：宁夏回族自治区文化和旅游厅《2022 年宁夏文化和旅游统计公报》，2023 年 9 月 22 日；宁夏回族自治区统计局、国家统计局宁夏调查总队《宁夏统计年鉴（2023）》，中国统计出版社，2024；宁夏回族自治区统计局、国家统计局宁夏调查总队《宁夏回族自治区 2022 年国民经济和社会发展统计公报》，2023 年 4 月 26 日。

第二章

习近平生态文明思想在宁夏的实践

党的十八大以来，习近平总书记就生态文明建设提出一系列新理念、新思想、新战略，深刻回答了"为什么建设生态文明"、"建设什么样的生态文明"和"怎样建设生态文明"的重大理论与现实问题，开创了社会主义生态文明建设的新时代，形成了习近平生态文明思想，成为习近平新时代中国特色社会主义思想的重要组成部分。习近平生态文明思想是在继承和发展马克思主义自然观、汲取中华优秀传统文化中的生态智慧、吸取西方生态文明建设的经验启示的基础上，创新发展了具有中国特色的社会主义生态文明思想，从世界观到方法论、从理论到实践都具有重大的现实意义。宁夏作为我国重要的生态安全屏障区，深入学习贯彻落实习近平生态文明思想，对黄河流域生态保护与高质量发展先行区建设具有重要意义。

第一节　习近平生态文明思想的形成与确立

党的十八大以来，习近平总书记将生态文明建设提升到"五位一体"总体布局的重要位置，在继承和发展马克思主义人与自然关系思想的基础上，在社会主义生态文明建设的实践过程中，深刻把握新时代我国生态文明建设所面临的新形势、新矛盾、新特征，因地制宜实施了针对性强的生态保护与修复、综合治理的新战略、新举措，生态文明建设从实践—认识—实践发生根本性变革，最终形成确立了习近平生态文明思想。

一　习近平生态文明思想的理论来源

马克思主义是中国共产党人不断推进理论创新和实践创新的思想源泉，关于人与自然关系的思想在马克思主义基本原理中占有重要地位。2018 年 5 月 4 日，习近平总书记强调："学习马克思，就要学习和实践马克思主义关于人与自然关系的思想。"[①] 马克思主义认为，人与自然是辩证统一的关系。人在其生物属性上属于自然，人的自然属性决定了人必须依赖自然。但同时人是社会存在物，人的社会属性决定了人具有主观能动性，不是简单地适应自然，而是可以认识自然、改造自然，创造有利于人类自身生存与发展的自然环境。人的社会实践活动超出自然界的承载力，就会对自然环境造成一定的影响，进而反噬人类社会。习近平生态文明思想是当代马克思主义生态文明理论的创新发展。

习近平生态文明思想的一个重要来源，是中华文明中孕育着的传统优秀生态文化，具有中国特色和优势[②]。2018 年 5 月 18 日，习近平总书记在全国生态环境保护大会上指出，"中华民族向来尊重自然、热爱自然，绵延五千多年的中华文明孕育着丰富的生态文化"[③]。中国具有悠久的历史文化传统，有"人定胜天""天定胜人""天人合一""人法地，地法天，天法道，道法自然"的人地关系理论。在古代，主要是人依赖自然环境，人与自然环境是相互协调、共生的关系，人类社会认为"人是自然的一部分"；从农业社会到工业社会，人类社会从盲目地服从自然规律到人类开发利用自然资源，再到人类发挥其积极作用，使自然环境被动地接受人类活动，而自然环

---

①　习近平：《在纪念马克思诞辰 200 周年大会上的讲话》，人民出版社，2018，第 21 页。

②　梁红军、张颖珂：《中华优秀传统生态文化的当代转化与实践路径》，《石河子大学学报》（哲学社会科学版）2019 年第 5 期。

③　中共中央宣传部、中华人民共和国生态环境部：《习近平生态文明思想学习纲要》，学习出版社、人民出版社，2022，第 92 页。

境遭受破坏又对人类进行了报复，产生了人与自然的冲突关系；人类逐渐认识到保护生态环境的重要性，人类向往人与自然和谐共生的关系。这些思想与实践成为习近平生态文明思想的重要来源。

西方国家的工业化起步早、发展快、程度高，大量积累资本的同时，全球性环境污染事件频繁发生，如 1952 年的英国伦敦烟雾事件、1939 年的日本水俣镇事件、美国洛杉矶光化学烟雾事件等，致使众多人畜死亡，社会经济发展多层面都受到严重影响，人与自然的矛盾日益凸显。因此，西方发达国家开始重视环境保护和治理，限制掠夺式开发资源，尤其是非可再生资源，形成了众多部门及组织（如联合国环境规划署、大自然保护协会等），推动全球生态保护和修复。西方国家先污染后治理的发展模式为我国构建人与自然和谐共生的现代化提供了可借鉴的经验和启示。

二 习近平生态文明思想的现实基础

中国共产党历来高度重视环境保护和生态建设。新中国成立之初，以毛泽东同志为核心的党的第一代中央领导集体就发出了绿化山川、植树造林的号召。1973 年召开的第一次全国环境保护工作会议，党和政府提出了"全面规划、合理布局、综合利用、化害为利、依靠群众、大家动手、保护环境、造福人民"① 的 32 字方针，对我国环境保护做出全面安排和部署，成为新中国环境保护工作进程中的一个重要里程碑。1974年，国务院成立环境保护领导小组，下发《环境保护规划要点》《关于环境保护的十年规划意见》等多个文件，环境保护指导方针的提出，标志着我国开始重视环境保护工作，并决心积极采取措施，推动环境保护制度化和法制化的实现。

党的十一届三中全会至 20 世纪 80 年代末期，以邓小平同志为核心的党的第二代中央领导集体把环境保护确定为基本国策，强调要在资源开发利用中重视生态环境保护。1983 年，第二次全国环境保护会议召开，制定了

---

① 《第一次全国环境保护会议》，《中国环境报》2018 年 7 月 13 日。

"经济建设、城乡建设、环境建设，同步规划、同步实施、同步发展，实现经济效益、社会效益、环境效益相统一"① 的 "三同步" 与 "三统一" 的指导方针，并且根据当时我国经济基础条件差、科学技术水平落后的现实情况，严格落实 "预防为主，防治结合"、"谁污染，谁治理" 和 "强化环境管理" 三项政策，尤其以加强环境管理为环境保护的中心环节。

1992 年 10 月，党的十四大报告中指出："要增强全民族的环境意识，保护和合理利用土地、矿藏、森林、水等自然资源，努力改善生态环境。"② 1996 年 7 月，以江泽民同志为核心的党的第三代中央领导集体首次提出了可持续发展的战略构想，这是中国共产党发展理念的全新认识以及对人与自然关系的重要思考。

2002 年 11 月，党的十六大报告将 "可持续发展能力不断增强，生态环境得到改善，资源利用效率显著提高，促进人与自然的和谐，推动整个社会走上生产发展、生活富裕、生态良好的文明发展道路"③ 列为全面建设小康社会的四大目标之一，为我国生态文明概念的提出奠定了基础。2007 年 10 月，党的十七大首次把 "生态文明" 写入了党代会的报告中，这标志着中国共产党生态文明思想开始步入深化发展期。

2012 年，党的十八大报告将生态文明建设纳入中国特色社会主义事业 "五位一体" 总布局，强调要树立尊重自然、顺应自然、保护自然的理念，深化了生态文明理论，丰富了科学发展观。党的十八大以来，习近平总书记积极推进生态文明建设的理论创新和实践探索，构建社会主义生态文明新格局。

新中国成立以来，中国共产党人在中国特色社会主义生态文明建设的实践中积累的认识与经验，为习近平生态文明思想奠定了坚实的理论与实践基础。

---

① 《第二次全国环境保护会议》，《中国环境报》2018 年 7 月 13 日。
② 《江泽民文选》第一卷，人民出版社，2006，第 240 页。
③ 《江泽民文选》第三卷，人民出版社，2006，第 544 页。

三　习近平生态文明思想的发展创新

习近平生态文明思想形成于他在地方的实践。习近平同志在河北、福建、浙江、上海等地工作期间，始终重视生态文明建设，这是习近平同志在地方工作期间的一个突出特色，形成了丰富的思想内容和实践经验。

1985～2002年，习近平同志在福建工作18年期间，在对厦门、宁德等地实地考察的基础上，提出了众多具有示范引领作用的生态文明建设的举措和重要论述，对于习近平生态文明思想的形成具有重要意义。2002～2007年，习近平同志在浙江工作的6年中，高度关注生态文明建设，提出和指导实施了许多重大举措，为全面推动生态文明建设积累了丰富经验。自2008年后，习近平同志足迹遍布祖国大江南北，北至黑龙江、内蒙古，西至新疆、西藏，南至海南、广西、云南，东至沿海众多城市，以及黄河流域、长江流域，在考察的过程中，习近平同志提出了众多生态保护和修复治理的论述，为创立习近平生态文明思想奠定了坚实的理论与实践基础。党的十八大以来，习近平同志科学总结了我国生态文明建设取得的成就与经验，提出了一系列新理念、新思想、新战略，为我国生态环境改善提供了基本遵循，为满足人民群众对美好生态环境的需求提供了现实基础。

习近平生态文明思想是马克思主义关于人与自然关系思想中国化的最新成果，是当今马克思主义与中国历史智慧及当前中国实际相结合的理论创新。习近平生态文明思想是中国式现代化的内在规定和重要特征，是关系党的使命宗旨的重大政治问题和关系民生的重大社会问题，是对我国重大时代课题的实践创新。习近平生态文明思想坚持用最严格制度最严密法治保护生态环境的国家治理观，是对我国生态文明建设的制度创新，为科学社会主义发展做出创新贡献①。

---

① 张云飞：《习近平生态文明思想的原创性贡献》，"学习强国"学习平台，2022年5月31日。原文刊载于《思想理论教育导刊》2022年第2期，原题《试论习近平生态文明思想的原创性贡献》。

第二节 习近平生态文明思想的内涵和在宁夏的实践

习近平生态文明思想内涵丰富、博大精深，集中体现为"坚持党对生态文明建设的全面领导""坚持生态兴则文明兴""坚持人与自然和谐共生""坚持绿水青山就是金山银山""坚持良好生态环境是最普惠的民生福祉""坚持绿色发展是发展观的深刻革命""坚持统筹山水林田湖草沙系统治理""坚持用最严格制度最严密法治保护生态环境""坚持把建设美丽中国转化为全体人民自觉行动""坚持共谋全球生态文明建设之路"，社会主义生态文明建设的重要地位体现在党和国家事业发展全局中。在实践过程中，宁夏各级党委、政府坚持以习近平生态文明思想为指引，紧紧把握其科学内涵、核心要义，结合宁夏实际，一以贯之，从思想、法律、体制、组织、作风上全面发力，持续推进，不断压实生态文明建设政治责任，生态文明建设取得历史性成就、发生历史性变化，生态环境明显改善，人民群众安全感、幸福感、满意度明显提升，生动诠释了习近平生态文明思想的真理内涵和实践伟力。

一 把"坚持党对生态文明建设的全面领导"作为宁夏生态文明建设的政治引领

在党的百年奋斗历程中，我们始终坚持党对生态文明建设的全面领导（见表2-1）。生态文明建设是"五位一体"总体布局中一项重要内容；坚持人与自然和谐共生是构建中国特色社会主义基本方略中的一条重要战略；绿色发展是新发展理念的一项重要理念；打赢污染防治攻坚战是三大攻坚战的重要一战；建设美丽中国是我们的奋斗目标。保护和改善生态环境是满足人民日益增长的优美生态环境需要的重要内容，是关系党的使命宗旨的重大政治问题和民生问题，是实现美丽中国建设目标的必然要求，是实现中华民族永续发展的千年大计。

表 2-1　历次全国环境保护会议、全国生态环境保护大会

全国环境 保护会议	时间	主要内容
第一次	1973 年 8 月 5 日 至 20 日	《关于保护和改善环境的若干规定》； "32 字方针"
第二次	1983 年 12 月 21 日 至 1984 年 1 月 7 日	基本国策——环境保护； "三大政策"——"预防为主,防治结合""谁污染,谁治理" "强化环境管理"
第三次	1989 年 4 月 28 日 至 5 月 1 日	向环境污染宣战； 经济与环境协调发展
第四次	1996 年 7 月 15 日 至 17 日	《关于加强环境保护若干问题的决定》； 实施可持续发展战略； 保护环境就是保护生产力
第五次	2002 年 1 月 8 日	政府的一项重要职能——环境保护； 贯彻国务院批准的《国家环境保护"十五"计划》
第六次	2006 年 4 月 17 日 至 18 日	推动经济社会全面协调可持续发展； 保护环境与经济增长并重,环境保护和经济发展同步
第七次	2011 年 11 月 20 日 至 21 日	在发展中保护、在保护中发展； 探索代价小、效益好、排放低、可持续的环境保护新道路
全国生态环境 保护大会	时间	主要内容
2018 年	2018 年 5 月 18 日 至 19 日	加强生态文明建设； 打好污染防治攻坚战
2019 年	2019 年 1 月 18 日 至 19 日	推动经济高质量发展； 坚决打赢蓝天、碧水、净土保卫战； 加强生态保护修复与监管,督察执法； 持续提高核与辐射安全监管水平； 深化生态环境领域改革,加强政策、制度等保障
2020 年	2020 年 1 月 12 日 至 13 日	深入贯彻落实新发展理念； 坚决打赢蓝天、碧水、净土保卫战； 加强生态系统保护和修复； 确保核与辐射安全； 依法推进环保督察执法,健全监测和评价制度； 构建生态环境治理体系

续表

全国生态环境保护大会	时间	主要内容
2021 年	2021 年 1 月 21 日	把握新发展阶段,贯彻新发展理念,构建新发展格局,统筹经济社会发展和生态环境保护; 编制实施二氧化碳排放达峰行动方案,加快推动经济社会发展全面绿色低碳发展; 精准治污、科学治污、依法治污,继续开展污染防治行动; 生态环境综合治理、系统治理、源头治理; 确保核与辐射安全; 依法推进生态保护督察执法和防范化解风险
2022 年	2022 年 1 月 7 日	有序推动经济社会绿色低碳发展; 深入打好污染防治攻坚战; 加强生态保护监管、督察执法和风险防范; 确保核与辐射安全; 加快构建现代生态环境治理体系
2023 年	2023 年 2 月 16 日至 17 日	美丽中国建设,绿色低碳高质量发展; 精准、科学、依法治污,打好污染防治攻坚战; 维护生态环境安全,加强核与辐射安全监管; 加强环保督察执法; 健全现代环境治理体系

资料来源:赵超、董峻《全国生态环境保护大会》,中华人民共和国生态环境部网站,2018 年 5 月 19 日;李干杰《深入贯彻习近平生态文明思想 以生态环境保护优异成绩迎接新中国成立 70 周年——在 2019 年全国生态环境保护工作会议上的讲话》,中华人民共和国生态环境部网站,2019 年 1 月 27 日;李干杰《坚决打赢污染防治攻坚战 以生态环境保护优异成绩决胜全面建成小康社会——在 2020 年全国生态环境保护工作会议上的讲话》,中华人民共和国生态环境部网站,2020 年 1 月 18 日;黄润秋《深入贯彻落实十九届五中全会精神 协同推进生态环境高水平保护和经济高质量发展——在 2021 年全国生态环境保护工作会议上的工作报告》,中华人民共和国生态环境部网站,2021 年 2 月 1 日;《一图读懂│2022 年全国生态环境保护工作会议》,中华人民共和国生态环境部网站,2022 年 1 月 8 日;《一图读懂│全国生态环境保护工作会议》,中华人民共和国生态环境部网站,2023 年 2 月 18 日。

    宁夏回族自治区自 1958 年成立以来,历届党委、政府立足宁夏实际,认真贯彻落实国家生态环境保护与开发建设的各项战略任务,通过实施国家"三北"防护林建设、天然林资源保护工程、退耕还林与水土保持工程、防沙治沙与禁牧封育工程、野生动植物保护与自然保护区建设工程、湿地保护工程、400毫米降水线绿化造林及生态修复等重大生态建设工程，并通过实施生态环境综合整治工程、小流域综合治理、矿山生态恢复、美丽乡村建设、节能减排与资源循环利用等重点工程建设，鼓励全社会参与到生态文明建设各项事业中，宁夏的自然景观及社会风貌发生了翻天覆地的变化。尤其是党的十八大以来，深入学习习近平生态文明思想，持续高位推动生态文明建设，坚决打好蓝天、碧水、净土保卫战，使宁夏全区生态环境质量明显改善。截至2022年底，宁夏全年完成营造林150万亩，草原生态恢复22.8万亩，湿地保护修复22.7万亩，治理荒漠化土地90万亩，森林覆盖率、草原综合植被盖度、湿地保护率分别达到18%、56.7%、56%[①]；宁夏地级以上城市环境空气质量优良天数比例为84.2%，黄河干流宁夏段水体水质为"Ⅱ类"，20个地表水国控考核断面水质优良比例为90%，受污染耕地安全利用率达到100%[②]，"塞上江南"越来越山清水秀。

案例："三北"防护林体系建设工程中的宁夏实践

1978年，党中央、国务院从中华民族生存发展和长远大计出发，启动"三北（西北、华北和东北）"防护林建设工程（以下简称"三北"工程），拉开了党和政府建设大型人工林业生态工程和国土绿化事业的序幕，这是我国涵盖面最大、内容最丰富的防护林体系建设工程，工程规划期限为73年。1988年，邓小平同志亲笔为"三北"工程题词"绿色长城"。1997年，江泽民同志发出"大抓植树造林，绿化荒漠，再造一个山川秀美的西北地区"的伟大号召。党的十八大以来，"三北"工程发展速度更快、标准更高、投资更多，进入绿色、惠民、富民的历史新阶段。

宁夏"三北"防护林工程始于1978年，涉及19个县市，宁夏是全国

---

① 宁夏回族自治区林业和草原局：《2022宁夏林草十件大事》，国家林业和草原局、国家公园管理局网站，2023年2月10日。

② 宁夏回族自治区生态环境厅生态环境监测处、生态环境监测中心：《2022年宁夏生态环境状况公报》，宁夏回族自治区生态环境厅网站，2023年5月22日。

唯一全境列入"三北"工程的省区，正在经历着由黄变绿的神奇蜕变。"三北"工程一期（1978~1985年），宁夏境内规划建设面积442万亩，实际完成造林420.88万亩，其中人工造林333.9万亩、飞播造林0.38万亩、封山（沙）育林86.6万亩；一期工程完成专项投资2021万元。"三北"工程二期（1986~1995年），规划面积363.6万亩，实际完成营造林503.5万亩，其中人工造林413.8万亩、飞播造林33万亩、封山（沙）育林56.7万亩；二期工程实际完成投资14112.6万元，完成计划投资的177%，其中"三北"专项实际投入资金3670万元，占计划投资的59.6%。"三北"工程三期（1996~2000年），规划面积299.2万亩，实际完成造林525万亩，其中人工造林258.3万亩、飞播造林80万亩、封山（沙）育林186.7万亩；三期工程实际完成中央专项投资4155万元①②。"三北"工程四期（2001~2010年），规划面积600万亩。2001~2005年，宁夏实际完成造林255.7万亩，其中人工造林完成243.2万亩，封山育林完成12.5万亩；完成投资15032万元，其中地方配套投资2664.4万元③④。2006~2010年，实际完成造林355.1万亩，其中完成人工造林292.1万亩，封山育林63万亩；完成投资55798.78万元⑤。截至2010年，全区林地面积达3266.25万亩；森林面积由2000年的605.4万亩增加到892.35万亩，森林覆盖率由2000年的8.4%提高到11.89%；特色经济林总面积达到420万亩，全区林业总产值突破140亿元⑥。"三北"工程五期（2011~2020年），规划项目514万亩，其中营造林366万亩（人工造林233万亩，封山育林133万亩），退化修复改造148万亩（其中退化林修复17万亩、退化林改造90万亩、灌木平茬41

① 《宁夏三北防护林体系工程建设情况（1978年—2007年）》，宁夏林业网，2008年4月1日。
② 王治啸：《宁夏三北防护林体系建设40周年总结》，宁夏回族自治区林业和草原局网站，2018年9月19日。
③ 《宁夏三北防护林体系工程建设情况（1978年—2007年）》，宁夏林业网，2008年4月1日。
④ 郑震、张廉：《建设美丽宁夏：加强保护环境　提高全民素质》，国家行政学院出版社，2014。
⑤ 《宁夏三北防护林体系工程建设情况（1978年—2007年）》，宁夏林业网，2008年4月1日。
⑥ 《宁夏实施三北工程情况》，宁夏林业网，2013年3月25日。

万亩）；宁夏实际完成营造林 524 万亩，其中人工造林 244 万亩，封山育林 132 万亩，退化林修复改造 148 万亩；完成总投资 162660 万元，其中国家投资 130055 万元，地方配套 24835 万元，群众投工投劳 3680 万元，其他资金 4090 万元①。目前正在实施第六期工程建设。经过四十多年的治理，"三北"工程有效控制了区域风沙肆虐、水土流失等环境问题，缓解了各种自然灾害，改善了宁夏的生态环境，进而提高了农作物和森林的产量、生物量，有效保护生物多样性，使宁夏的荒沙秃岭变成了金沙银山，带动了经济的发展，并涌现了一大批以王有德、白春兰等为代表的先进人物，为"三北"工程建设贡献了宁夏经验。

二 把"生态兴则文明兴"作为宁夏可持续发展的核心理念

习近平总书记强调："生态兴则文明兴，生态衰则文明衰。生态环境是人类生存和发展的根基，生态环境变化直接影响文明兴衰演替。"② 我们必须牢固树立尊重自然、顺应自然、保护自然的生态文明理念，必须确保人类的实践活动在生态环境承载力范围内，给自然界留下休养生息的时间和空间，以对子孙后代高度负责的态度和责任实现代际可持续发展，筑牢中华民族永续发展的生态根基。

中华文明上下五千年，在长达 3000 多年的时间里，黄河流域一直是全国政治、经济、文化中心，以黄河流域为代表的我国古代社会发展水平长期领先于世界，成为四大文明古国起源地之一。黄河被誉为中华民族的母亲河，黄河流域是我国重要的生态屏障和重要的经济地带。从先秦以来的 2500 多年间，黄河决溢达 1590 多次，改道 26 次③，历史上曾有"三年两决

---

① 《宁夏三北防护林体系建设五期工程总结自评估报告》，宁夏林草厅退耕三北站，2020。
② 中共中央宣传部、中华人民共和国生态环境部：《习近平生态文明思想学习纲要》，学习出版社、人民出版社，2022，第 11 页。
③ 刘林坤：《明清时期黄河地区龙神信仰研究》，广西师范大学硕士学位论文，2021；刘宁：《近现代黄河与中华现代文明》，《新西部》2023 年第 9 期；苏峰、李涛、杜晓星等：《大河风流看今朝》，《宁夏日报》2023 年 8 月 22 日。

口、百年一改道"之说，加之黄河流经黄土丘陵地区携带大量泥沙，导致黄河成为"地上悬河"，素有"八朝古都"之称的开封就备受水患影响多次重建。黄土高原的水土流失、黄河下游的泥沙堆积、黄河水体污染等自然和人为因素，加剧了黄河流域的水生态安全问题，严重影响人类生命安全和社会进步。因此，中国自古以来就注重保护黄河生态安全，积极推动黄河流域经济社会发展、人类文明进步。从大禹治水到潘季驯"束水攻沙"，从汉武帝时期"瓠子堵口"到清康熙帝时期"河务、漕运"治理①，再到党的十八大以来"节水优先、空间均衡、系统治理、两手发力"的治水思路，践行了中华民族永续发展的使命和任务，体现了中国智慧。

宁夏自古以来因黄河而生，因黄河而兴，因黄河而美。黄河是宁夏境内唯一过境干流，全区近90%的水资源来自黄河及其支流。习近平总书记在宁夏考察时指出："宁夏要有大局观念和责任担当，更加珍惜黄河，精心呵护黄河，坚持综合治理、系统治理、源头治理，明确黄河保护红线底线，统筹推进堤防建设、河道整治、滩区治理、生态修复等重大工程，守好改善生态环境生命线。"② 总书记就确保黄河安澜多次作出重要指示批示，为推进黄河流域生态保护和高质量发展先行区建设指明了前进方向、提供了根本遵循。

案例：黄河流域生态保护和高质量发展的宁夏实践

宁夏各级党委、政府高度重视，时刻把保障黄河长治久安作为重中之重，全面贯彻落实党中央、自治区各项保护黄河的决策部署，完成生态保护红线划定，制定《中共宁夏回族自治区委员会关于建设黄河流域生态保护和高质量发展先行区的实施意见》及专项整治方案等政策法规，实施"四水四定"方案，严格落实生态环境保护政治责任；通过工程措施、生物措施等加强黄河堤岸综合防治，基本完成了黄河宁夏段二期防洪综合治理工

---

① 金凤君、林英华、马丽等：《黄河流域战略地位演变与高质量发展方向》，《兰州大学学报》（社会科学版）2022年第1期。

② 《习近平在宁夏考察时强调 决胜全面建成小康社会决战脱贫攻坚 继续建设经济繁荣民族团结环境优美人民富裕的美丽新宁夏》，新华网，2020年6月10日。

程，建立完善了黄河保护体系，达到标准内洪水安全；大力推进水土流失综合治理，累计治理水土流失面积 2.3 万平方公里，全区入黄泥沙从 20 世纪 80 年代的 1 亿吨减少到 2000 万吨[①]；通过全面取缔企业直排口及全面推行"河（湖、库、沟）长制"等措施综合整治黄河干流、支流、入黄排水沟、重点湖泊、城市黑臭水体，坚决打赢污染防治攻坚战，保障用水安全及生态安全；实施湿地保护与恢复治理等措施，提升黄河湿地生态系统功能，改善流域小环境；通过跨区域协作机制建设积极构建上下游、干支流、左右岸适用的流域生态补偿机制，使黄河宁夏段生态环境明显改善，为黄河中下游生态安全作出宁夏贡献，为人类文明永续健康发展作出当代人的贡献。

三　把"人与自然和谐共生的现代化"作为建设社会主义现代化新宁夏的历史方位

中国共产党自成立伊始就以推进中国的现代化发展为目标，从党的一大提出实现共产主义的理想，到党的七大提出建设新民主主义的中国，到新中国成立初以恢复经济（"建立独立的完整的工业体系"）为中心，到 1952 年提出"一化三改造"，再到实现"四个现代化"目标，中国共产党始终围绕推进中国现代化而进行[②]。改革开放以来，继续坚持实现四个现代化奋斗目标，创造性使用"小康社会"这个重大概念，并明确提出要"走一条中国式的现代化道路"及"三步走"战略目标。从"三步走"发展战略到"富强、民主、文明的社会主义现代化强国"，到"富强、民主、文明、和谐的社会主义现代化国家"，再到"推进国家治理体系和治理能力现代化"，可以看出，我国现代化的道路、目标、战略更加丰富、全面、系统。纵观我国的现代化发展道路，是从单一的工业化到多方面的四个现代化再到全方位的现代化，党团结带领广大人民群众成功走出了一条中国式现代化道路，是

---

① 裴云云：《宁夏累计治理水土流失面积 2.3 万平方公里》，《宁夏日报》2020 年 10 月 22 日。
② 庞友海：《中国现代化发展历程》，《高考》2007 年第 4 期；魏礼群：《习近平总书记关于中国式现代化的重要论述》，《前线》2022 年 8 月 5 日。

人与自然和谐共生的现代化，创造了人类文明新形态，拓展了发展中国家走向现代化的途径。

习近平总书记指出，"人与自然是生命共同体"①。人与自然是相互依存、相互联系、相互影响、相互作用的有机整体，人与自然关系是人类社会最基本的关系。随着科学技术的进步和工业改革思潮的影响，社会生产力发展迅速，人类开始征服自然、改造自然，产生了较大的经济效益，人类社会的发展程度更高，创造了高度的文明，但也产生了负面效应，一系列全球性环境问题威胁人类生命安全，进而影响人类社会的全面发展进步。人们开始认识到"保护自然环境就是保护人类，建设生态文明就是造福人类""保护生态环境就是保护生产力、改善生态环境就是发展生产力"。我们必须清醒认识到人与自然是生命共同体，牢固树立生态优先战略，在保护生态环境的基础上，立足新发展阶段、贯彻新发展理念、构建新发展格局，以高质量发展引领和促进社会主义现代化事业发展，把我国建成社会主义现代化强国。

案例：光伏产业助力宁夏产业结构调整

宁夏荒漠化及沙化土地面积广袤，人烟稀少，蕴藏着丰富的风能和太阳能资源，是发展太阳灶、光伏发电、风力发电等新能源的理想场所。自2012年国家能源局将宁夏确定为全国首个新能源综合示范区以来，宁夏光伏产业发展迅速。2021年，在国家"碳达峰碳中和"和"能源双控"目标推动下，以及光伏产业大规模平价上网政策的落实，宁夏光伏产业迎来大发展。大力发展太阳灶、光伏发电等新兴清洁产业，解决沙区能源问题，减轻对薪柴的依赖程度，降低碳排放量，逐步走上终端用户电力化、电力生产零碳化的生态发展之路，有利于改革沙区生产生活方式。推动光伏全产业链上下协作，单晶硅等光伏材料产业、储能电池、电解水制氢、新能源汽车等多个清洁能源产业快速发展，推动宁夏产业结构绿色转型。依托丰富的太阳能资源、先进的科学技术，在温室大棚上安装太阳能板，不仅可以节约利用土

---

① 《党的十九大报告辅导读本》，人民出版社，2017，第49页。

地资源，亦可解决温室大棚用电需求，还可将剩余的电量输送到农户家庭或直接上网出售，既可增加农户收入，也会改善城乡人居环境。

四 把"绿水青山就是金山银山"作为宁夏黄河流域生态保护和高质量发展先行区建设的价值理念

2005 年，习近平同志在浙江湖州安吉考察时提出"绿水青山就是金山银山"这一科学论断，深入阐释了经济发展与环境保护的关系。"两山"理论辩证地论述我国经济建设与生态文明建设的关系，既要推进经济发展向绿色化转变，又要将良好的生态环境转化成具体的价值，这一价值既包括经济价值也包括社会价值。生态本身就有经济价值，保护生态就会得到生态的回馈。"两山"理论辩证统一的三个发展阶段，展现了我国经济发展方式的变革历程，也体现了我国发展理念向更加科学、趋于和谐、可持续的方向迈进（见表 2-2）。"两山"理论的具体表现形式就是产业生态化与生态产业化的协同发展，我们要依托资源及生态优势，推动生态有机农业、低碳清洁工业、绿色服务业等产业生态转型，将生态优势转化为经济优势，实现经济效益、生态效益、社会效益三赢。

表 2-2 "两山"理论发展的三个阶段

三阶段	关系	影响
一	用绿水青山换金山银山	生态遭到破坏,前期经济快速发展,后期制约经济发展
二	既要金山银山也要绿水青山	生态略有改善,经济发展缓慢
三	绿水青山就是金山银山	生态良好,生产发展,生活富裕

"绿水青山就是金山银山"的辩证关系①。随着工业化、城镇化的发展，为了追求金山银山，严重破坏了绿水青山，人类社会会遭到自然界的报复。人

---

① 杨莉、刘海燕：《习近平"两山理论"的科学内涵及思维能力的分析》，《自然辩证法研究》2019 年第 10 期。

类开始意识到绿水青山的重要性，注重保护和修复绿水青山。但金山银山并不能实现绿水青山，只能利用更多的金山银山缩短自然恢复绿水青山的时间，而有些已破坏的绿水青山却永远也无法恢复。要牢固树立绿水青山就是金山银山的理念，必须坚持生态效益和经济社会效益的相统一，积极探索推广绿水青山就是金山银山的路径，加强生态保护补偿，因地制宜壮大"美丽经济"，把生态优势转化为发展优势，使绿水青山产生巨大生态效益、经济效益、社会效益。

宁夏贯彻落实"两山"理论，就是要最大限度地维持经济发展与生态环境之间的精细平衡，走生态优先、绿色发展的路子，形成绿色消费、绿色生产、绿色流通、绿色金融等在内的完整绿色经济体系。

案例：稻渔空间乡村生态观光园

位于宁夏贺兰县常信乡四十里店村的稻渔空间乡村生态观光园，是以水稻种植和水产品养殖为基础发展的农文旅融合产业园，占地面积 3600 亩，探索出一种稻渔水循环生态立体种养新技术、智能化低碳高效种养新模式[①]。2017 年 5 月被评为"宁夏休闲农业三星级企业"，2018 年 8 月被评为"宁夏休闲农业四星级企业"，2018 年 10 月被农业农村部评为"中国美丽休闲乡村"。2020 年 6 月 9 日习近平总书记考察贺兰县稻渔空间乡村生态观光园时指出，"要注意解决好稻水矛盾，采用节水技术，积极发展节水型、高附加值的种养业，保护好黄河水资源"[②]。

"稻渔空间"以现代农业建设为核心，以农事活动为基础，以农业生产经营为特色，把农业（渔业）和休闲旅游结合在一起，从种植、养殖、生产、流通、电商，到休闲农业、旅游、娱乐等等，一二三产业在这里深度融合发展。目前，稻渔空间乡村生态观光园建立"陆基生态渔场"模式，采

---

① 银川市文化旅游广电局：《宁夏稻渔空间生态观光园简介》，银川市人民政府网站，2023 年 3 月 1 日。

② 《习近平在宁夏考察时强调　决胜全面建成小康社会决战脱贫攻坚　继续建设经济繁荣民族团结环境优美人民富裕的美丽新宁夏》，新华网，2020 年 6 月 10 日。

用了"设施工程化循环水养鱼+稻渔共作"技术。摆脱了靠经验、靠人工的方法，通过物联网、云计算、智慧平台监测数据，调整种养模式，利用手机、电脑远程操作农业生产活动，实现了农田的高效集约利用。现阶段，稻渔空间可节约水资源 25%以上，节约劳动成本 70%左右①。

五 把"坚持良好生态环境是最普惠的民生福祉"作为解决宁夏最大民生问题的基本准则

习近平同志在党的十九大报告中指出："中国特色社会主义进入新时代，我国社会主要矛盾已经转化为人民日益增长的美好生活需要和不平衡不充分的发展之间的矛盾。"② 也就是说，人们期望拥有优质、安全的水、大气、粮食等生态产品，以及良好的人居环境。改善生态环境不仅是重大政治问题，也是关系民生的重大社会问题。对此，习近平总书记在党的十八届三中全会讲话中指出："良好生态环境是最公平的公共产品，是最普惠的民生福祉。"③ 换言之，美好生活诉求，从来不止于人均可支配收入的提高，还在于舒适安全的人居环境、普惠安全的生态产品等。因此，把良好生态环境作为最普惠的民生福祉，就是要以高度的责任感和使命感，做好生态环境保护，为人民群众营造优美的生活环境，创造优质生活，为子孙后代留下蓝天、绿地、密林，以及干净的水和空气等自然财富。对此，宁夏回族自治区党委、政府秉持以人民为中心的发展思想，坚持走生态优先、绿色发展之路不动摇，通过深化煤尘、烟尘、汽尘、扬尘"四尘"同治，强化饮用水源、黑臭水体、工业废水、城乡污水、农业退水"五水共治"，推进建筑垃圾、生活垃圾、危险废物、畜禽粪污、工业固废、电子废弃物"六废联治"，助

---

① 梁小雨：《稻渔共作 节水增效》，银川新闻网，2021 年 3 月 22 日。

② 习近平：《决胜全面建成小康社会 夺取新时代中国特色社会主义伟大胜利——在中国共产党第十九次全国代表大会上的报告》，人民出版社，2017，第 11 页。

③ 中共中央文献研究室编《习近平关于社会主义生态文明建设论述摘编》，中央文献出版社，2017，第 4 页。

力宁夏大气环境、水环境改善，土壤环境质量总体保持稳定。自治区党委、政府秉持生态惠民、生态利民、生态为民，不断满足人民日益增长的优美生态环境需要，人民群众对生态产品及生态环境的获得感、幸福感和安全感不断增强。

案例：宁夏美丽城乡建设样板

"民之所欲，我之所求。"党的十八大以来，宁夏各地持之以恒，把解决突出生态环境问题作为民生优先领域，让良好生态环境成为人民群众美好生活的增长点。石嘴山市大武口区将"绿水青山"和城市转型发展有机结合起来，打"山水牌"，吃"绿色饭"，走"生态路"，城市发展迎来由"黑"变"绿"的根本逆转，实现了由"煤城"到"美城"的深度嬗变，打造出森林公园、星海翠岭、华夏奇石山等景区资源，实现了贺兰山生态治理恢复和北武当生态旅游景区的"绿色蜕变"，探索出了一条资源枯竭型城市高质量绿色转型发展的新路子。固原市以创建国家生态文明建设示范市为抓手，结合打赢脱贫攻坚战和实施乡村振兴战略，把生态建设融入产业结构调整中、融入美丽城乡建设中，推进产业生态化和生态产业化建设，持续推动现代纺织、特色农业、文化旅游、生态经济等重点产业绿色低碳发展，构建"1411"城镇发展格局①，实施"百村示范、千村整治"工程，开展旅游环线绿化美化，推进城乡环境综合治理，探索推广乡村文明实践积分卡"兴盛模式"和幸福农家"123"工程②，深入推进生态制度、生态环境、生态空间、生态经济、生态生活、生态文化六大体系建设，使区域生态环境显著好转，生态文化日渐浓厚，生态经济日益繁荣。固原市泾源县作为宁夏南部重要的生态屏障和森林水源涵养地，坚持生态保护、生态治理、生态建设"三管齐下"，生态环境质量在宁夏名列前茅，人均收入明显提高，绿水

---

① 本报评论员：《向协调发展要空间——论学习贯彻市委四届五次全会精神》，《固原日报》2019 年 10 月 31 日。

② 彭阳县农业农村局：《固原市 2020 年"中国农民丰收节"系列活动在彭阳县举办》，宁夏回族自治区农业农村厅网站，2020 年 9 月 28 日。

青山与金山银山互促共进成效明显。银川市西夏区镇北堡镇扎实推进生态环境治理，全力打造生态宜居的特色小镇，通过实施美丽乡村及镇村卫生整治、改善农村人居环境建设等项目工程，实现了村民自来水入户率、村巷道路硬化率、网络通信覆盖率、镇区污水处理率、垃圾无害化处理率5个"百分之百"①，形成全面共治的良好人居环境。

六 把"绿色发展是发展观的深刻革命"作为宁夏高质量发展的重要遵循

习近平总书记指出："新时代推动经济社会发展，必须坚定不移贯彻创新、协调、绿色、开放、共享的新发展理念，推动高质量发展。"② 绿色发展是构建高质量现代化经济体系的必然要求。产业绿色发展包括传统产业的绿色化改造与新兴产业的绿色化创建。传统产业的绿色化改造，属于产业结构调整、改造、优化、升级的范畴；新兴产业的绿色化创建，属于发展新产业范畴。发展绿色产业涵盖一、二、三产业的全部领域和范围，是产业调整、产业升级改造、发展新兴产业的根本方向，是实现"碳达峰碳中和"的有效手段。

大力开发利用绿色技术是推进绿色发展的重要手段。绿色技术是提高资源利用率、减污降碳增效的重要抓手，是发展生态产业的重要途径。利用绿色技术，不断解决人类面临的资源和能源日益短缺的问题，有效预防、控制和治理环境污染。推进绿色发展，需要能源综合利用技术、清洁生产技术、废物回收和再循环技术、资源重复利用和替代方法、减污降碳科技、环境监测设备以及预防污染工艺等绿色技术支持，这些绿色技术是构筑生态经济的物质基础，是生态经济的技术依托。

---

① 杨兆莲：《一市一县一镇入选！宁夏生态文明建设示范创建实现新突破》，宁夏新闻网，2021年10月14日。
② 《论把握新发展阶段、贯彻新发展理念、构建新发展格局》，中央文献出版社，2021，第333页。

近年来，宁夏产业发展的矛盾依然存在，产业结构、创新能力、可持续发展水平仍有待优化提高，加快产业转型升级势在必行。宁夏响应国家产业绿色转型的号召，加快产业结构升级和经济发展方式转变，产业绿色转型将成为加快转变经济发展方式、抢占新时期经济发展制高点的重要选择。宁夏打造现代产业基地，不仅要培育新兴绿色产业，还包括推进传统产业绿色化和循环化改造，以及培育支撑绿色产业发展的服务体系，也就是要拓展外延和强化支撑。通过打造"点、线、面、体"一体化的产业组织，形成集群发展的态势，构建网络化的产业发展格局；通过对传统产业进行绿色化和循环化改造，将产业发展纳入绿色发展轨道；通过税收优惠、低息贷款、生产要素倾斜性配置等政策手段，降低企业循环经济活动中的成本、风险和不确定因素，处理好循环不经济问题；通过建立绿色技术创新体系、绿色金融和绿色产业信息平台等手段，培育支撑绿色产业发展的服务体系。

案例：宁夏氢能产业发展

氢能尤其是由非化石能源制取的"绿氢"从生产到消费全过程零排碳，是目前发现的最为清洁、高效的可替代能源。"绿氢"的利用与发展将成为宁夏实现"碳达峰碳中和"目标的重要抓手。2021年，宁夏发布《宁夏回族自治区能耗双控三年行动计划（2021—2023年）》，提出大力发展绿氢生产。相关部门及企业通过加大研发力度，攻坚克难，积极探索绿氢全产业链发展路径，不断实现"绿氢"的大规模商用价值。充分利用科技人才力量，解决降低制氢成本、安全可靠的运储方式、燃料电池等关键技术装备的研发问题，同时对于电解槽新材料的更新换代、降本增效等问题可做长期基础性研究。推动灰氢转绿、以氢换煤、绿氢消碳等能源结构调整优化，走出一条加氢减煤、减碳增效的新路子。

目前，宁夏回族自治区聚焦绿氢生产核心技术攻关，在涉氢装备制造、氢能交通应用、绿氢耦合煤化工发展等绿氢产业全链发力，绿氢产业已初具规模。在高水平建设国家新能源综合示范区的进程中，宁夏聚焦煤化工、新材料等领域降耗减碳，布局谋划了一批绿氢制备与应用项目，其中比较典型的有：宁东可再生能源制氢耦合煤化工产业示范区，推进绿氢耦合煤化工建设项目；宝丰全球最大氢气电解水制氢项目装置建成投产，建成后年产3亿标准立方米绿氢项目；宝廷建设首个加氢站项目；京能宁东发电公司200标准立方米/时质子膜法制氢及氢能制储加一体化项目；凯豪达制氢设备研发与生产制造、宁国运天然气掺氢中试研究等项目。

七　把"统筹山水林田湖草沙系统治理"作为宁夏生态系统治理的路径选择

2013年，在党的十八届三中全会上，首次提出山水林田湖是一个生命共同体。2017年，在中央深改组会议上，首次提出坚持山水林田湖草是一个生命共同体。2020年8月，在中央政治局会议上，提出统筹推进山水林田湖草沙综合治理、系统治理、源头治理。习近平总书记指出："山水林田湖是一个生命共同体，人的命脉在田，田的命脉在水，水的命脉在山，山的命脉在土，土的命脉在树。""环境治理是一个系统工程，必须作为重大民生实事紧紧抓在手上。"① 山水林田湖草沙系统治理，从系统工程和全局角度，深刻揭示了生态系统的整体性、系统性及其内在发展规律，提出了全方位、全地域、全过程开展生态环境保护建设，为新时代我国生态文明建设提供了方法论指导，是习近平生态文明思想的一项重要内容。因此，统筹山水林田湖草沙系统治理，必须统筹谋划、搞好顶层设计，整体施策、多措并举开展生态文明建设，实现区域可持续发展。

宁夏位于我国季风边缘地区，降水稀少且年际与季节变化大、蒸发强烈，三面环沙、大风日数多、植被稀疏、地表物质疏松，致使区域生态环境极度脆弱。因此，要立足宁夏实际，深入实施山水林田湖草沙一体化治理，统筹推进"三山"综合整治，协调推进黄河流域生态保护，持续推进林草

---

① 洪向华：《从"千万工程"中深刻把握习近平生态文明思想蕴含的科学思维》，《光明日报》2023年6月27日；《习近平在北京考察工作》，人民网，2014年2月26日。

生态工程建设，加快农田等人工生态系统建设，开展大规模国土绿化行动，加快水土流失和荒漠化综合治理，充分发挥沙漠的生态功能发展沙产业，推动宁夏生态环境整体改善。2010～2022 年，宁夏森林覆盖率从 11.89% 提高到 18%，草原综合植被盖度由禁牧（2003 年）前的 35% 提高到 56.7%[①]，自 2019 年以来空气环境质量优良天数比例一直保持在 80% 以上，黄河干流6 年来保持"Ⅱ类进Ⅱ类出"，2020 年湿地产权确权试点调查数据显示宁夏湿地面积约 311 万亩（与 2010 年全国第二次湿地资源调查湿地面积 310 万亩基本持平)[②]，连续 20 年实现荒漠化和沙化土地面积"双缩减"，宁夏生态环境越来越美，为我国生态环境整体改善作出宁夏贡献。

案例：贺兰山生态环境综合整治修复项目

贺兰山横亘于我国西北地区，地处宁夏北部，南北长 200 余千米，东西宽 20～40 千米，海拔 2000～3000 米[③]。总体呈东北—西南走向，西侧坡度和缓、东侧坡度陡峭，南段山势缓平、北段山势较高。贺兰山不仅削弱了干冷的西北季风东袭，也阻挡了暖湿的东南季风西进，同时又遏制了腾格里沙漠南侵，是我国一条重要的自然地理分界线，亦是维护西北、华北生态安全的重要屏障。贺兰山蕴藏着丰富的煤炭、硅石、铁矿石、黏土等矿产资源，随着工业化进程的加快，宁夏对贺兰山煤田的煤炭资源进行了大规模、粗放式开发利用，促进了宁夏经济的发展和社会的进步，也为我国现代化建设提供了资源和能源，同时，对区域生态环境产生了严重的破坏，林草生态退化、水土流失严重、生态多样性锐减等问题凸显，阻碍了区域经济的可持续发展。

习近平总书记对宁夏作出指示："宁夏是西北地区重要的生态安全屏

---

① 张唯：《建立禁牧和草畜平衡制度　促进草原保护利用——〈关于进一步加强禁牧封育的实施方案〉解读》，《宁夏日报》2023 年 10 月 31 日。

② 冯启东：《宁夏 310 万亩湿地保有量任务全面完成》，宁夏回族自治区林业和草原局网站，2020 年 12 月 7 日。

③ 史江峰、刘禹、蔡秋芳等：《油松（pinus tabulaeformis）树轮宽度与气候因子统计相关的生理机制——以贺兰山地区为例》，《生态学报》2006 年第 3 期。

障，要大力加强绿色屏障建设"① "坚决保护好贺兰山生态"②。自治区党委、政府、各级多部门深入学习习近平生态文明思想及视察宁夏重要讲话和指示批示精神，明确保护贺兰山生态环境的极端重要性、紧迫性和艰巨性，以壮士断腕的决心和气魄，扎实推进贺兰山生态环境综合整治，坚决完成维护贺兰山生态安全屏障的重要使命。自 2016 年起，宁夏全面开展贺兰山生态环境整治修复和治理，以《贺兰山国家级自然保护区生态环境综合整治推进工作方案》为统揽，严格落实"1+8"（资金保障、两权价款、生态恢复保证金退还、生态恢复技术标准、煤炭产能置换、阶段性验收要求、职工安置、社会维稳）配套政策，已完成贺兰山自然保护区 83 处矿业权全部退出、保护区内外 214 处点位（其中保护区内 169 处整治点）综合整治修复，推进保护区外围 11 处矿区环境治理，重点区域煤矿关闭退出，遗留矿坑和无主渣台完成整治，同步实施贺兰山东麓山水林田湖草生态保护修复国家试点工程，通过清理整治工矿等设施、依山就势重塑地形地貌，遗留渣台削坡降级、遗留矿坑回填清理、播撒草籽、植树绿化等措施，精准施策，治理修复面积超过 40.5 万亩，退出煤炭产能 1596 万吨③。2021 年起，宁夏通过矿山地质环境综合治理等措施，对贺兰山国家级自然保护区 1935 平方千米全面封禁，贺兰山的自然生态功能也稳步提升，森林覆盖率增加 0.2 个百分点，植被覆盖度增加 5 个百分点④，切实保护濒危物种，维护生物多样性，生态恢复步入良性循环，生态环境保护实现历史性、转折性、全局性好转。

---

① 《习近平在宁夏考察时强调 解放思想真抓实干奋力前进 确保与全国同步建成全面小康社会》，新华网，2016 年 7 月 20 日。

② 《习近平在宁夏考察时强调 决胜全面建成小康社会决战脱贫攻坚 继续建设经济繁荣民族团结环境优美人民富裕的美丽新宁夏》，新华网，2020 年 6 月 10 日。

③ 《宁夏贺兰山国家级自然保护区生态环境综合整治修复工作报告》，宁夏贺兰山国家级自然保护区管理局内部资料，2023；任玮、苏醒：《贺兰山除"旧疤"生"新肌"矿坑里"长"出绿色桃源》，宁夏回族自治区林业和草原局网站（来源于新华网），2022 年 6 月 7 日；何宇澈、秦瑞杰：《宁夏石嘴山市推进贺兰山生态修复——矿山复青山 愿景变美景（美丽中国·山水工程①）》，《人民日报》2023 年 3 月 27 日；张唯：《宁夏"三山"自然生态本底逐步恢复》，《宁夏日报》2021 年 6 月 15 日。

④ 《宁夏贺兰山国家级自然保护区生态环境综合整治修复工作报告》，宁夏贺兰山国家级自然保护区管理局内部资料，2023。

围绕"修山、治污、增绿、固沙、扩湿、整地"6大任务，完成营造林9.68万亩，治理沙漠化土地7.14万亩、水土流失土地30.97万亩，建设高标准农田17万亩，改良盐碱地26万亩，修复湿地0.24万亩，修复草原3万亩，贺兰山东麓山水林田湖草生态保护修复工程试点达到预期绩效目标①。

随着贺兰山生态环境向好发展，带动了相关生态产业发展。变"废"为宝，在退出矿区或生态恢复区开展文体公园、工矿旅游、生态果园等"生态修复+"产业（见图2-1）；依托宁夏丰富的光热资源和贺兰山东麓大面积平坦的土地资源，大力发展贺兰山东麓百万亩葡萄文化长廊，构建北部平原多功能绿洲农业生态系统。贺兰山生态保护修复治理不仅实现了生态、社会、经济效益相统一，更蹚出一条人与自然和谐共生的绿色发展之路，为我国生态文明建设书写了"宁夏篇章"。

图 2-1　石炭井矿区大磴沟片区整治前后对比

八　把"坚持用最严格制度最严密法治保护生态环境"作为宁夏生态文明建设的根本制度保障

习近平总书记指出："加快生态文明体制改革，建设美丽中国。"② 党的

---

① 《宁夏贺兰山国家级自然保护区生态环境综合整治修复工作报告》，宁夏贺兰山国家级自然保护区管理局内部资料，2023。

② 《党的十九大报告辅导读本》，人民出版社，2017，第49页。

十八届三中全会提出加快生态文明制度建设，明确了生态文明制度建设的四个主要方面，用制度保障生态环境改善。四个方面包括：健全自然资源资产产权制度和用途管制制度、规定生态保护红线、实行资源有偿使用制度和生态补偿制度、改革生态环境保护管理体制。2015 年中共中央、国务院印发《关于加快推进生态文明建设的意见》，首次确立生态文明制度体系在生态文明建设中的核心地位，并指明了制度体系建立的方向。我国环境立法晚于西方国家，但起步较早，1979 年就颁布了首部综合性环境保护法，即《环境保护法（试行）》，到目前已经形成拥有法律、行政法规、部门规章 400余件，司法解释、司法政策文件、环境标准 2200 余件的成规模的法制体系①。涵盖了大气、水、海洋、土壤、湿地、动植物、自然保护区、防沙治沙、流域保护、核辐射安全等环境要素，主要领域基本覆盖。

生态环境要下大力气整治，要取得成效，就要用制度引导、规范和约束各类与自然资源相关的行为。宁夏的涉生态环境立法相对完善，以《宁夏回族自治区环境保护条例》（2010 年 1 月 1 日起实施，1990 年审议通过，2006 年修正、2009 年修订、2012 年第二次修正、2016 年第三次修正、2019年第四次修正）为主，辅以《宁夏回族自治区野生动物保护实施办法》（1990 年）、《宁夏回族自治区草原管理条例》（2006 年）、《宁夏回族自治区六盘山、贺兰山、罗山国家级自然保护区条例》（2006 年）、《宁夏回族自治区湿地保护条例》（2008 年，2018 年修订）、《宁夏回族自治区防沙治沙条例》（2010 年）、《宁夏回族自治区水资源管理条例》（2017 年）、《宁夏回族自治区大气污染防治条例》（2017 年）、《宁夏回族自治区水污染防治条例》（2020 年）、《宁夏回族自治区土壤污染防治条例》（2021 年）、《宁夏回族自治区人民代表大会常务委员会关于加强检察机关公益诉讼工作的决定》（2020 年）、《宁夏回族自治区建设黄河流域生态保护和高质量发展先行区促进条例》（2022 年）等，涵盖了大气、水、土壤等环境因素，结

---

① 杨朝霞：《中国环境立法 50 年：从环境法 1.0 到 3.0 的代际进化》，《北京理工大学学报》（社会科学版）2022 年第 3 期。

合宁夏地方环境特征就"三山一河"、防沙治沙等进行立法。环境保护方面的立法不仅对原有法律进行了修改完善，而且出台了新的地方性法规，其中《宁夏回族自治区建设黄河流域生态保护和高质量发展先行区促进条例》系全国首部关于黄河流域生态保护和高质量发展的地方性法规，是以制度推动国家战略在宁夏取得实效的典范。

规范性文件作为制度补充发挥重要作用，对相关立法进行了更加具体的规定，更具可操作性。如《宁夏回族自治区党政领导干部生态环境损害责任追究实施细则（试行）》《关于发布宁夏回族自治区生态保护红线的通知》《关于建设黄河流域生态保护和高质量发展先行区的实施意见》《自治区人民政府关于加快建立健全绿色低碳循环发展经济体系的实施意见》等，不仅有责任追究的细则和激励措施，也有关于生态环境保护的短期方案和长期规划。特别是河湖长的制度体系逐渐完备，形成了信息共享、巡查、验收、通报、信息报送、整改验收销号、工作督导检查、考核等完备的制度，且自治区河长办、自治区人民检察院、自治区公安厅联合印发了《关于在河长制中建立"河长+检察长+警长"工作机制的意见》，将河长制与司法、行政相衔接，形成了河湖保护新格局。

案例：检察机关环境公益诉讼，推动法律监督职能与行政职能协作配合，构建大保护格局

积极融入"河长制""林长制"，为公益诉讼拓展案源，推动形成司法与行政合力。2019年，自治区检察院与自治区水利部门联合建立了"河长+检察长"工作机制。在此基础上，2020年，自治区河长办、自治区人民检察院、自治区公安厅建立"河长+检察长+警长"工作机制，宁夏率先在全国省级层面推行该项制度，推行依法治河新协作机制，是黄河流域生态保护和高质量发展先行区建设的检察作为，同时推动五市检察机关也已建立了相应机制。2022年4月、5月吴忠市、中卫市人民检察院分别开启"林长+检察长"联动模式。参与"林长制""河长制"，将司法融入行政，促进检察公益诉讼工作开展，升级了生态环境治理系统工程，给出了生态综合治理的

检察答卷。2021 年，宁夏检察机关与行政机关联动，针对黄河流域水资源综合利用及污染问题，多措并举推动问题整改，在黄河干流宁夏段取水工程专项整治行动中，发现 234 件问题线索，处置解决 230 件①。石嘴山市检察机关在与河长办共同开展的"携手清四乱　保护母亲河"专项行动中，制发公益诉讼诉前检察建议 67 件，督促行政机关清理生活垃圾、建筑垃圾 2.5 万余吨，督促整改拆除违法建筑 1.4 万平方米，清理占用河岸面积 6600 平方米，清理在河道范围内建筑车间、工业厂房、旱厕 5000 平方米，清理污染河床 2.5 万平方米，拆除擅自建筑砖瓦房、土坯房、彩钢房、养殖圈舍共 20 多间②。平罗县人民检察院督促保护天河湾黄河湿地行政公益诉讼案、中宁县人民检察院督促整治黄河干流违规取水行政公益诉讼案，入选 2022 年 1 月 25 日最高人民检察院发布检察机关服务保障黄河流域生态保护和高质量发展典型案例。

与此同时，司法机关依法打击涉环境资源类犯罪，对环境领域违法犯罪行为形成有力的震慑。根据宁夏回族自治区生态环境厅相关报道，2016 年至 2018 年 5 月，宁夏法院共审理环境资源保护类案件 167 件，其中刑事案件 147 件（结案率 88.4%）、民事案件 20 件（结案率 80%）；2018 年至 2022 年 6 月，宁夏检察机关依法起诉破坏黄河流域生态环境犯罪 437 人，监督移送涉嫌犯罪线索 212 人，办理生态环保领域公益诉讼 3322 件③。其中，2020 年宁夏人民法院共审结各类涉环境资源案件 2939 件，追究刑事责任 86 人；2021 年检察机关对非法排放倾倒处置危险废物、非法采矿、非法占用农用地等破坏黄河流域生态环境的犯罪行为，依法起诉 65 人、监督立案 4 人、监督移送涉嫌犯罪线索 38 人，办理环保领域公益诉讼案件 750 件；

---

① 单曦玺：《宁夏"三长"协同保卫黄河》，《检察日报》2022 年 3 月 31 日。

② 张建兴：《石嘴山市政法系统　聚焦民生精准解决群众"急难愁盼"》，宁夏政法网站，2022 年 1 月 19 日；张建兴：《石嘴山检察公益诉讼助力生态环境持续改善》，《宁夏法治报》2023 年 12 月 7 日。

③ 杨明：《以人民为中心　不断提升新时代法律监督能力水平　解读宁夏检察工作十年亮点成效》，宁夏政法网站，2022 年 8 月 18 日；宁夏生态环境厅：《宁夏法院审理环资类案件厚植绿水青山》，宁夏回族自治区生态环境厅网站，2018 年 6 月 13 日。

2022 年，宁夏共下达一般环境行政处罚决定书 413 份，罚款人民币 5331.49 万元，适用《环境保护主管部门实施查封、扣押办法》《环境保护主管部门实施限制生产、停产整治办法》等配套办法的行政处罚案件共 29 件，其中实施查封扣押案件 24 件、限产停产案件 1 件、移送拘留 1 件、涉嫌环境污染犯罪 3 件①。检法两院通过惩治涉环境资源类违法犯罪行为，坚守住环境保护的司法防线。

九　将"把建设美丽中国转化为全体人民自觉行动"作为建设社会主义现代化美丽新宁夏的重要方法

绿化祖国，人人有责。习近平总书记 2015 年在参加首都义务植树活动时指出，要努力把建设美丽中国转化为人民自觉行动。而要把建设美丽中国转化为人民的自觉行动，必须加强生态文明宣传教育。思想是行动的先导，只有牢固树立社会主义生态文明观，充分认识到人与自然是生命共同体，自觉树立尊重自然、顺应自然、保护自然的理念，才能把建设美丽中国转化为全体人民的自觉行动。因此，习近平总书记强调要坚持把建设美丽中国转化为全体人民自觉行动，"要加强生态文明宣传教育，增强全民节约意识、环保意识、生态意识，营造爱护生态环境的良好风气""要深入开展节水型城市建设，使节约用水成为每个单位、每个家庭、每个人的自觉行动"②；"推动能源消费革命，不仅要成为政府、产业部门、企业的自觉行动，而且要成为全社会的自觉行动"③；"要坚持全国动员、全民动手植树造林，努力把建

① 张聪：《看生态环境司法保护如何再升级》，《中国环境报》2021 年 2 月 5 日；时侠联：《宁夏回族自治区人民检察院 2021 年工作报告》，宁夏回族自治区人民检察院网站，2022 年 2 月 8 日；张永平：《宁夏回族自治区生态环境厅 2022 年全区生态环境行政处罚情况》，宁夏回族自治区生态环境厅网站，2023 年 3 月 10 日。

② 中共中央文献研究室编《习近平关于社会主义生态文明建设论述摘编》，中央文献出版社，2017，第 116 页。

③ 中共中央文献研究室编《习近平关于社会主义生态文明建设论述摘编》，中央文献出版社，2017，第 117 页。

设美丽中国化为人民自觉行动"①。

宁夏为融入国家生态文明建设大格局，建设美丽新宁夏，积极主动作为，按照国家生态文明建设要求，积极推进全社会义务植树造林活动，加强生态文明宣传教育，在学校、社区、企事业单位等进行宣传引导和实践。并于2021年出台了《自治区"美丽中国，我是行动者"提升公民生态文明意识行动计划（2021—2025年）实施方案》。该方案目标是形成一个生态环境治理全民行动体系，加强宣传教育，树立正确的消费观念，养成绿色健康的生产生活方式，推动绿色低碳发展，致力于形成一个人人关心、支持、参与生态环境保护工作的新局面。为实现这一目标，方案提出开展"一河三山"生态环境保护行动，持续推进"四类"环保设施向公众开放，组织实施生态文明建设网络正能量行动，精心打造生态文明进机关、进社区、进学校、进农村、进企业"五进"和志愿服务项目等实施路径。此外，"十四五"期间，宁夏还将加大推进生态文明学校教育力度，将生态文明教育纳入国民教育体系，使青少年形成良好的生态文明行为习惯，组织、鼓励和支持大中小学生参与课外生态环境保护实践活动，将环保课外实践内容纳入学生综合考评体系。

案例：宁夏启用生态文明教育实践基地

2020年10月23日，宁夏首个生态文明教育实践基地揭牌。为了引导广大青少年牢固树立社会主义生态文明观，为社会主义生态文明建设贡献青春力量，吴忠市共青团以黄河楼、水利博物馆等黄河文化旅游资源和"保护母亲河青年林"项目为依托，打造了具有青少年生态教育、素质拓展、文化交流和植绿护绿等多项功能的生态文明实践教育基地。吴忠市生态文明实践教育基地是宁夏第一个青少年生态文明实践教育基地。该基地通过理论宣传教育与实践，为全区青少年开展保护黄河实践教育，引导全区广大青少年积极投身到"护绿增绿"实践中，让保护环境成为广大青少年的自觉行动。

---

① 中共中央文献研究室编《习近平关于社会主义生态文明建设论述摘编》，中央文献出版社，2017，第119页。

　　宁夏生态环境展示馆与生态环境监测中心被列入"美丽中国"专题实践教学基地名单。宁夏生态环境展示馆是宁夏第一所以"绿水青山就是金山银山"理念为主题的生态环境教育展馆，展示馆共分为六个模块，除前言和尾声部分，还有崇高使命、砥砺前行、担当奋进和全民行动四个模块，是集陈列、科普、互动、宣传教育于一体实践教学基地。展馆不仅通过文字、图片、视频等传统的展示手段进行宣传教育，还利用多媒体等现代科技手段增加了体验互动，形式多样，充分展示了习近平生态文明思想的丰富内涵，翔实地记录和再现了宁夏生态环境保护、治理与建设事业的发展历程，全面展示了宁夏深入打好污染防治攻坚战措施成效和生态环保铁军的精神风貌。宁夏生态环境展示馆与生态环境监测中心将对外开放常态化，努力搭建生态环境保护与公众沟通交流的桥梁，让公众"近距离"体验生态环境保护意识与责任，引导公众积极参与到生态文明建设当中。

十　把"共谋全球生态文明建设之路"作为彰显宁夏的责任担当

　　习近平主席在 2019 年世界环境日指出："人类只有一个地球，保护生态环境、推动可持续发展是各国的共同责任""建设全球生态文明，需要各国齐心协力，共同促进绿色、低碳、可持续发展""把生态文明建设纳入国家发展总体布局，努力建设美丽中国"①。所以，推进全球生态文明建设成为世界各族人民的共同目标。中国作为人类命运共同体的倡导者，身先士卒，以身作则，在推进全球生态文明建设中主动担当作为，发挥了积极作用。

　　宁夏回族自治区自成立以来，积极响应党中央各项环境保护政策，在生态环境治理方面取得了一定的成就，尤其是在防沙治沙方面，不仅在中国生态文明建设中作出了重要贡献，而且为世界生态环境保护和治理提供了可借鉴的"宁夏经验"。

---

　　① 《习近平向 2019 年世界环境日全球主场活动致贺信》，新华网，2019 年 6 月 5 日。

案例：宁夏防沙治沙模式享誉全球

宁夏东、西、北三面分别被腾格里沙漠、乌兰布和沙漠、毛乌素沙地包围，荒漠化及沙化面积占比大，生态环境极度脆弱。20 世纪 50 年代初期，宁夏就已经开始沙漠治理，通过建立一批国有林场，开展封育保护、植树造林，实施防沙治沙工程，建立起"五带一体"的固沙防护体系。1984 年国务院将沙坡头列为"中国第一个沙漠自然保护区"；由于沙坡头防沙治沙成效显著，国务院于 1992 年为沙坡头颁发了"科技进步特别奖"；1994 年联合国环境规划署授予沙坡头治沙工程"全球环境保护 500 佳"称号；2019 年沙坡头荣列"国家生态环境科普基地"。20 世纪 90 年代以来，宁夏实施了人工造林、飞播造林种草固沙及在沙漠边缘引水灌溉，工程措施与生物措施结合，灌溉治沙与旱作治沙并举，防沙、治沙、用沙并重，逐步形成点、线、面结合的防沙治沙体系。组织实施了灵武白芨滩、中卫、同心、红寺堡全国沙化封禁保护项目，推进了盐池、灵武、同心、沙坡头四个全国防沙治沙示范县项目建设。"十二五"期间，宁夏完成治沙造林 401.67 万亩，全区沙化土地面积由 1958 年的 2475 万亩减少到 1686.9 万亩，率先在全国实现了沙漠化逆转[1][2]。"十三五"期间，宁夏防沙治沙目标任务为 450 万亩，实际完成防沙治沙任务 660.6 万亩，其中完成营造林 325.8 万亩、水土流失治理 289.8 万亩、退牧还草治理 45 万亩，森林覆盖率提高到 15.8%，草原综合植被盖度达到 56.5%[3][4]。

宁夏因地制宜形成了不同的治沙模式。如中卫沙坡头国家级自然保护区"五带一体"铁路防风固沙模式，灵武白芨滩林场探索出治沙与致富相结合的"五位一体"的治沙模式，即"212"发展模式，等等。总体而言，宁夏

---

① 《自治区林业厅党组关于宁夏生态林业建设情况的报告》，宁夏回族自治区林业厅党组文件，2017 年 5 月 17 日。

② 宁夏回族自治区林业和草原局：《宁夏：绘就林草华章 筑牢生态屏障来源》，中国林业网，2019 年 9 月 30 日。

③ 张唯：《缚黄沙 望青绿——宁夏荒漠化土地和沙化土地面积持续"双缩减"》，《宁夏日报》2023 年 6 月 24 日。

④ 王小梅：《世界防治荒漠化与干旱日：零距离感受宁夏人防沙治沙的智慧》，宁夏新闻网，2021 年 6 月 17 日。

在防沙治沙方面总结出了一系列生态治理与沙产业开发并举的成功经验和先进技术，形成享誉全国乃至全世界的沙漠生态系统发展与建设模式。在坚持共谋全球生态文明建设之路上，用自己防沙治沙的实际行动，展现中国担当、中国作为，为世界生态文明建设贡献智慧和力量。

第三节　实践经验和启示

科学理论的价值在于回答时代问题、推动实践发展。习近平生态文明思想是在实践经验基础上提炼、升华而成，同时又在指导实践、推动实践中发挥出巨大作用，展现出这一思想的真理力量和实践伟力。

一　坚持党对一切工作的全面领导是美丽新宁夏建设之基

习近平生态文明思想在宁夏实践并取得成效，其根本在于宁夏回族自治区党委始终坚持党对一切工作的领导，将党对生态文明建设的领导作为重要内容和先决条件，把贯彻落实党中央重大决策部署作为第一要务，开展社会主义现代化美丽新宁夏建设。

党的十八大以来，习近平总书记先后两次赴宁夏考察并发表重要讲话，多次对宁夏工作作出重要指示批示，为建设美丽新宁夏指明了前进方向、提供了根本遵循。新时代新征程，宁夏要坚持以习近平生态文明思想为引领，坚持党对生态文明建设的全面领导，践行绿色发展理念，推进生态环境治理体系和治理能力现代化，统筹山水林田湖草沙系统治理，积极构建西部生态安全屏障，推动黄河流域生态保护与高质量发展先行区建设，扎实推动社会主义现代化美丽新宁夏建设，为美丽中国建设贡献宁夏力量。

二　理论引领实践是美丽新宁夏建设之魂

习近平生态文明思想在宁夏实践并取得成效，其根本在于强大的理论引领和精神鼓舞。宁夏各级党组织和广大党员干部在习近平总书记提出"社会主义是干出来的"精神感召下，发扬"不到长城非好汉"的革命精神和"走好新时代长征路"的奋斗精神，以咬定青山不放松的韧劲和不达目的不罢休的拼劲，心往一处想、劲往一处使，坚持"实"字打底、"干"字为先，勇于担当、主动作为，勇于斗争、善于斗争，知重负重、攻坚克难，挺身而出、冲锋在前，立说立行、久久为功，以钉钉子精神坚持把工作做扎实、抓到位，努力创造经得起实践、人民、历史检验的业绩，勠力同心答好全面建设社会主义现代化美丽新宁夏的时代考题，锲而不舍把革命先辈为之奋斗的伟大事业继续推向前进，实现中华民族永续发展。

三 把握新发展阶段、贯彻新发展理念、构建新发展格局，是美丽新宁夏建设之路

习近平生态文明思想在宁夏实践并取得成效，其根本在于深刻理解和把握新发展阶段，坚定不移落实好新发展理念，以建设美丽新宁夏为奋斗目标，坚持走绿色发展、生态优先之路，勠力前行，构建新发展格局。

宁夏是我国西部重要的生态安全屏障，也是我国重要的资源及能源供给区。新时代，宁夏要一以贯之落实好习近平生态文明思想，抓住新机遇和新挑战，确立生态文明建设的新目标及新要求，以新发展理念为引领，严格贯彻落实"能耗双控""碳达峰碳中和"目标，推动产业结构、能源结构调整和优化升级，从源头倒逼减污降碳增效目标实现，切实保护生态环境，朝着全面建设社会主义现代化美丽新宁夏迈进，为推动民众生产方式和生活方式绿色变革、改善生态环境质量、应对全球气候变化作出宁夏贡献。

四 以人民为中心是社会主义生态文明建设的价值追求

习近平生态文明思想在宁夏实践并取得成效，其根本是始终坚持人民至上，坚持以人民为中心推进社会主义现代化美丽新宁夏建设。在习近平生态文明思想的指引下，立足宁夏区位特点，统筹好经济社会发展和生态保护的关系，努力铸牢中华民族共同体意识，大力推进绿色、低碳、可持续发展新模式，努力构建中国式人与自然和谐共生的现代化美丽新宁夏。

　　宁夏是全国最大的回族聚居区，民族团结不仅是我国各族人民的生命线，也是宁夏实践习近平生态文明思想的重要现实基础。多年来，历届党委、政府始终把加强民族团结放在经济社会发展的最重要的地位，努力把宁夏打造成为全国民族团结示范区。全区各族群众和睦相处，共同发展进步，民族团结已成为宁夏的亮丽名片，中华民族共同体意识更加牢固，为宁夏各项事业发展筑牢团结之基。在推进中国式现代化发展进程中，宁夏按照促进全方位社会进步和人的全面发展目标，政治、经济、社会、文化、生态各方面均取得显著成效，80.3 万贫困人口全部脱贫，9 个贫困县全部摘帽，如期全面建成了小康社会，为实现人民共同富裕作出宁夏贡献；城乡居住环境持续优化，生态环境更加优美，人民享有更多、更优、更公平、更普惠的发展成果；继续保持战略定力，深刻把握习近平生态文明思想的实践要求，培育、发展、推广具有宁夏特色的生态产品，使其种类增多、品质更优、使用更安全；加快推动生产方式、生活方式绿色变革，将生态保护理念贯彻到社会发展各方面，以高水平生态保护促进高质量发展，创造高品质生活。

　　新时代，我们要建设中国特色社会主义现代化强国，必须深入贯彻落实习近平生态文明思想，坚决扛起生态文明建设的政治责任，将生态文明建设作为一项长期的、复杂的系统性工程来抓，为实现发展中国家绿色转型提供中国经验、为全球可持续发展提供中国智慧、为全球生态环境治理提供中国方案。

第三章

宁夏构筑西部生态安全屏障

　　党的十八大提出"大力推进生态文明建设"战略，将生态文明建设贯穿经济、政治、文化和社会"五位一体"的总体战略①。党的十八届五中全会提出，实现"十三五"时期发展目标，必须牢固树立创新、协调、绿色、开放、共享的新发展理念②。绿色是永续发展的必要条件和人民对美好生活追求的重要体现。必须坚持节约资源和保护环境的基本国策，坚持可持续发展，坚定走生产发展、生活富裕、生态良好的文明发展道路，加快建设资源节约型、环境友好型社会，形成人与自然和谐发展的现代化建设新格局③。2016年，中央全面深化改革领导小组第二十九次会议审议通过13项方案或意见，强调建立以绿色生态为导向的农业补贴制度，强调按照山水林田湖系统保护的思路，严守生态保护红线，强调建立湿地保护修复制度，加强海岸线保护与利用④。党的十九大明确提出推进绿色发展，着力打赢污染防治攻坚战，加快实施重要生态系统保护和修复重大工程、优化生态安全屏障体系，改革生态监管体制，推动形成人与自然和谐发展

---

①　《胡锦涛在中国共产党第十八次全国代表大会上的报告》，《人民日报》2012年11月18日。

②　本书编写组：《〈中共中央关于制定国民经济和社会发展第十三个五年规划的建议〉辅导读本》，人民出版社，2015。

③　本书编写组：《〈中共中央关于制定国民经济和社会发展第十三个五年规划的建议〉辅导读本》，人民出版社，2015。

④　中华人民共和国中央人民政府：《习近平主持召开中央全面深化改革领导小组第二十九次会议》，中华人民共和国中央人民政府网站，2016年11月1日。

现代化建设新格局，强调建设生态文明是中华民族永续发展的千年大计[①]。党的二十大提出坚持山水林田湖草沙一体化保护和系统治理，统筹产业结构调整、污染治理、生态保护、应对气候变化，协同推进降碳、减污、扩绿、增长，推进生态优先、节约集约、绿色低碳发展[②]。宁夏回族自治区第十三次党代会明确提出构建生态保护大格局、推动绿色低碳大发展、抓好生态环境大保护、推进环境污染大治理，努力打造绿色生态宝地，筑牢西北乃至全国重要生态安全屏障，让宁夏的天更蓝、地更绿、水更美、空气更清新[③]。

第一节　构筑西部生态安全屏障的重要意义

生态安全是一个区域与国家政治安全、经济安全、社会安全的自然基础条件，是国家生态文明建设的目标，是满足人民群众日益增长的水生态安全、大气生态安全、土壤生态安全、声环境安全、生态产品安全、核与辐射安全等的需求。西部地区不仅是我国的江河源和生态源，也是我国资源和能源的主产地，同样也是我国的风沙源地和水土流失严重的地区，因此，西部成为我国重要的生态安全屏障。构筑西部生态安全屏障就是在国际国内生态文明建设大背景下，通过防沙治沙，防治水土流失，综合治理大气污染、水污染、土壤污染，湿地保护，全流域生态修复与综合治理，国土绿化工程等措施，增强山水林田湖草沙生态系统功能及动态稳定性和持续性，实现涵养水源、水土保持、维护生物多样性等目标，在全面推进人与自然和谐共生现代化建设中提供生态安全保障。

---

① 习近平：《决胜全面建成小康社会　夺取新时代中国特色社会主义伟大胜利——在中国共产党第十九次全国代表大会上的报告》，人民网-人民日报，2017 年 10 月 28 日。

② 习近平：《高举中国特色社会主义伟大旗帜　为全面建设社会主义现代化国家而团结奋斗——在中国共产党第二十次全国代表大会上的报告》，新华网，2022 年 10 月 25 日。

③ 梁言顺：《坚持以习近平新时代中国特色社会主义思想为指导奋力谱写全面建设社会主义现代化美丽新宁夏壮丽篇章——在中国共产党宁夏回族自治区第十三次代表大会上的报告》，《宁夏日报》2022 年 6 月 16 日。

宁夏回族自治区党委、政府明确提出"筑牢西北地区生态安全屏障""打造绿色生态宝地""推进黄河流域生态保护和高质量发展先行区建设"是我们的奋斗目标。

一 构筑西部生态安全屏障是贯彻落实习近平生态文明思想的重大任务

我国各级党委、政府始终把生态文明建设摆在改革发展和现代化建设的全局位置，推动我国生态文明建设进入新时代。2005 年 8 月，习近平提出"绿水青山就是金山银山"的科学论断；党的十九大和党的二十大强调必须牢固树立和践行"绿水青山就是金山银山"的理念，努力构建人与自然和谐发展的现代化建设格局。"绿色 GDP""破坏生态环境就是破坏生产力、保护生态环境就是保护生产力、改善生态环境就是发展生产力""良好生态环境是最公平的公共产品，是最普惠的民生福祉""坚持节约资源和保护环境的基本国策""山水林田湖草是一个生命共同体""推动形成绿色发展方式和生活方式，是发展观的一场深刻革命"等重要论断将生态文明建设与绿色低碳工业、生态农业、生态旅游、绿色生产和生活方式变革有机联系，为我国社会主义现代化建设指明了方向和路径。

党的十八大以来，习近平总书记两次来宁夏考察时明确提出宁夏的奋斗目标，即"努力实现经济繁荣、民族团结、环境优美、人民富裕的美丽新宁夏"。认真贯彻落实习近平总书记视察宁夏重要讲话和重要指示批示精神，将构筑西部生态安全屏障摆在更突出的位置，使宁夏生态文明建设迈上新台阶，努力实现人与自然和谐共生现代化美丽新宁夏建设目标。

二 构筑西部生态安全屏障是维护国家生态安全战略的重要内容

工业革命以来，全球性及区域性环境污染、生境退化、生物多样性锐减等问题凸显，大气、海洋、河流、湖泊、土壤、农田、森林、草原等生态系统受到破坏，使人类社会开始认识到保护环境的重要性。自改革开放以来，中国的工业化、城镇化发展迅速，随之产生了一系列生态环境问题，如雾霾、酸雨、土壤荒漠化、草场退化、水污染等，严重影响经济的发展、社会的进步。

西部地区占全国国土面积的一半以上，而且是全国三江源及资源、能源的主要供给区，生态安全地位非常重要。宁夏作为西部 12 省区之一，位于黄河上游地区，水土流失严重，也是我国风沙源地之一，重化工产业集聚的地区。随着工业化、城镇化步伐的加快，宁夏的环境问题成为当前政府部门亟待解决的重要问题之一，并对东中部的生态安全造成威胁。因此，宁夏与陕西、甘肃、内蒙古、青海等省区协同构筑西部生态安全屏障，是维护我国生态安全战略的一项重要内容。

三　构筑西部生态安全屏障是建设美丽新宁夏的关键所在

建设美丽中国，为人民创造良好生产生活环境，为全球生态安全作出贡献，是实现中华民族伟大复兴中国梦的重要内容。可以说，这是当今世界最绿色的政治共识和思想理论，其战略意义和实践高度都是无与伦比的。建设美丽新宁夏是建设美丽中国的重要组成部分，构筑西部生态安全屏障对建设美丽新宁夏具有重要作用。宁夏既有生态良好的引黄灌区平原绿洲生态区和原生态的三山生态功能区，也有生态脆弱的中部荒漠草原防沙治沙区和生态条件较差的南部黄土丘陵水土保持区，因此，构筑西部重要的生态安全屏障区，关系到全区人民的福祉、民族的团结和社会的进步，是实现全国生态保护与修复及综合治理的重点地区，为实现经济繁荣、民族团结、环境优美、人民富裕的现代化美丽新宁夏提供生态保障，是实现伟大中国梦的重要组成部分，为应对全球气候变化作出宁夏贡献。

第二节　相关概念及国内外研究进展

一　生态文明概念的提出

20世纪80年代，孟庆时[①]、赵鑫珊[②]、叶谦吉[③]等学者开始研究"生态文明"概念及其内涵，后众多学者就生态文明学理层面、实践层面、政策层面开展研究。2007年12月17日，胡锦涛同志在党的十七大报告中指出要建设生态文明，这是我们党第一次把"生态文明"作为建设中国特色社会主义的一项战略任务明确提出来。在党的十七大提出的政治、经济、文化、社会"四位一体"战略基础上，总结全国生态文明理论研究成果及生态省、生态市、生态县、生态文明先行区等建设的经验和启示，特别是总结一些地区的"生态文明模式"，党的十八大提出包括生态文明建设在内的"五位一体"国家发展战略。其间，我国众多学者就"生态文明""生态文明建设""建设生态文明""生态文明模式"等进行了大量研究。我国对生态文明的研究始于20世纪90年代，经过30多年的发展，学者及专家对生态文明概念与其内涵的诠释仍众说纷纭，并没有形成广泛使用并公认的观点和表述。

国内众多学者就"生态文明"的概念从不同的角度给出了多种解释。赵树利认为生态文明是与"野蛮"相对，是指人类在工业文明时期取得众多成果之时，应该用更文明的态度及方式对待大自然，合理开发利用生态环境，开发与保护并重，在保护生态环境的基础上，积极促进社会经济建设，尽可能地改善和优化人地关系，实现经济社会可持续发展的长远目标，它是生态文明所具有的初级状态[④]。余谋昌指出生态文明是第四种文明，位于物

[①] 费切尔：《论人类生存的环境——兼论进步的辩证法》，孟庆时译，《哲学译丛》1982年第5期。

[②] 赵鑫珊：《生态学与文学艺术》，《读书》1983年第4期。

[③] 叶谦吉：《真正的文明时代才刚刚起步——叶谦吉教授呼吁开展生态文明建设》，《中国环境报》1987年4月23日。

[④] 赵树利：《生态文明蕴涵的价值融合》，《华夏文化》2005年第1期。

质文明、精神文明、政治文明之后；生态文明是继史前"文明"、农业文明、工业文明之后的第四种文明，其主要生产方式为信息化与智能化、能源利用形式为太阳能、社会主要财产是知识、人与自然的关系是合理利用自然、哲学表达式为尊重自然①。潘岳认为生态文明是指人类遵循人、自然、社会和谐发展这一客观规律而取得的物质与精神成果的总和，是以人与自然、人与人、人与社会和谐共生、良性循环、全面发展、持续繁荣为基本宗旨的文化伦理形态；认为生态问题实质是社会公平问题，资本主义制度是造成全球性生态危机的根本原因，社会主义才能真正解决社会公平问题，进而解决环境公平问题；生态文明只能是社会主义的②。陈瑞清认为从狭义上讲，社会主义生态文明是社会主义文明体系的基础，是人类在改造生态环境以达到人类社会发展与进步的目的，同时要不断地克服生态环境对人类的制约作用，并逐渐优化人地关系，建立人—社会—自然的和谐系统，实现人类社会的可持续发展。从广义上讲，生态文明是继原始文明、农业文明、工业文明之后的社会形态，包含机制和制度、思想观念、生态环境、技术、物质等层面的重大变革。社会主义生态文明建设要求逐步消除贫富不均问题，实现全面小康社会。社会主义生态文明建设以"循环经济""生态经济"为发展模式，通过利用最少的资源、最低的环境成本获得最大的经济社会效益，形成新的生态产业。社会主义生态文明建设要求为了建立起和谐世界，要反对资源侵略和生态殖民。社会主义生态文明建设要求形成与其相适应的伦理观、价值观、行为准则和道德规范。生态文明是人类的一个发展阶段③。马拥军认为：从人与自然的关系来看，继农业文明、工业文明之后，生态文明是第三种文明。生态文明的实质是人以"文明"的态度对待自然界。从政治文明、精神文明、物质文明、社会文明四个层次上都有不同的体现④。

---

① 余谋昌：《生态文明是人类的第四文明》，《绿叶》2006 年第 11 期；余谋昌：《环境伦理与生态文明》，《南京林业大学学报》（人文社会科学版）2014 年第 1 期。

② 潘岳：《论社会主义生态文明》，《绿叶》2006 年第 10 期；潘岳：《社会主义生态文明》，《学习时报》2006 年 9 月 25 日。

③ 陈瑞清：《建设社会主义生态文明，实现可持续发展》，《北方经济》2007 年第 7 期。

④ 马拥军：《生态文明：马克思主义理论建设的新起点》，《理论视野》2007 年第 12 期。

"生态文明是以人与自然、人与人、人与社会和谐共生、良性循环、全面、持续繁荣为基本宗旨，以建立可持续的经济发展模式，健康合理的消费模式及和睦和谐的人际关系为主要内容。倡导人类在遵循人、自然、社会和谐发展这一客观规律的基础上追求物质和精神财富的创造和积累"[1]。高珊和黄贤金结合我国生态文明实践，界定了生态文明的内涵。认为生态文明指人类通过法律、行政、经济、技术等手段，加之自然本位的风俗习惯，以生态伦理理论和方法指导人类各项活动，实现人（社会）与自然协调、和谐、可持续发展的意识及行为特征[2]。吉志强认为生态文明就是人类在开发利用自然资源的过程中，遵循客观规律，充分发挥人的主观能动性改造主客观世界，实现人与自然、社会及自身的和谐共生[3]。方时姣认为生态文明是指：联合劳动者遵循自然、人、社会有机整体和谐发展的客观规律，以人与人的发展，与自然、与生态发展的双重终极目的为最高价值取向，在全面推进人与自然、人与人、人与社会、人与自身和谐共生共荣为根本宗旨的生态经济社会实践中，所取得的"四大和谐"的伦理、规范、原则、方式及途径等全部成果的总和，是以重塑和实现自然生态和社会经济之间整体优化、良性循环、健康运行、全面和谐与协调发展为基本内容的社会经济形态[4]。郇庆治认为生态文明概念或理论展露了深刻的绿色变革意蕴，是一种文明观的嬗变，具有中国语境背景特点[5]。卢风等认为建设生态文明就是要改变发展模式，走绿色发展之路，谋求人与自然和谐共生，生态哲学将为生态文明新时代凝练时代精神的精华[6]。

---

① 本书编写组：《十七大报告辅导读本》，人民出版社，2007。
② 高珊、黄贤金：《生态文明的内涵辨析》，《生态经济》2009 年第 12 期。
③ 吉志强：《关于生态文明的内涵、结构及特征的再探析》，《山西高等学校社会科学学报》2012 年第 9 期。
④ 方时姣：《论社会主义生态文明三个基本概念及其相互关系》，《马克思主义研究》2014 年第 7 期。
⑤ 郇庆治：《生态文明是一种文明观的嬗变》，《金融博览》2020 年第 5 期。
⑥ 卢风：《生态文明新时代的新人文》，《特区实践与理论》2023 年第 4 期；卢风、余怀龙：《生态文明新时代的新哲学》，《社会科学论坛》2018 年第 6 期。

二　生态安全概念的提出

国外关于生态安全概念的研究，始于 20 世纪 80 年代，之后学术界对于生态安全的概念及应用领域开展了众多研究[1]（见表 3-1）。我国的生态安全问题研究始于 20 世纪 90 年代，众多专家学者对土地、河流、绿洲、湿地、草原等生态安全进行分析与评价研究，涉及生态系统自身健康、完整性和可持续性，生态系统为人类提供的生态服务功能；我国关于生态安全的研究自 2001 年以来文献数量突增，涉及的研究领域更广泛、研究成果更详实（见图 3-1）。广义生态安全的代表性观点由美国国际应用系统分析研究所（1989）提出，是指在人的生活、健康、安乐、基本权利、生活保障来源、必要资源、社会次序和人类适应环境变化的能力等方面不受威胁的状态，包括自然、经济、社会生态安全的复合人工生态安全系统。狭义的生态安全是指自然和半自然生态系统的安全，即生态系统完整性和健康的整体水平反映[2]。生态安全的内涵包括：防止生态环境的退化对经济发展的环境基础构成威胁，主要指环境质量状况低劣和自然资源的减少和退化削弱了经济可持续发展的环境支撑能力；防止环境问题引发人民群众对生产生活生存环境的不满，进而影响社会稳定[3]；生态安全是人类在生产、生活和健康等方面不受生态破坏与环境污染等影响的保障程度，包括资源安全、饮用水与食物安全、空气质量与绿色环境等基本要素[4]；生态安全是由一系列环境要素综合表现的安全性表示[5]，等等。

---

[1]　肖笃宁、陈文波、郭福良：《论生态安全的基本概念和研究内容》，《应用生态学报》2002年第 3 期。

[2]　肖笃宁、陈文波、郭福良：《论生态安全的基本概念和研究内容》，《应用生态学报》2002年第 3 期。

[3]　曲格平：《关注生态安全之一：生态环境问题已经成为国家安全的热门话题》，《环境保护》2002 年第 5 期。

[4]　陈星、周成虎：《生态安全：国内外研究综述》，《地理科学进展》2005 年第 6 期。

[5]　余谋昌：《论生态安全的概念及其主要特点》，《清华大学学报》（哲学社会科学版）2005年第 2 期。

表 3-1　国外生态安全概念的提出

发表时间	作者	主要观点
1941	Aldo Leopold	提出土地健康,并用于土地功能状况评价
1981	Lester R. Brown	最早将生态环境破坏引入国家安全
1989	国际应用系统分析研究所	生态安全的定义
1992	William，Wackermagel	生态足迹
1992	Schaeffer 和 Cox	生态系统功能的阈值
1993	Norman Myers	生态安全的涉及范围,由生态引发的政治经济不安全问题
1994	Schneider J 等	生态系统自组织指标
1997	Patricia M. Mische	二十一世纪的生态安全——联合国的作用
1997	Robert Costanza 等	生态系统服务和自然资本的社会目标和价值
1997	经济合作与发展组织	首创"压力—状态—响应(PSR)"模型
1998	Rapport	生态系统健康评价的 8 项指标
2000	Marten Scheffer 等	最适宜的生态系统服务结果或模式对社会经济动态的影响
2001	Quigley	区域尺度的河流生态安全评估
……		生态安全概念的扩展,生态安全的理论应用于现实问题研究

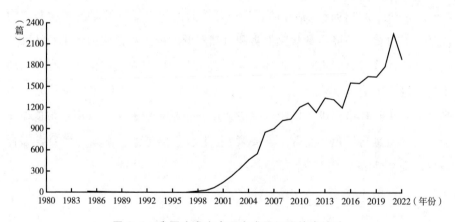

图 3-1　我国生态安全研究成果知网检索统计

　　现阶段,我国生态安全研究正从浅层的环境问题走向深层的生态功能安全问题[①],研究的内容和领域、研究的方法及模型、理论应用于实践的可行性研究、政策层面的研究等逐渐完善,为区域生态文明建设提供

---

　　①　朱晶、付爱华:《国内外生态安全综述》,《经济研究导刊》2015 年第 1 期。

理论和实践指导。生态安全是区域乃至国家安全的重要内容，是实现自然、社会和经济和谐发展的资源与生态环境安全状态，主要包括山水林田湖草沙生态系统健康、稳定、可持续发展，国土资源、水资源、大气资源和生物物种的生态安全，以及经济、社会、生态环境的可持续发展，等等。

三　国内外研究进展

检索中国知网数据库，进行统计分析，国内外众多学者的主要研究成果如下。

国内外众多学者就生态文明建设、生态屏障建设、生态伦理等理论研究较早，对水生态安全、森林生态安全、生物多样性保护、矿区生态安全、防沙治沙生态屏障建设等个案研究遍布全球，为我国生态安全屏障建设提供经验与启示。Buler J. J. 研究了迁徙的陆地候鸟对于中途栖息地的选择[1]；Qu Bo 等就三峡库区及重庆生态经济区的生态安全问题及对策进行了研究[2]；Bin D. L. 研究了内蒙古生态经济存在的问题及对策[3]；Xu Chongming 等研究了黑龙江的土地生态安全问题及对策[4]；Nie Xin 研究了哈尔滨生态环境问题及对策研究[5]；Cheng Guozhe 研究了宁夏银川东部地区生态建设存在的问题及对策[6]；Wang Xiaoqing 研究了临泽县生态屏障建设问

[1] Buler J. J., "Understanding Habitat Use by Landbirds During Migration Along the Mississippi Gulf Coast Using a Scale-Dependent Approach," (2006).

[2] Qu Bo, Xie Shiyou, "Ecological security problems of the Three Gorges Reservoir Area and counter measures," (2004); Qu Bo, Xie Shiyou, "Study on Ecological Security Problems and Counter measures of the Chongqing Ecological Economic Zone in Three Gorges Reservoir Area," *Areal Research and Development* (2006).

[3] Bin D. L., "Problems and Countermeasures of Ecological Economy of Inner Mongolia," *Value Engineering* (2008).

[4] Xu Chongming, Wang Jifu, Wu Wei, "Land ecological security problems in Heilongjiang Province and countermeasures," *Territory & Natural Resources Study* (2009).

[5] Nie Xin, "Analysis on Problems and Countermeasures of the Ecological Environment in Harbin," *Heilongjiang Agricultural Sciences* (2010).

[6] Cheng Guozhe, "Problems and Countermeasures of Ecological Construction in Eastern Part of Yinchuan, Ningxia," *Ningxia Journal of Agriculture and Forestry Science and Technology* (2012).

题和对策①；Huang Xianbo 研究了郁南林业生态建设存在的问题及对策②；Hu Mingzhong 等、Josa R. 等研究了矿山地区生态恢复存在的问题及对策③；Mou Xuejie 等研究了青海高原生态屏障区的生态环境变化及主要生态保护措施④；Zhang Yanhua 等对长江中游城市群生态城市建设水平进行了定量评价研究⑤；Yousif M. A. I. 等研究了撒哈拉沙漠以南 Savanna 地区荒漠化治理与生态修复⑥，Ning Yao 等研究了黄河流域可持续发展评价体系，探讨了基于水资源优化利用的协调发展战略⑦，等等。

　　陕、甘、宁、内蒙古、青、藏、黔等省区市结合当地自然环境与经济社会现状，就现阶段如何构建西部生态安全屏障及其问题与对策进行了相关研究，主要学术观点包括：张建强和李娜⑧，张平军⑨，潘东春⑩，阚丽梅等⑪，王友文⑫，

---

① Wang Xiaoqing, "Ecological Security Problems in the Construction Barrier and Countermeasures in Linze County," *State Academy of Forestry Administration Journal* (2012).

② Huang Xianbo, "Problems and Countermeasures of Yunan Forestry Ecological Construction," *Forest Investigation Design* (2016).

③ Hu Mingzhong, Tang Jie, Wang Xiaoyu, "Problems and Countermeasures of Ecological Restoration in Mine," *China Environmental Management* (2003); Josa R., Jorba M., Vallejo V. R., "Opencast mine restoration in a Mediterranean semi–arid environment: Failure of some common practices," *Ecological engineering: The Journal of Ecotechnology* (2012).

④ Mou Xuejie, Zhao Xinyi, Rao Sheng, et al., "Changes of Ecosystem Structure in Qinghai–Tibet Plateau Ecological Barrier Area during Recent Ten Years," *Acta Scientiarum Naturalium Universitatis Pekinensis* (2016).

⑤ Zhang Yanhua, Fan Jihong, Chen Silin, et al., "A quantitative evaluation on ecological city construction level of urban agglomeration in the middle reaches of yangtze river," *Journal of Coastal Research* (2019).

⑥ Yousif M. A. I., Wang Y. R., "Desertification Combating and Ecological Restoration of Selected Acacia Species from Sub–Sahara, Savanna Regions," *Science Publishing Group* (2021).

⑦ Ning Yao, Liu Yali, Du Jianqing, et al., "Sustainable development assessment of the Yellow River Basin and the coordinated development strategy," *Acta Ecologica Sinica* (2022).

⑧ 张建强、李娜：《四川省生态安全存在的问题及对策》，《四川省情》2006 年第 7 期。

⑨ 张平军：《西部生态建设是全国的生态安全屏障》，《未来与发展》2010 年第 5 期。

⑩ 潘东春：《肃南县提出建设西部生态安全屏障》，《甘肃林业》2010 年第 4 期。

⑪ 阚丽梅、闫静、雷霞：《构筑祖国防沙治沙绿色屏障——内蒙古自治区防沙治沙成就综述》，《中国林业》2011 年第 7 期。

⑫ 王友文：《创建国家级伊犁河谷生态建设示范区可行性分析》，《中共伊犁州委党校学报》2011 年第 2 期。

赵惊奇和徐忠[①]，张军驰[②]，杨荣金等[③]，冯嬺等[④]，马红莉[⑤]，任利平[⑥]，李明[⑦]，张宪洲等[⑧]，赵关维[⑨]，刘冬等[⑩]，傅伯杰等[⑪]，王艳芬等[⑫]，代云川和李迪强[⑬]等学者分别研究了四川、肃南县、内蒙古、新疆、宁夏、甘肃、青海、云南、西藏、京津风沙带、丝绸之路经济带、长江经济带、青藏高原、黄河流域等地区构建生态安全屏障的制度保障机制、财政政策、对策研究及现实意义。王永安等[⑭]，王楠[⑮]，何国梅[⑯]，安国锋[⑰]，唐志海等[⑱]，

① 赵惊奇、徐忠：《推进生态文明建设构筑西部生态安全屏障》，《宁夏农林科技》2012 年第 10 期。

② 张军驰：《西部地区生态环境治理政策研究》，西北农林科技大学博士学位论文，2012。

③ 杨荣金、李彦武、刘国华等：《甘青新区域生态安全与保护战略探讨》，《环境保护》2013 年第 18 期。

④ 冯嬺、秦成逊、王璐璐：《西部地区绿色发展的制度构建研究——以云南省为例》，《昆明理工大学学报》（社会科学版）2013 年第 3 期。

⑤ 马红莉：《基于熵权物元模型的青海省土地生态安全评价》，甘肃农业大学硕士学位论文，2013。

⑥ 任利平：《实施京津风沙源治理工程构筑北疆生态安全屏障》，《内蒙古林业调查设计》2014 年第 5 期。

⑦ 李明：《甘肃建设国家生态安全屏障综合试验区的财政政策思考》，《财会研究》2014 年第 3 期。

⑧ 张宪洲、何永涛、沈振西等：《西藏地区可持续发展面临的主要生态环境问题及对策》，《中国科学院院刊》2015 年第 3 期。

⑨ 赵关维：《构建丝绸之路经济带西部生态安全屏障探析——以甘肃省为例》，《中共银川市委党校学报》2016 年第 5 期。

⑩ 刘冬、杨悦、邹长新：《长江经济带大保护战略下长江上游生态屏障建设的思考》，《环境保护》2019 年第 18 期。

⑪ 傅伯杰、欧阳志云、施鹏等：《青藏高原生态安全屏障状况与保护对策》，《中国科学院院刊》2021 年第 11 期。

⑫ 王艳芬、陈怡平、王厚杰等：《黄河流域生态系统变化及其生态水文效应》，《中国科学基金》2021 年第 4 期。

⑬ 代云川、李迪强：《生态屏障的内涵、评价体系、建设实践研究进展》，《地理科学进展》2022 年第 10 期。

⑭ 王永安、黄金玲、柯善新等：《论森林生态效益补偿》，《中南林业调查规划》1998 年第 4 期。

⑮ 王楠：《生态效益补偿制度研究》，东北林业大学硕士学位论文，2002。

⑯ 何国梅：《构建西部全方位生态补偿机制保证国家生态安全》，《贵州财经学院学报》2005 年第 4 期。

⑰ 安国锋：《加快建设西部生态安全屏障建立祁连山生态补偿试验区和黑河中游生态经济示范区》，《今日国土》2011 年第 3 期。

⑱ 唐志海、邱新华、石海霞等：《宁夏设立生态补偿机制综合示范区的初步研究》，《农业环境与发展》2012 年第 3 期。

李秋萍[①]，许辰[②]，吕文广[③]，苏杨等[④]，魏宁宁等[⑤]，苗江山等[⑥]，姜阳阳[⑦]，董战峰等[⑧]，杨耀红等[⑨]，毛志红[⑩]等学者提出通过中央及地方财政转移支付的生态补偿基金、生态破坏者与保护者间的生态补偿机制、保护生态环境与消除贫困联系机制、生态补偿监测评估机制等措施构建全方位生态补偿机制，研究内容涉及水资源、森林资源、耕地资源、矿产资源、煤炭资源、退耕还林还草、自然资源领域的生态补偿等，以横向及纵向的生态补偿机制助力国家生态安全屏障建设。额尔敦其其格[⑪]，长江[⑫]，雷·额尔德尼[⑬]，李永东等[⑭]，阚丽梅等[⑮]，云喜顺[⑯]，张春民[⑰]，武威

① 李秋萍：《流域水资源生态补偿制度及效率测度研究》，华中农业大学博士学位论文，2015。
② 许辰：《我国矿产资源开发生态补偿制度研究》，清华大学硕士学位论文，2015。
③ 吕文广：《生态安全屏障建设中的生态补偿政策效益评价——以甘肃省退耕还林还草为例》，《甘肃行政学院学报》2017年第4期。
④ 苏杨、苏燕、慕博：《黄河流域生态补偿标准研究——以宁夏隆德县为例》，《中国农业资源与区划》2017年第8期。
⑤ 魏宁宁、李丽、高连辉：《耕地资源利用的生态外部性价值核算及其补偿研究》，《科技导报》2018年第2期。
⑥ 苗江山、宋福香、王建增等：《构建河南省沿黄经济带水资源生态补偿机制对策研究》，《新乡学院学报》2019年第8期。
⑦ 姜阳阳：《河南省煤炭资源开发生态补偿标准研究》，华北水利水电大学硕士学位论文，2019。
⑧ 董战峰、郝春旭、璩爱玉等：《黄河流域生态补偿机制建设的思路与重点》，《生态经济》2020年第2期。
⑨ 杨耀红、刘盈、代静等：《黄河流域生态补偿现状及科学问题》，《华北水利水电大学学报》（社会科学版）2022年第3期。
⑩ 毛志红：《基于市场机制探索生态保护多元化补偿——关于闽琼苏自然资源领域生态保护补偿的调查与思考》，《中国国土资源经济》2022年第6期。
⑪ 额尔敦其其格：《建设绿色屏障改善生态环境——关于内蒙古自治区锡林郭勒盟多伦县生态林业建设的调查和分析》，《内蒙古教育学院学报》1999年第2期。
⑫ 长江：《北京开工建设防沙治沙绿色屏障》，《人民长江》2002年第5期。
⑬ 雷·额尔德尼：《防沙治沙建设祖国北方生态屏障》，《中国林业》2007年第2期。
⑭ 李永东、龙双红、张维征：《把京津风沙源治理成为"生态屏障"——京津风沙源治理工程建设存在问题与发展对策》，《中国林业》2010年第9期。
⑮ 阚丽梅、闫静、雷霞：《构筑祖国防沙治沙绿色屏障——内蒙古自治区防沙治沙成就综述》，《中国林业》2011年第7期。
⑯ 云喜顺：《积极融入自治区沿黄沿线经济带着力打造阿拉善乌兰布和生态沙产业示范区》，《实践》（思想理论版）2012年第10期。
⑰ 张春民：《推进规模治沙筑牢生态屏障》，《内蒙古林业》2017年第4期。

市林业局①，耿国彪②，王晓峰③等提出通过防沙治沙工程建设构筑西部生态安全屏障。邱靖和唐光明④，王建宏和马婷⑤，吴宏林⑥，刘守保和王建东⑦，王德林和高菲⑧，杨立文⑨，汪一鸣⑩，马金元⑪，吴月⑫，孟砚岷⑬，吴春霖⑭，史雪威等⑮，杨晓秋⑯等学者提出通过封山禁牧、转变林业观念、整合森林资源，监督森林资源和加强林政管理、落实六个百万亩生态林业建设、划定生态保护红线提升生态系统服务价值等措施，构筑宁夏生态安全屏障。综上，前人的研究成果中缺乏近年来国家及自治区宏观政策下宁夏地区生态安全屏障建设的系统阐述，缺乏理论与实践的结合；缺乏宁夏与周边省区协同构建西部生态安全屏障的联动机制及跨区域的对策建议等。因此，宁夏要加快构筑西部生态安全屏障，统筹推进山水林田湖草沙系统治理，不断构建城乡宜居宜业人居环境，为建设人与自然和谐共生现代化美丽新宁夏提供生态保障，也是维护西北、华北乃至全国生态安全的重要使命任务。

①　武威市林业局：《持续推进防沙治沙构筑绿色生态屏障——武威市三北防护林体系建设工程40年纪实》，《甘肃林业》2018年第5期。

②　耿国彪：《三北工程：筑起北疆生态屏障》，《绿色中国》2020年第17期。

③　王晓峰、马嘉豪、冯晓明等：《黄河流域生态安全屏障防风固沙时空变化及驱动因素》，《生态学报》2023年第2期。

④　邱靖、唐光明：《建设可持续发展生态屏障》，《农民日报》2004年1月17日。

⑤　王建宏、马婷：《为建设西部生态屏障做出新贡献》，《宁夏日报》2007年4月18日。

⑥　吴宏林：《宁夏肩负起建设600万亩生态屏障使命》，《华兴时报》2008年9月1日。

⑦　刘守保、王建东：《构筑西部生态安全屏障——简述宁夏生态治理》，《预算管理与会计》2009年第5期。

⑧　王德林、高菲：《加快林业发展步伐构建生态安全屏障》，《宁夏日报》2010年9月28日。

⑨　杨立文：《创新机制拓宽投入强化管理全力推进六个百万亩生态林业工程建设》，《宁夏林学会第二届林业优秀学术论文集》，2011。

⑩　汪一鸣：《宁夏目前生态建设的主要任务和建设途径》，《宁夏工程技术》2013年第1期。

⑪　马金元：《为建设祖国西部生态屏障作出积极贡献》，《宁夏日报》2016年8月24日。

⑫　吴月：《腾格里沙漠南缘生态屏障建设》，《宁夏社会科学》2017（S1）；吴月：《构建腾格里沙漠南缘宁夏境内生态安全屏障》，《中共银川市委党校学报》2018年第6期。

⑬　孟砚岷：《保持水土筑牢宁夏生态安全屏障》，《中国水利报》2021年9月28日。

⑭　吴春霖：《银川构筑生态屏障护佑黄河安澜》，《银川日报》2022年6月16日。

⑮　史雪威、陈绪慧、蔡明勇：《宁夏全区及生态保护红线生态系统服务价值变化评估》，《地球信息科学学报》2023年第5期。

⑯　杨晓秋：《我区构筑绿色低碳发展生态屏障》，《宁夏日报》2023年8月15日。

随着党的十八大、十九大、二十大精神和习近平生态文明思想的深入学习、贯彻落实、稳步推进，宁夏的各项重大生态战略部署更加全面、更加系统、更具优势。宁夏通过"三北"防护林及自然保护区建设、沙漠化防治工程及沙产业的发展、湿地保护及水土保持区建设、移民搬出区及工矿地区的生态恢复、黄河宁夏段的水生态治理与保护、腾格里沙漠南缘生态屏障建设等，加之国家及自治区生态安全屏障建设的政策优势，协同陕西、甘肃、内蒙古、青海等省区，统筹推进宁夏生态安全屏障建设，为自治区党委和政府决策服务，为国家构建西部生态安全屏障提供理论和实践指导。

第三节 宁夏重大林草生态工程建设

宁夏回族自治区自 1958 年成立以来，历届党委、政府立足宁夏区情及自然资源禀赋，认真贯彻落实国家生态环境保护与开发建设的政策，坚持山水林田湖草沙一体化保护和系统治理，通过全面落实"三北"防护林建设及天然林资源保护修复，持续开展荒漠化治理、防沙治沙综合治理与沙产业发展、南部生态保护修复与水土流失综合治理、禁牧封育、退化草原修复治理与种草改良工程、沿黄重要河流湖泊湿地保护与修复，巩固退耕还林还草成果、野生动物防疫及病虫害防治、森林草原防火工程、国土绿化等重大林草生态建设，并通过全面建立"区市县乡村"五级林（草）长制、全面推进山林权改革、不断完善林草生态智能化监测及综合管理体系、矿山生态恢复、推进再生水利用和小流域生态保护修复、实施重点入黄排水沟综合治理、美丽乡村建设、节能减排与资源循环利用等重点工程建设，鼓励和支持广大群众参与到生态保护与开发建设中，提升山水林田湖草沙生态系统的稳定性和可持续性，持续改善宁夏生态环境质量，筑牢西部生态安全屏障。2022 年，宁夏共完成营造林 150 万亩，森林覆盖率达到 18%（较我国森林资源第九次普查的 12.63% 增长近 5.4 个百分点）；草原生态修复 22.8 万亩，草原综合植被盖度由禁牧前（2003 年开始禁牧封育）的 35% 提高到 56.7%，畜牧业总产值较禁牧前增长了 7.67 倍[①]；湿地保护修复 22.7 万亩、湿地保护率达到 56%；治理荒漠化土地 90 万亩，全面完成年度造林种草任务[②]。

一　宁夏天然林资源保护工程

天然林是自然界中自我调节能力最强、功能最稳定、生物多样性最丰富的森林生态系统。宁夏天然林资源保护工程（简称"天保工程"）始于2000 年，工程涉及宁夏全境。宁夏各级党委、政府紧抓制度保障，明确工程完成时间表、任务书、建设目标、资金配置、责任等，及时修订完善检查及考核的内容、标准和要求，坚持"自然恢复为主，人工修复为辅"的方针，通过人工造林、飞播补植补播、生态移民、苗圃培育及建设、禁止牲畜进入林地放牧、禁止天然林商品性采伐、严厉打击违法采伐及乱砍滥伐等行为、加大部门联动机制建设、积极推行林木管护承包责任制等体制机制创新，提升监管力度和管护科技水平，规范天保工程资金使用与管理，开展资金稽查及成果应用，推进天保工程信息化建设等措施，宁夏天然林资源得到有效保护，林草资源量逐年增加，生物多样性得到有效维护，生态系统功能不断完善，生态环境明显好转，保障体系不断健全，助推林区民生状况改善，促进人与自然和谐发展，不断筑牢西部生态安全屏障，为宁夏黄河流域生态保护和高质量发展先行区建设提供生态保障。

自天保工程实施以来，有效管护宁夏 1530.8 万亩森林资源，其中有效管护 75.4 万亩天然乔木林和 257.6 万亩天然灌木林地、未成林封育地、疏林地[③]。天保工程一期完成封山育林 323.5 万亩，飞播造林核实合格面积 99.86万亩，森林覆盖率由 2000 年的 8.4% 增加到 2010 年的 11.89%，森林蓄积量由

---

① 宁夏回族自治区林业和草原局草原和湿地管理处：《自治区党委政研室调研我区禁牧封育政策实施情况》，宁夏回族自治区林业和草原局网站，2023 年 10 月 31 日。

② 宁夏回族自治区林业和草原局：《宁夏林草局发布 2022 年宁夏林草十件大事》，宁夏新闻网，2023 年 1 月 17 日。

③ 宁夏回族自治区林业和草原局：《宁夏天然林保护修复制度实施方案》，宁夏回族自治区林业和草原局网站，2020 年 9 月 9 日。

464 万立方米增加到 609 万立方米①②③。天保工程二期规划完成人工造林 120 万亩，封山育林 317 万亩，完成国有中幼林抚育任务 109 万亩，森林覆盖率增长至 2020 年的 15.8%，森林蓄积量达到 995 万立方米④。预计到 2035 年，宁夏天然林保有量稳定在 333 万亩左右，森林蓄积量达到 1400 万立方米⑤。经过 20 多年的天然林资源保护与恢复，宁夏森林资源质量总体提升，林草碳汇能力不断增强，生态承载力明显提高，土地承载力和抗御自然灾害的能力得到提高，水土流失明显减少，荒漠化程度降低，生物多样性得到有效保护，生态效益有效发挥，形成黄河上游较为稳定、健康、可持续的森林生态屏障。

二 宁夏"三北"防护林建设工程

我国"三北"防护林体系建设工程规划期 1978～2050 年，73 年分三个阶段八期工程进行，目前正在实施第六期工程建设。宁夏于 1978 年启动实施"三北"防护林工程，是唯一全境列入"三北"工程建设的省区。宁夏历届党委、政府牢固树立"尊重自然、顺应自然、保护自然""绿水青山就是金山银山"的发展理念，通过实施人工造林、飞播造林、封山（沙）育林、退化林分修复等生态林业工程，依托先进林业科技不断完善南部山区水土保持薪炭林及水源涵养林、中部防风固沙林、北部引黄灌区农田防护林网体系、贺兰山东麓生态防护林、环村庄林带建设，大力发展枸杞、苹果、红枣、葡萄、红梅杏、文冠果、花卉、种苗等为主的特色经济林产业及林下经济，不断提高林业资源管理及资金管理的规范化水平，完善监测评价体系，加强林业人才队伍建设，健全执法机构并加大执法监管力度，完善林业社会

---

① 《天然林资源保护工程二期》，宁夏林业网，2012 年 8 月 18 日。
② 《宁夏回族自治区天然林资源保护工程二期实施方案》，宁夏林业网，2012 年 8 月 18 日。
③ 黄泽云、刘汉卿：《宁夏天然林资源保护工程理论与实践》，宁夏生态林业基金管理站，2017。
④ 宁夏生态林业基金管理站、宁夏天然林保护工程管理中心：《实施天然林保护修复 筑牢黄河流域生态根基》，宁夏回族自治区林业和草原局网站，2021 年 3 月 12 日。
⑤ 宁夏回族自治区林业和草原局：《宁夏天然林保护修复制度实施方案》，宁夏回族自治区林业和草原局网站，2020 年 9 月 9 日。

化服务体系，使宁夏森林资源实现量的持续增长和质的大幅提高，水土流失和荒漠化程度明显减轻，逐步构建以防护林为主的较为完整的林业生态体系，提升林业产业发展水平，促进人与自然和谐共生现代化美丽新宁夏建设，为筑牢西北地区重要生态安全屏障奠定了坚实的生态基础。

"三北"工程实施以前，宁夏林地面积约103万亩，经济林12.5万亩，森林覆盖率2.4%，活力木蓄积量仅217万立方米，林业生产总值约0.15亿元（占宁夏GDP的1.15%）[1]。"三北"工程第一阶段，包括一期（1978~1985年）、二期（1986~1995年）、三期（1996~2000年）防护林建设，截至2000年，工程共完成造林1449.38万亩［其中植苗造林1006万亩，飞播造林113.38万亩，封山（沙）育林330万亩］，"三北"国家专项投资9846万元（见表3-2）。"三北"工程第二阶段，包括四期（2001~2010年）、五期（2011~2020年）防护林建设，2001~2020年，工程共完成造林1121万亩［其中人工造林796万亩，封山（沙）育林177万亩，退化林修复改造148万亩］，"三北"国家专项投资171772万元（见表3-2）。根据宁夏回族自治区退耕还林与三北工作站数据资料，"三北"工程第三阶段六期规划完成生态修复治理面积1136万亩，包括人工造林、封山（沙）育林、退化林修复改造等。经过40多年的防护林建设与保护修复，宁夏生态林业取得丰硕成果，森林覆盖率由工程实施前的2.4%增加到2022年的18%；活立木蓄积由工程治理前的217万立方米提高到2022年的1035万立方米；经济林由12.5万亩增加到2022年的264.3万亩，提高了森林的产量及生物量，有效保护生物多样性[2]。"三北"防护林建设使宁夏山水林田湖草沙生态系统稳定性增强、生态功能更加完善，水源涵养林涵养水源量由工程治理前的304.8亿立方米提高到2018年的682.4

---

① 王治啸：《宁夏三北防护林体系建设40周年总结》，宁夏回族自治区林业和草原局网站，2018年9月19日。

② 王治啸：《宁夏三北防护林体系建设40周年总结》，宁夏回族自治区林业和草原局网站，2018年9月19日；宁夏回族自治区退耕还林与三北工作站内部资料（函询提供数据资料），2024年3月。

亿立方米①，有效缓解了各种自然灾害，区域生态环境明显改善；农田防护林保护的耕地面积由工程治理前的 102 万亩提高到 2018 年的 1020 万亩，粮食产量由工程治理前的 117 万吨提高到 2017 年的 368 万吨②，提高了农作物产量，保障了粮食和重要农产品供给安全；牧场防护林保护的草原面积由工程治理前的 96.96 万亩提高到 2022 年的 2984.92 万亩③，单位面积产草量明显增加，草原生态得以休养生息；累计治理水土流失面积 2.3 万平方千米，每年可保水 16 亿立方米，减少排入黄河泥沙量 0.4 亿吨④，有效缓解水土流失、保持水土肥力；荒漠化治理 113.82 万公顷⑤，全国荒漠化和沙化监测结果显示，第六次较第五次荒漠化土地和沙化土地面积分别减少了 15.39 万公顷和 12.14 万公顷，荒漠化土地和沙化土地面积持续"双缩减"，有效控制了风沙肆虐，改善了沙区生态环境。以林草产业的多功能发展推动乡村振兴，带动社会经济高质量发展，为共圆伟大中国梦贡献宁夏经验。

表 3-2　宁夏"三北"防护林建设情况

单位：万亩、万元

实施阶段			规划面积	实际完成造林面积					国家专项投资
				小计	人工造林	飞播造林	封山(沙)育林	退化林修复改造	
第一阶段	一期	1978~1985 年	442	420.88	333.9	0.38	86.6	—	2021
	二期	1986~1995 年	363.6	503.5	413.8	33	56.7	—	3670
	三期	1996~2000 年	299.2	525	258.3	80	186.7	—	4155
	小计	1978~2000 年	1104.8	1449.38	1006	113.38	330	—	9846

---

① 王治啸：《宁夏三北防护林体系建设 40 周年总结》，宁夏回族自治区林业和草原局网站，2018 年 9 月 19 日。

② 王治啸：《宁夏三北防护林体系建设 40 周年总结》，宁夏回族自治区林业和草原局网站，2018 年 9 月 19 日。

③ 王治啸：《宁夏三北防护林体系建设 40 周年总结》，宁夏回族自治区林业和草原局网站，2018 年 9 月 19 日；宁夏回族自治区退耕还林与三北工作站内部资料（函询提供数据资料），2024 年 3 月。

④ 宁夏回族自治区退耕还林与三北工作站内部资料（函询提供数据资料），2024 年 3 月。

⑤ 宁夏回族自治区退耕还林与三北工作站内部资料（函询提供数据资料），2024 年 3 月。

续表

实施阶段			规划面积	实际完成造林面积					国家专项投资
				小计	人工造林	飞播造林	封山（沙）育林	退化林修复改造	
第二阶段	四期	2001~2010 年	600	597	552	—	45	—	41717 *
	五期	2011~2020 年	514	524	244	—	132	148	130055 **
	小计	2001~2020 年	1114	1121	796	—	177	148	171772
第三阶段	六期	2021~2030 年	1136						
	七期	2031~2040 年							
	八期	2041~2050 年							

注：* 王治啸：《宁夏三北防护林体系建设 40 周年总结》，宁夏回族自治区林业和草原局网站，2018 年 9 月 19 日。

** 《宁夏三北防护林体系建设五期工程总结自评估报告》，宁夏林草厅退耕三北站，2020。

三　荒漠化及沙化综合治理工程

宁夏东、西、北三面分别被腾格里沙漠、乌兰布和沙漠、毛乌素沙地包围，荒漠化及沙化土地分布范围广，主要分布于中部地区（即中部风沙区），包括中宁、中卫、青铜峡、利通、灵武等县（市、区）的山区部分和同心、盐池两县的大部分以及海原县的北部①。2022 年 12 月国家林业和草原局发布的《全国防沙治沙规划（2021—2030 年）》及第六次全国荒漠化和沙化调查成果显示，至 2019 年底，宁夏荒漠化土地面积 2.64 万平方千米，占总土地面积的 50.97%②，较第五次荒漠化和沙化监测面积减少 0.15 万平方千米；其中沙化土地面积约 1 万平方千米，占总土地面积的 19.31%，较第五次荒漠化和沙化监测时减少 0.12 万平方千米，连续 20 多年实现荒漠

① 宋乃平、汪一鸣、陈晓芳：《宁夏中部风沙区的环境演变》，《干旱区资源与环境》2004 年第 4 期。

② 数据说明：统计数据中宁夏总面积为 6.64 万平方千米，总土地面积为 5.18 万平方千米，此处占比按总土地面积计算。

化和沙化土地面积"双缩减"①。

作为全国唯一的省级防沙治沙综合示范区，自 20 世纪 50 年代初期，宁夏已在境内开展荒漠化及沙化综合治理。宁夏历届党委、政府及相关部门，通过人工造林、飞播造林种草固沙、沙漠边缘引水灌溉、扎草方格固沙等生物措施和工程措施并举，依托先进科技及设备提高林草成活率及灌溉用水效率，持续推动"三北"防护林、天然林保护、退耕还林还草、禁牧封育等国家重点生态林业工程建设，深入开展灵武白芨滩、中卫、同心、红寺堡全国沙化封禁保护项目，加强沙坡头、灵武、盐池、同心四个全国防沙治沙示范县项目建设，坚持既防沙之害又用沙之利，探索推广"五带一体"防风固沙体系和"六位一体"防沙治沙用沙模式，推进"林长+"体制机制创新，全面推进山林权改革，加强林草生态综合化、智能化、动态化监管，不断完善林草生态考核标准，加强林草防火监测及野生动植物防疫等预警机制建设，形成可推广、可复制、享誉全球的宁夏治理模式，有效阻碍腾格里沙漠、乌兰布和沙漠、毛乌素沙地的侵蚀，持续缩减宁夏土地荒漠化及沙化面积和程度，为构筑西部生态安全屏障作出宁夏贡献。

经过 70 多年的治理，宁夏的荒漠化防治及防沙治沙成效显著。根据宁夏回族自治区林业厅 2012～2017 年工作总结资料（见表 3-3），2012 年宁夏完成荒漠化治理 80 万亩②，2013 年完成荒漠化治理 52 万亩③，2014 年完成荒漠化治理 50 万亩④，2015 年完成荒漠化治理 50 万亩⑤，2016 年完成荒漠

---

① 张唯:《缚黄沙 望青绿——宁夏荒漠化土地和沙化土地面积持续"双缩减"》,《宁夏日报》2023 年 6 月 24 日。

② 《自治区林业局关于报送〈2012 年工作情况暨 2013 年工作要点〉的报告》,宁夏回族自治区林业局文件,2012 年 12 月 3 日。

③ 《宁夏林业局关于报送 2013 年工作总结及 2014 年主要思路的报告》,宁夏回族自治区林业局文件,2013 年 12 月 13 日。

④ 《宁夏林业厅关于报送 2014 年工作总结及 2015 年主要工作思路的函》,宁夏回族自治区林业厅文件,2014 年 12 月 11 日。

⑤ 《退耕还林圆绿梦 项目重启谱新篇》,宁夏林业网,2015 年 5 月 28 日。

化治理 54.6 万亩[①]，2017 年完成荒漠化治理 50 万亩[②]；根据 2018~2023 年
宁夏回族自治区政府工作报告及自治区林业和草原局林草大事，2018 年完
成荒漠化治理 90 万亩[③]，2021 年完成荒漠化治理 90 万亩[④]，2022 年完成荒
漠化治理 90 万亩[⑤]，即"十三五"期间宁夏完成荒漠化治理 687.6 万亩[⑥]。
"十二五"期间，宁夏完成治沙造林 401.67 万亩[⑦]，根据第五次全国荒漠化
和沙化监测结果，宁夏沙化土地面积由 1958 年的 2475 万亩减少到 1686.9
万亩[⑧]，率先在全国实现了沙漠化逆转；"十三五"期间，完成防沙治沙任
务 660.6 万亩，其中完成营造林 325.8 万亩、水土流失治理 289.8 万亩、退
牧还草 45 万亩[⑨]；"十四五"期间，规划防沙治沙目标任务为 450 万亩，
2021~2022 年已完成营造林 300 万亩，退化草原修复 43.87 万亩，湿地保护
修复 45.9 万亩，荒漠化治理 180 万亩[⑩]。宁夏积极推进全国防沙治沙示范区
建设，有效增加了区域林草植被覆盖度，有效遏制了生态恶化，使得区域生
态安全屏障功能日益凸显。

---

① 《宁夏林业厅关于报送 2016 年工作总结和 2017 年工作计划的报告》，宁夏回族自治区林业
　厅文件，2016 年 12 月 8 日。

② 《自治区林业厅关于报送〈2017 年工作总结和 2018 年工作打算〉的函》，宁夏回族自治区
　林业厅文件，2017 年 11 月 20 日。

③ 咸辉：《2019 年宁夏回族自治区政府工作报告》，宁夏回族自治区人民政府网站，2019 年 1
　月 27 日。

④ 宁夏回族自治区林业和草原局：《2021 宁夏林草生态建设十件大事》，宁夏回族自治区林
　业和草原局网站，2022 年 3 月 11 日。

⑤ 宁夏回族自治区林业和草原局：《2022 宁夏林草十件大事》，宁夏回族自治区林业和草原局
　网站，2023 年 1 月 17 日。

⑥ 宁夏回族自治区林业和草原局：《2020 年"宁夏林草十件大事"》，宁夏回族自治区林业和
　草原局网站，2021 年 1 月 26 日。

⑦ 牛大力、高凌、刘哲成：《（喜迎自治区 60 大庆）宁夏：荒漠化和沙化土地面积双缩减》，
　宁夏广电新闻中心，2018 年 6 月 17 日。

⑧ 宁夏回族自治区林业和草原局：《宁夏：绘就林草华章 筑牢生态屏障》，中国林业网，2019
　年 9 月 30 日。

⑨ 张唯：《缚黄沙 望青绿——宁夏荒漠化土地和沙化土地面积持续"双缩减"》，《宁夏日
　报》2023 年 6 月 24 日。

⑩ 宁夏回族自治区林业和草原局：《@宁夏人 咱宁夏防沙治沙成果值得你了解》，宁夏新闻
　网，2023 年 6 月 16 日。

表 3-3　2012~2022 年宁夏荒漠化治理成效

单位：万亩

年份	2012	2013	2014	2015	2016	2017	2018	2019	2020	2021	2022
面积	80	52	50	50	54.6	50	90	—	—	90	90

四　水土保持工程

根据《宁夏回族自治区 2022 年水土保持公报》[①]，至 2022 年底，宁夏水土流失面积 1.5354 万平方千米，占全区总面积的 23.12%，较 2021 年水土流失面积减少 180.65 平方千米，较 1990 年宁夏第一次水土流失遥感调查时水土流失面积减少 2.35 万平方千米。从水土流失的类型来看，水力侵蚀面积 1.0478 万平方千米（占水土流失面积的 68.24%），风力侵蚀面积 0.4876 万平方千米（占水土流失面积的 31.76%）。从水土流失的强度来看，宁夏现有轻度侵蚀面积 1.0358 万平方千米，中度侵蚀面积 0.3379 万平方千米，强烈侵蚀面积 0.1095 万平方千米，极强烈侵蚀面积 0.0412 万平方千米，剧烈侵蚀面积 0.0110 万平方千米（各强度侵蚀面积占比见图 3-2）。从行政区划来看，境内 22 个市县区均有分布，水土流失面积超过 1000 平方千米有 5 个市县区，其中海原县水土流失面积最大，达 2378.23 平方千米（占宁夏水土流失面积的 15.49%），其次依次是盐池县、同心县、沙坡头区和灵武市，占比分别为 12.17%、11.58%、9.14%、7.89%，这 5 个市县区水土流失面积占比超过 56%；其余有 8 个市县区水土流失面积介于 400~900 平方千米，有 7 个市县区水土流失面积介于 100~300 平方千米，兴庆区水土流失面积 82.1 平方千米，金凤区水土流失面积 8.03 平方千米。从区域分布来看，南部以流水侵蚀的黄土地貌为主，水力侵蚀最严重的三个县区是海原县、同心县、沙坡头区；中部和北部以干旱剥蚀、风蚀地貌为主，风力侵蚀最严重的两个市县是灵武市和盐池县。可见，宁夏水土流失范围广、程度深，治理难度大、任务重。

---

① 宁夏回族自治区水土保持监测总站编制《宁夏回族自治区 2022 年水土保持公报》，宁夏回族自治区水利厅网站，2023 年 11 月 6 日。

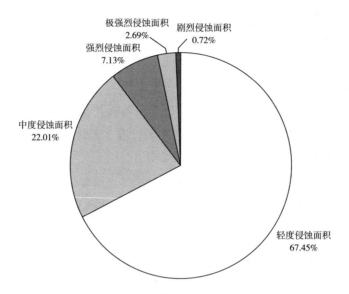

图 3-2　2022 年宁夏水土流失强度面积比例

从新中国成立到 1987 年，宁夏每年治理水土流失面积约 167 平方千米；1990 年宁夏第一次水土流失遥感调查结果显示，宁夏水土流失面积 3.8873 万平方千米，至 2010 年初步完成水土流失治理面积 2.17 万平方千米，水土流失治理程度接近 60%；"十一五"期间，宁夏累计治理水土流失面积 5240 平方千米，每年减少入黄泥沙 4000 万吨，每年增产粮食 1 亿公斤以上；至 2011 年宁夏水土流失面积 1.96 万平方千米[1][2]。"十二五"期间，宁夏累计治理水土流失面积 5633 平方千米，至 2015 年底水土流失治理措施保存面积 1.7 万平方千米，森林覆盖率达到 13.6%，每年减少入黄泥沙 4000 万吨[3]。预计"十三五"期间，宁夏治理水土流失面积 4370 平方千米，实施重点预

---

①　裴云云：《风日晴和人意好——宁夏"高质量发展调研行"之打造绿色生态宝地》，《宁夏日报》2023 年 6 月 21 日。

②　中华人民共和国中央人民政府：《宁夏"十一五"完成水土流失治理面积 5240 平方公里》，新华社，2011 年 2 月 19 日。

③　邹欣媛：《宁夏今年将治理水土流失面积 800 平方公里以上》，新华社，2016 年 2 月 20 日。

防保护面积 5200 平方千米①，实际完成水土流失治理面积 4480.57 平方千米，其中 2016 年治理水土流失面积 871 平方千米②，2017 年治理水土流失面积 915 平方千米、完成预防保护面积 1530 平方千米③，2018 年治理水土流失面积 912.31 平方千米、重点预防保护面积 1224 平方千米④，2019 年治理水土流失面积 920.42 平方千米、重点预防保护面积 1228 平方千米⑤，2020 年治理水土流失面积 861.84 平方千米、重点预防保护面积 1205.33 平方千米⑥（见表 3-4）。

表 3-4　2016~2022 年宁夏治理水土流失面积

单位：平方千米

年份	2016	2017	2018	2019	2020	2021	2022
面积	871	915	912.31	920.42	861.84	963.76	985.69

2022 年，宁夏下达目标任务新增治理水土流失面积 920 平方千米，实际新增治理水土流失面积 985.69 平方千米（较 2021 年治理面积增加了 21.93 平方千米），完成率 107%（见表 3-4、图 3-3）⑦⑧。通过生物措施、工程措施以及科技支撑，加强旱作梯田综合治理，营造水土保持林、经济林、种草、封禁治理等措施，推动宁夏水土流失面积缩减、程度减低。其中，由水利部门组织实

---

① 裴云云：《宁夏累计治理水土流失面积 2.3 万平方公里》，《宁夏日报》2020 年 10 月 22 日。

② 《宁夏治理水土流失 871 平方公里》，《人民日报》2017 年 1 月 4 日。

③ 邹欣媛：《宁夏 2017 年治理水土流失面积 915 平方公里》，宁夏回族自治区水利厅网站，2018 年 1 月 25 日。

④ 宁夏回族自治区水利厅：《宁夏回族自治区 2018 年度水土保持工作总结》（宁水函发〔2018〕243 号），宁夏回族自治区水利厅网站，2018 年 12 月 28 日。

⑤ 宁夏回族自治区水土保持监测总站编制《宁夏回族自治区 2019 年水土保持公报》，宁夏回族自治区水利厅网站，2020 年 12 月 14 日。

⑥ 宁夏回族自治区水土保持监测总站编制《宁夏回族自治区 2020 年水土保持公报》，宁夏回族自治区水利厅网站，2021 年 12 月 30 日。

⑦ 宁夏回族自治区水土保持监测总站编制《宁夏回族自治区 2021 年水土保持公报》，宁夏回族自治区水利厅网站，2022 年 9 月 30 日。

⑧ 宁夏回族自治区水土保持监测总站编制《宁夏回族自治区 2022 年水土保持公报》，宁夏回族自治区水利厅网站，2023 年 11 月 6 日。

施的国家水土保持重点工程 62 项,包括小流域综合治理 24 条、坡耕地改造水土流失综合治理工程 11 项、新建淤地坝 8 座、病险淤地坝除险加固工程 19 座;水利部门组织实施的国家水土保持重点工程新增治理水土流失面积 379.42 平方千米,其中旱作梯田 93.81 平方千米,营造水土保持林 28.59 平方千米,经济林 0.17 平方千米,种草 0.03 平方千米,封禁治理 248.58 平方千米,其他措施 8.24 平方千米;完成中央专项投资 2.55 亿元[①]。2022 年宁夏水土保持率为 76.88%。根据水利部办公厅"十四五"水土保持目标及宁夏区情,宁夏水利厅明确 2025 年水土保持率目标为 78.02%,2035 年水土保持率目标为 80.87%[②],宁夏水土保持任务艰巨。

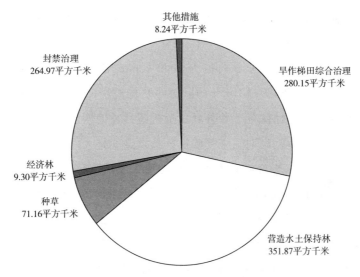

图 3-3　2022 年宁夏新增水土流失综合治理完成情况

宁夏各级党委、政府依托当地实际及资源禀赋,将水土流失治理贯穿于"六新六特六优"产业发展、国土绿化、美丽乡村等项目建设中,积极探索"小流域+"、坡耕地改造、淤地坝、封禁等水土流失治理模式,科学推进水土流失综合

---

① 宁夏回族自治区水土保持监测总站编制《宁夏回族自治区 2022 年水土保持公报》,宁夏回族自治区水利厅网站,2023 年 11 月 6 日。

② 宁夏回族自治区水利厅:《自治区水利厅关于印发各市、县(区)水土保持率目标的通知》,宁夏回族自治区水利厅网站,2023 年 5 月 25 日。

治理,提升水土保持管理能力和水平,有效保护当地水土肥力,减少入黄泥沙含量,确保黄河生态安全,统筹推进山水林田湖草沙系统治理,改善区域生态环境,实现山绿、水净、渠畅、田平、民富,助力黄河流域生态保护和高质量发展先行区、乡村全面振兴样板区建设,为社会主义现代化美丽新宁夏建设作出积极贡献。

五 退耕还林工程

1999 年,我国退耕还林工程正式启动。2000 年,宁夏退耕还林工程正式启动。宁夏退耕还林工程建设覆盖南部黄土丘陵沟壑区陡坡耕地水土流失区域、中部干旱带土地严重沙化区域、中北部引黄灌区土壤盐渍化严重区域,即除青铜峡市以外的 21 个市县区、宁东管委会以及宁夏农垦集团所属的 12 个农场等。

宁夏上一轮退耕还林实施阶段为 2000~2006 年,新一轮退耕还林工程始于 2015 年,其间 2007~2014 年国家暂停安排退耕还林任务,但仍继续安排荒山造林和封山育林任务,并且延长退耕还林补助期政策,设立了巩固退耕还林成果专项资金,这期间宁夏建设任务重点安排大六盘生态经济建设圈和特色产业带建设。2000~2014 年,宁夏共完成国家下达的退耕还林任务 1305.5 万亩,包括退耕地造林 471 万亩、荒山造林 766.5 万亩、封山育林 68 万亩,国家累计兑现退耕还林补助资金 124.82 亿元,退耕农民人均直接受益 5568 元[1][2][3],退耕还林成效显著。

2014 年宁夏编制《新一轮退耕还林还草总体方案》,确定新一轮退耕还林还草面积 163.06 万亩,其中 25 度以上坡耕地 6.98 万亩、重要水源地 25 度以下坡耕地 5.37 万亩、严重沙化耕地 150.71 万亩;其中退耕还林 121.06 万亩、还草 42 万亩;争取中央投资 22.36 亿元[4][5]。宁夏新一轮退耕还林工

① 《宁夏退耕还林工程建设情况》,宁夏林业网,2014 年 2 月 11 日。
② 孙艳华:《宁夏退耕还林久久为功成效凸显》,宁夏林业网,2017 年 12 月 3 日。
③ 《自治区林业厅关于进一步扩大我区新一轮退耕还林范围的报告》,宁夏回族自治区林业厅内部资料。
④ 《宁夏退耕还林工程建设情况》,宁夏林业网,2014 年 2 月 11 日。
⑤ 《退耕还林圆绿梦 项目重启谱新篇》,宁夏林业网,2015 年 5 月 28 日。

程始于 2015 年，2015~2020 年共完成国家下达退耕地造林 41.47 万亩[1]。
2000~2019 年 20 年间，宁夏完成退耕还林工程建设 1345 万亩，累计兑现退
耕还林政策补助资金 130.27 亿元，其中，直补给退耕农户的资金达 94.22
亿元，全区 153 万农民人均直接受益 6158 元[2]。2020 年，宁夏计划完成上
一轮（2000~2006 年）退耕还林生态成果巩固数量 299.71 万亩，实际完成
数量 296.51 万亩（占比 98.93%），计划完成新一轮退耕还林第一次补助面
积 1.9 万亩，实际完成 1.6 万亩（占比 84.21%），林地管护率 98%，林木
保存率 85%，达到国家退耕还林林地巩固质量标准；自治区财政安排退耕
还林政策补助资金 6712.2 万元，其中退耕还林补助资金 6374.2 万元，工程
管理费 338 万元，由于林木成活率不达标、林地缺失或转为集体林地、退耕
农户信息变更等原因，各级部门支付财政补助资金 6571.3 万元，资金执行
率 97.90%[3][4]（见表 3-5）。

表 3-5　2019~2022 年宁夏退耕还林任务完成情况

年度		2019	2020	2021	2022
上一轮成果巩固数量	计划（万亩）	251.8	299.71	435.07	404.4
	实际（万亩）	248.9	296.51	433.62	395.62
	占比（%）	98.85	98.93	99.67	97.83
新一轮成果巩固数量	计划（万亩）	3	1.9	20.52	16.05
	实际（万亩）	3	1.6	20.45	15.354
	占比（%）	100	84.21	99.66	95.66
退耕地管护率（%）		100	98	98	98
林木保存率（%）		99.9	85	85	85

[1]　宁夏回族自治区退耕还林与三北工作站委托、宁夏佑坤财务咨询服务有限公司编制《2021
年自治区财政退耕还林项目补助资金绩效评价报告》，宁夏回族自治区林业和草原局网站，
2022 年 12 月 30 日。

[2]　宁夏日报编辑部：《宁夏退耕还林 20 年专题宣传》，《宁夏日报》2019 年 5 月 24 日。

[3]　宁夏回族自治区退耕还林与三北工作站：《2020 年退耕还林工程自治区本级部门预算绩效
执行自评报告》，宁夏回族自治区林业和草原局网站，2021 年 4 月 19 日。

[4]　宁夏回族自治区退耕还林与三北工作站：《2020 年度宁夏回族自治区退耕还林与三北工作
站部门决算》，宁夏回族自治区林业和草原局网站，2021 年 8 月 17 日。

续表

年度		2019	2020	2021	2022
宁夏补助资金	共计(万元)	5894.9	6712.2	11144.50	10138.04
	退耕补助资金(万元)	5557.9	6374.2	10805.50	9798.04
	工程管理费(万元)	337	338	339	340
	支付补助资金(万元)	5837.3	6571.3	11058.4	9737.05
	执行率(%)	99.02	97.90	99.22	96.04

2021 年，宁夏计划完成上一轮（2000~2006 年）退耕还林生态成果巩固数量 435.07 万亩，实际完成数量 433.62 万亩（占比 99.67%），计划完成 2015 年度新一轮退耕还林第二次补助面积 20 万亩、2019 年度新一轮退耕还林第一次补助面积 0.52 万亩，即新一轮退耕还林补助面积共 20.52 万亩，实际完成数量 20.45 万亩（占比 99.66%），林地管护率和林木保存率与 2020 年相同，达到国家退耕还林林地巩固质量标准；自治区财政安排退耕还林政策补助资金 11144.50 万元，其中退耕还林补助资金 10805.50 万元，工程管理费 339 万元，由于林木成活率不达标、林地缺失或转为集体林地、退耕农户信息变更等原因，各级部门支付财政补助资金 11058.4 万元，资金执行率 99.22%[1][2]（见表 3-5）。

2022 年，宁夏计划完成上一轮（2000~2006 年）退耕还林生态成果巩固数量 404.4 万亩，实际完成数量 395.62 万亩（占比 97.83%），计划完成 2016 年度新一轮退耕还林第二次补助面积 15 万亩、2020 年度新一轮退耕还林第一次补助面积 1.05 万亩，即新一轮退耕还林补助面积共 16.05 万亩，实际完成数量 15.354 万亩（占比 95.66%），林地管护率和林木保存率达到国家标准；自治区财政安排退耕还林政策补助资金 10138.04 万元，其中退耕还林补助资

---

[1] 宁夏回族自治区退耕还林与三北工作站委托、宁夏佑坤财务咨询服务有限公司编制《2021 年自治区财政退耕还林项目补助资金绩效评价报告》，宁夏回族自治区林业和草原局网站，2022 年 12 月 30 日。

[2] 宁夏回族自治区退耕还林与三北工作站：《2021 年度宁夏回族自治区退耕还林与三北工作站部门决算》，宁夏回族自治区林业和草原局网站，2022 年 8 月 15 日。

金 9798.04 万元，工程管理费 340 万元，由于林木成活率不达标、复耕致使林地缺失或转为集体林地、退耕农户信息变更等原因，各级部门支付财政补助资金 9737.05 万元，资金执行率 96.04%（见表 3-5）；中央财政下达退耕还林补助资金 19440.76 万元（兑现给退耕农户资金 16685.11 万元，执行率 85.83%），其中林业草原生态保护与修复资金 4875 万元（执行率 50.80%），林草改革发展资金 14565.76 万元（执行率 97.55%）[1][2]。实施退耕还林工程至今，宁夏活立木蓄积量及森林覆盖率迅速增长，碳汇能力增强，与空气环境质量改善、水土肥力保持、黄河干流泥沙含量降低、生物多样性维护等形成良性循环；工程建设促进区域产业结构调整，推动区域社会经济高质量发展，增加退耕农户的经济收入，进而使居民生产生活环境得到改善，促进社会和谐文明，实施退耕还林工程取得了显著的生态效益、经济效益和社会效益。

六 草原保护与修复

由于降水少蒸发强烈，以及过度放牧、乱砍乱采、过度开垦、工业建设征占用地等行为，宁夏草原生态系统受到严重影响，绝大部分草原存在不同程度的退化、沙化、盐渍化等现象。2003 年，宁夏发生中度、重度退化的草原面积超过 3300 万亩，占草原总面积的 90%[3]。根据《宁夏统计年鉴》（2003~2022）数据资料，截至 2019 年底，宁夏牧草地面积 3046.55 万亩（占全区土地面积的 39.21%），较上年减少了 73.96 万亩，较 2011 年减少了 455.08 万亩，较 2002 年减少了 564.89 万亩；2002~2019 年宁夏牧草地面积呈逐年减少态势（见图 3-4）。其中，宁夏天然牧草地面积 2174.07 万亩（占全区土地面积的 27.98%），较 2011 年减少了 1095.49 万亩，较 2002 年减少了 1342.01 万亩；人工牧草地面积 16.45 万亩（占全区土地面积的

---

① 宁夏回族自治区退耕还林与三北工作站：《宁夏回族自治区退耕还林与三北工作站 2022 年退耕还林自治区本级部门项目绩效自评报告》，宁夏回族自治区林业和草原局网站，2023 年 3 月 31 日。

② 宁夏回族自治区退耕还林与三北工作站：《2022 年度宁夏回族自治区退耕还林与三北工作站部门决算》，宁夏回族自治区林业和草原局网站，2023 年 8 月 15 日。

③ 廉军：《宁夏率先全境禁牧封育十年生态效益显现》，央广网，2013 年 9 月 21 日。

0.21%），较 2011 年减少了 95.70 万亩，较 2002 年减少了 75.78 万亩；其他草地面积 856.03 万亩（占全区土地面积的 11.02%），2002~2010 年统计项目是改良草地（2009 年数据缺失，2010 年统计数据为 0），改良草地面积由 2002 年的 3.13 万亩减少到 2008 年的 2.89 万亩，2011~2019 年统计项目是其他草地，其中 2012 年其他草地面积 116.97 万亩，较 2011 年下降 3 万亩，2013~2019 年其他草地面积减少了 53.53 万亩。根据《宁夏统计年鉴（2023）》，截至 2022 年底，宁夏牧草地面积 2985.38 万亩，较 2019 年减少了 61.17 万亩，较 2002 年减少了 626.06 万亩。可见，宁夏草原面积缩减明显，尤其是天然牧草地退化严重，亟待保护与治理。

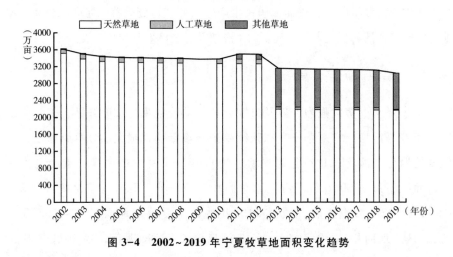

图 3-4　2002~2019 年宁夏牧草地面积变化趋势

　　宁夏回族自治区党委、政府高度重视草原保护与修复，统筹山水林田湖草沙系统治理，坚持保护优先、自然封育为主的方针，坚持禁牧封育与人工修复相结合、划区轮牧与设施养殖相结合、资源开发与资源保护相结合，大力实施以草定畜实现草畜动态平衡，通过禁牧休牧促进自然封育，免耕补播加速植被改良，松土、施肥、灌溉、除杂等农艺措施改善草原植物生存环境，治虫灭鼠降低危害，退牧还草、退耕还草、已垦草原治理等重大草原保护建设工程，积极落实粮改饲试点、加大舍饲养殖补贴、加快饲草基地建设及标准化规模养殖、畜牧业节本增效等各项措施落实落地，开展乡土优良草种驯化栽培与选育扩繁技术研究，不断提高草原质量和生物量，不断增强草原固碳能力和土壤蓄积碳能力；实施"南部山区草畜产业工程""百万亩人工种草工程""十万贫困户养羊工程""滩羊保种提质工程"等措施，改善草原生态环境的同时，科学推动现代畜牧业可持续发展，促进农民增收，发挥草原的生态效益、社会效益和经济效益；通过加强草原监管，完善风险预警及应急处置机制，加大生态补偿力度，不断完善草原保护政策及草原可持续发展的长效机制，查处和打击非法开垦草原和非法占用草原等人为破坏草原植被的违法行为，切实保护草原生态植被，筑牢北方生态安全屏障。

2003 年，宁夏率先在全国以省域为单位全面实施禁牧封育，全区约 3500.82 万亩草原（其中，天然草原 3382.63 万亩）得到休养生息[1]。2011 年 3 月 1 日，《宁夏回族自治区封山禁牧条例》正式施行。经过 10 年禁牧封育，宁夏境内封育区内的林草覆盖度由封育前的 30% 左右增加到 2012 年的 50% 以上，新增造林面积 1800 多万亩，763 万亩水土流失得到有效控制，500 多万亩沙化土地得到治理，森林覆盖率由禁牧前的不到 10% 提高到 2012 年的 12.8%，草原植被覆盖度平均提高了 17.4%，羊只饲养总量由禁牧前的 380 万只增加到 2012 年的 1507 万只[2]，宁夏草原生态环境明显好转，促进了宁夏畜牧业快速健康发展。至 2017 年底，宁夏草原面积 3132 万亩，占总土地面积的 40.31%，草原综合植被盖度达到 55.43%，连续 5 年稳定在 50% 以上，初步形成以林业草原植被为主体的生态安全屏障[3][4]。宁夏林草局下达 2019~2021 年退化草原生态修复治理任务分别为 23.25 万亩、36.65 万亩、21 万亩[5]，通过免耕补播（采取人工撒播、机械补播、飞播、穴播、

① 资料来源：宁夏回族自治区统计局《宁夏统计年鉴（2004）》，中国统计出版社，2005。
② 廉军：《宁夏率先全境禁牧封育十年生态效益显现》，央广网，2013 年 9 月 21 日。
③ 宁夏回族自治区林业和草原局：《宁夏：绘就林草华章 筑牢生态屏障》，中国林业网，2019 年 9 月 30 日。
④ 资料来源：宁夏回族自治区统计局、国家统计局宁夏调查总队《宁夏统计年鉴（2018）》，中国统计出版社，2019。
⑤ 宁夏回族自治区草原站：《宁夏开展退化草原生态修复治理项目区级复核验收》，宁夏回族自治区林业和草原局网站，2022 年 2 月 16 日。

人工撒播+补植、人工草方格+人工撒播等方式）、草地改良、人工草地建植等人工干预措施，超额完成任务目标，其中 2021 年实际完成草原生态修复 21.27 万亩，有害生物防治 86.2 万亩，绿色防治比例达100%①。"十三五"期间，宁夏草原生态修复 106 万亩，至 2020 年底草原综合植被盖度达 56.5%②。截至 2022 年底，宁夏完成草原生态修复任务 22.8 万亩（超额完成计划任务 103.9%），有害生物防治 116.6 万亩，草原鼠害发生面积 146.6 万亩、严重危害面积 42.5 万亩，草原虫害发生面积 132.94 万亩、严重危害面积 32.77 万亩，绿色防治比例达到 100%，新建草种繁育基地 0.1 万亩，草原综合植被盖度达到 56.7%，比禁牧前提高近 22 个百分点，重度退化草原所占比例下降了近一半，沙化草原面积由禁牧前的 1376.51 万亩减少到 871.36 万亩，草原多样性指数，物种丰富度、均匀度显著提高；畜牧业总产值比禁牧前增长了 7.67 倍③④⑤；沙尘天气由禁牧前年平均 16.4 天降低到 2022 年的 15 天⑥⑦。"十四五"期间，宁夏将确保每年完成退化草原生态修复 20 万亩的目标⑧。可以看出，宁夏草原保护与治理成效显著，但牧

① 数据说明：根据参考文献数据计算而得。张唯：《缚黄沙 望青绿——宁夏荒漠化土地和沙化土地面积持续"双缩减"》，《宁夏日报》2023 年 6 月 24 日；宁夏回族自治区草原与湿地管理处：《精心谋划、扎实推进退化草原生态修复任务》，宁夏回族自治区林业和草原局网站，2022 年 12 月 27 日。

② 宁夏回族自治区林业和草原局生态修复处：《关于全国绿化先进集体、劳动模范和先进工作者推荐对象的公示》，宁夏回族自治区林业和草原局网站，2022 年 2 月 14 日。

③ 宁夏回族自治区林业和草原局草原工作站：《自治区草原站积极开展草原有害生物发生趋势预测》，宁夏回族自治区林业和草原局网站，2023 年 3 月 2 日。

④ 宁夏回族自治区草原与湿地管理处：《精心谋划、扎实推进退化草原生态修复任务》，宁夏回族自治区林业和草原局网站，2022 年 12 月 27 日。

⑤ 宁夏回族自治区林业和草原局草原和湿地管理处：《自治区党委政研室调研我区禁牧封育政策实施情况》，宁夏回族自治区林业和草原局网站，2023 年 10 月 31 日。

⑥ 《我区禁牧封育 15 年草原综合植被盖度达到 53.5%》，宁夏回族自治区农牧厅网站，2018 年 4 月 24 日；尚陵彬：《宁夏实施禁牧封育 15 年：实现生态和经济发展"双赢"》，《宁夏日报》2018 年 4 月 17 日。

⑦ 宁夏回族自治区生态环境监测处、生态环境监测中心：《2022 年宁夏生态环境状况公报》，宁夏回族自治区生态环境厅网站，2023 年 5 月 22 日。

⑧ 张唯：《缚黄沙 望青绿——宁夏荒漠化土地和沙化土地面积持续"双缩减"》，《宁夏日报》2023 年 6 月 24 日。

草地面积一直呈减少的趋势发展，尤其天然牧草地面积持续减少，表明宁夏的草场退化问题仍很严重，草原保护恢复及防治的任务任重而道远。

七　自然保护区建设

自然保护区是国家及区域生态安全屏障的重要组成部分，肩负维护区域国土安全、大气安全、淡水安全、物种安全和保护生物多样性等多重功能。宁夏的自然保护区建设始于 20 世纪 80 年代，至 2016 年底共有 14 个自然保护区，总面积为 799.6 万亩（占全区总面积的 8.02%），其中，国家级自然保护区 9 个、面积 689.3 万亩（占全区保护区面积的 86.2%），自治区级保护区 5 个、面积 110.3 万亩（占全区保护区面积的 13.8%），自然保护区是我国重要的物种资源库[1]（见表 3-6）。2010~2019 年，宁夏自然保护区总数增加了 1 个，其中国家级自然保护区数量由 6 个增加到 9 个，保护区面积呈波动变化趋势（见图 3-5），至 2019 年底保护区面积为 793.5 万亩[2]。宁夏建立自然保护区的主要目的是保护珍贵的动植物资源、自然遗迹资源以及森林、草原、荒漠、湿地、水域等自然生态系统，切实保护宁夏的生态环境，维护生物多样性，而且自然保护区是宣传生态保护的活的自然博物馆，亦可成为发展全域生态旅游的重要组成部分。

表 3-6　宁夏自然保护区级别与类型

单位：平方千米

编号	简称	级别	始建时间	类型	面积	主管部门	所在地
		批准时间	级别				
1	贺兰山	国家级	1982 年 7 月 1 日	森林生态系统	1935	自治区林业厅	银川市石嘴山市
		1988 年 5 月 9 日	自治区级				
2	白芨滩	国家级	1986 年 7 月 4 日	荒漠生态系统	709	银川市政府	灵武市
		2000 年 4 月 4 日	自治区级				

---

① 《宁夏自然保护区一览表》，《宁夏林业》2017 年第 3 期。

② 宁夏回族自治区统计局、国家统计局宁夏调查总队：《宁夏统计年鉴（2022）》，中国统计出版社，2023。

编号	简称	级别		始建时间		类型	面积	主管部门	所在地
		批准时间		级别					
3	哈巴湖	国家级		1998 年 7 月 25 日		荒漠生态系统	840	自治区林业厅	盐池县
		2006 年 2 月 11 日		县级					
4	沙坡头	国家级		1984 年 7 月 12 日		荒漠生态系统	140	自治区环保厅	沙坡头区
		1994 年 4 月 5 日		自治区级					
5	罗山	国家级		1982 年 7 月 1 日		森林生态系统	337	自治区林业厅	红寺堡区同心县
		2002 年 7 月 2 日		自治区级					
6	六盘山	国家级		1982 年 7 月 1 日		森林生态系统	268	固原市政府	泾源县隆德县
		1988 年 5 月 9 日		自治区级					
7	云雾山	国家级		1982 年 4 月 3 日		草原与草甸生态系统	66.6	自治区农牧厅	原州区
		2012 年 12 月		县级					
8	火石寨	国家级		2002 年 12 月 16 日		地质遗迹类型	98	西吉县政府	西吉县
		2013 年 12 月		自治区级					
9	南华山	国家级		2004 年 12 月 13 日		森林生态系统	201	海源县政府	海原县
		2014 年 12 月		自治区级					
10	六盘山省级	自治区级		1982 年 7 月 1 日		森林生态系统	411	固原市政府	泾源县隆德县
		1982 年 7 月 1 日		自治区级					
11	沙湖	自治区级		1997 年 1 月 27 日		内陆湿地生态系统	42	自治区林业厅	平罗县
		1997 年 1 月 27 日		自治区级					
12	党家岔	自治区级		2002 年 12 月 6 日		内陆湿地生态系统	41	西吉县政府	西吉县
		2002 年 12 月 6 日		自治区级					
13	青铜峡库区	自治区级		2002 年 7 月 1 日		内陆湿地和水域生态系统	196	吴忠市政府	青铜峡市中宁县
		2002 年 7 月 1 日		自治区级					
14	石峡沟泥盆系剖面	自治区级		1990 年 2 月 28 日		地质遗迹类型	45	自治区国土厅	中宁县
		1990 年 2 月 28 日		自治区级					

宁夏自然保护区分为自然生态系统类和自然遗迹类两个类别，分属于森林生态系统、草原与草甸生态系统、荒漠生态系统、内陆湿地和水域生态系统、地质遗迹 5 个类型。现就宁夏 9 个国家级自然保护区生态保护与修复取得的成效简述如下。

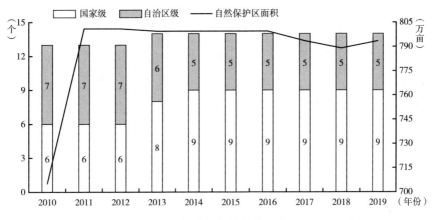

图 3-5　2010~2019 年宁夏自然保护区数量及面积变化

（一）贺兰山国家级自然保护区

宁夏贺兰山省级自然保护区于 1982 年 7 月 1 日由宁夏人大划定，贺兰山国家级自然保护区于 1988 年 5 月 9 日由国务院批准晋升。2011 年，保护区面积调整为 1935 平方千米，其中核心区面积为 862 平方千米（占保护区总面积的 44.5%），缓冲区面积为 433 平方千米（占保护区总面积的 22.4%），试验区面积为 640 平方千米（占保护区总面积的 33.1%）；保护区内林地面积约为 1911 平方千米，非林地面积为 24 平方千米（见图 3-6）；保护区内有林地面积 186.3 平方千米，活立木蓄积量 132.07 万立方米，森林覆盖率为 14.3%[1]。贺兰山国家级自然保护区内动植物资源丰富，有野生维管植物 87 科 357 属 788 种 2 亚种和 28 个变种[2]，苔藓植物 30 科 82 属 204 种[3]，大型真菌 27 科 66 属 200 种[4]；共有脊椎动物 5 纲 24 目 56 科 140 属 218 种，其中鱼纲 1 目 2 科 2 属 2 种，两栖纲 1 目 2 科 2 属 3 种，爬行纲 2 目 6 科 9 属 14 种，鸟纲 14 目 31 科 82 属 143 种，哺乳纲 6 目 15 科 45 属 56

① 《雄浑肖然·贺兰山》，《宁夏林业》2017 年第 3 期。

② 朱宗元、梁存柱、李志刚主编《贺兰山植物志》，阳光出版社，2011。

③ 白学良等编著《贺兰山苔藓植物》，宁夏人民出版社，2010。

④ 宋刚等主编《贺兰山大型真菌图鉴》，阳光出版社，2011。

种①；已知的昆虫 952 种，其中古北区系种占 69.96%，广布区系种占 28.04%，东洋区系种占 2%②。保护区内的森林为天然次生林，以针叶林为主，主要树种有青海云杉、油松、山杨、灰榆等。根据自治区林业调查规划院数据资料，至 2022 年底，贺兰山国家级自然保护区斑块矢量面积约为 2096.26 平方千米，有林地面积 184.36 平方千米，森林面积 211.34 平方千米，森林覆盖率 10.08%。

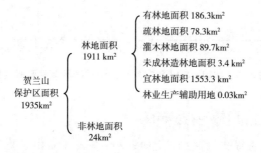

图 3-6　贺兰山自然保护区面积及土地利用情况

（二）六盘山国家级自然保护区

宁夏六盘山地区于 1980 年被国务院确定为黄土高原上重要的水源涵养林地，1982 年 7 月 1 日由宁夏回族自治区确定为省级自然保护区，1988 年 5 月 9 日由国务院确定为国家级森林和野生动物类型自然保护区。2017 年，六盘山国家级自然保护区面积 268 平方千米，有林地面积 195 平方千米，活立木蓄积量 133.3 万立方米，森林覆盖率为 72.8%；保护区内共有植物 110 科 442 属 1072 种，有陆生脊椎动物 25 目 61 科 226 种（其中，国家一级保护动物 3 种——金钱豹、金雕、林麝；二级保护动物 15 种——红腹锦鸡等），无脊椎动物 13 纲 47 目 332 科 3554 种③。根据自治区林业调查规划院

---

① 刘振生等编著《贺兰山脊椎动物》，宁夏人民出版社，2009。
② 王新谱、杨贵军主编《宁夏贺兰山昆虫》，宁夏人民出版社，2010。
③ 《宁夏自然保护区一览表》，《宁夏林业》2017 年第 3 期；《高原水塔·六盘山》，《宁夏林业》2017 年第 3 期；宁夏回族自治区林业和草原局：《系统"疗法"精准修复　提升六盘山生态功能——代表委员关注的那些事之六》，宁夏新闻网，2021 年 3 月 10 日。

数据资料，至 2022 年底，六盘山国家级自然保护区斑块矢量面积约为 800.33 平方千米，有林地面积 580.57 平方千米，森林面积 421.15 平方千米，森林覆盖率 52.62%。

（三）罗山国家级自然保护区

宁夏罗山自然保护区位于吴忠市，1982 年 7 月 1 日由宁夏回族自治区确定为省级自然保护区，2002 年 7 月 2 日由国务院确定为国家级森林生态系统类型的自然保护区。2017 年，保护区面积为 337 平方千米，其中核心区面积为 96.4 平方千米（占保护区总面积的 28.6%），缓冲区面积为 87.9 平方千米（占保护区总面积的 26.1%），实验区面积 152.7 平方千米（占保护区总面积的 45.3%）；有林地面积 15.6 平方千米，活立木蓄积量 20.26 万立方米，森林覆盖率为 9.63%；保护区内的森林为天然次生林，主要树种有青海云杉、油松等；保护区有维管植物 70 科 230 属 418 种（含新记录种 2 种），苔藓植物 16 科 24 属 39 种，大型真菌 40 科 42 属 64 种；共有脊椎动物 4 纲 25 目 67 科 142 属 221 种，无脊椎动物 1008 种，其中昆虫纲 21 目 170 科 640 属 973 种，蜘蛛纲 1 目 14 科 35 种[1]。根据自治区林业调查规划院数据资料，至 2022 年底，罗山国家级自然保护区斑块矢量面积约为 337.54 平方千米，有林地面积 20.29 平方千米，森林面积 62.59 平方千米，森林覆盖率 18.54%。

（四）南华山国家级自然保护区

宁夏南华山自然保护区位于中卫市海原县，始建于 1993 年，2004 年 12 月 13 日由宁夏回族自治区确定为省级自然保护区，2014 年 12 月由国务院批准晋升为国家级自然保护区，属森林生态系统类型的自然保护区。2017 年，保护区面积为 201 平方千米，其中核心区面积约为 62 平方千米（占保护区总面积的 30.8%），缓冲区面积约为 52 平方千米（占保护区总面积的 25.9%），试验区面积约为 87 平方千米（占保护区总面积的 43.3%）；保护

---

[1] 《宁夏自然保护区一览表》，《宁夏林业》2017 年第 3 期；《旱塬明珠·罗山》，《宁夏林业》2017 年第 3 期。

区内有林地面积 153.3 平方千米，活立木蓄积量 2.55 万立方米，森林覆盖率为 31.99%；南华山共有野生维管植物 58 科 203 属 426 种，共有野生动物 5 纲 25 目 57 科 126 属 173 种①②。根据自治区林业调查规划院数据资料，至 2022 年底，南华山国家级自然保护区斑块矢量面积约为 211.19 平方千米，有林地面积 24.52 平方千米，森林面积 27.26 平方千米，森林覆盖率 12.91%。

（五）云雾山国家级自然保护区

宁夏云雾山自然保护区位于固原市东北部 45 千米处，1982 年由固原县人民政府确定建立云雾山草原自然保护区，1985 年由宁夏回族自治区人民政府确认升格为省级自然保护区，2012 年 12 月由国务院批准晋升为国家级自然保护区，属草原与草甸生态系统类型的自然保护区。保护区面积为 66.6 平方千米，其中核心区面积为 17 平方千米（占保护区总面积的 25.5%），缓冲区面积为 14 平方千米（占保护区总面积的 21.0%），试验区面积为 35.6 平方千米（占保护区总面积的 53.5%），主要保护对象是典型草原与草甸生态系统和野生动植物③；云雾山共有种子植物 51 科 131 属 182 种，保护区内植物以草本成分为主，主要植物有本氏针茅、百里香、铁杆蒿、星毛委陵菜、荚蒿、香茅草等；共有脊椎动物 4 纲 15 目 34 科 74 属 77 种，昆虫纲昆虫 43 科 116 种，蜘蛛纲蜘蛛 5 科 7 种④。在梁、峁、坡上有以本氏针茅、百里香、戈壁针茅等为优势种的草原植被，沟道内有虎榛子、酸刺为优势种的灌丛植被，加之相间分布的翠雀、花叶海棠、紫丁香等植物，形成云雾山独特的草原生态景观。根据宁夏云雾山国家级自然保护区管理局

① 《宁夏自然保护区一览表》，《宁夏林业》2017 年第 3 期；《生态圣地·南华山》，《宁夏林业》2017 年第 3 期。
② 《自治区人民政府关于宁夏沙坡头南华山火石寨青铜峡库区 4 处自然保护区勘界结果的通知》，宁夏回族自治区人民政府网站，2018 年 11 月 13 日。
③ 宁夏回族自治区林业和草原局：《［走进自然，感受山水宁夏］念好"山"字经做活"林"文章——宁夏"云雾山"不断探索创新实现人与自然和谐共生》，宁夏新闻网，2021 年 8 月 31 日；《宁夏自然保护区一览表》，《宁夏林业》2017 年第 3 期。
④ 《宁夏自然保护区一览表》，《宁夏林业》2017 年第 3 期；宁夏农业勘察设计院、宁夏云雾山草原自然保护区管理处：《宁夏云雾山草原自然保护区总体规划》，2011 年 2 月。

数据资料，至 2022 年底，保护区面积 66.6 平方千米，有林地面积 18.95 平方千米，草地面积 23.36 平方千米，林草植被覆盖度 95% 以上。

（六）灵武白芨滩国家级自然保护区

宁夏白芨滩自然保护区地处毛乌素沙地西南边缘，位于灵武市。始建于 1985 年，于 1986 年 7 月 4 日经宁夏回族自治区人民政府批准建立省级自然保护区，2000 年 4 月 4 日由国务院批准晋升为国家级自然保护区，属荒漠类型生态系统的自然保护区。2013 年，环保部将保护区面积调整为 709 平方千米（原为 748 平方千米），其中核心区面积为 313 平方千米（占保护区总面积的 44.1%），缓冲区面积为 187 平方千米（占保护区总面积的 26.4%），实验区面积为 209 平方千米（占保护区总面积的 29.5%）；保护区内有林地面积 4.78 平方千米，活立木蓄积量 1.73 万立方米，森林覆盖率为 40.6%；灵武白芨滩国家级自然保护区共有野生植物 53 科 170 属 306 种，野生动物 23 目 47 科 115 种，主要保护对象是 173 平方千米以柠条为主的天然灌木林生态系统和 200 平方千米以猫头刺为主的小灌木荒漠生态系统，以及 306 种沙生植物和 115 种动物①。根据自治区林业调查规划院数据资料，至 2022 年底，白芨滩国家级自然保护区斑块矢量面积约为 1043.49 平方千米，有林地面积 24.51 平方千米，森林面积 139.54 平方千米，森林覆盖率 13.37%。

（七）哈巴湖国家级自然保护区

宁夏哈巴湖自然保护区位于盐池县，1998 年 7 月 25 日经宁夏回族自治区人民政府批准建立省级自然保护区，2006 年 2 月 11 日由国务院批准晋升为国家级自然保护区，属荒漠草原—湿地生态系统的自然保护区，主要保护对象为荒漠草原、湿地生态系统及珍稀野生动植物等。保护区面积为 840 平方千米，其中核心区面积为 307 平方千米（占保护区总面积的 36.5%），缓冲区面积为 219.2 平方千米（占保护区总面积的 26.1%），实验区面积为

---

① 《宁夏自然保护区一览表》，《宁夏林业》2017 年第 3 期；《大漠长城·白芨滩》，《宁夏林业》2017 年第 3 期。

313.8 平方千米（占保护区总面积的 37.4%）；林地面积约为 804.5 平方千米，非林地面积为 35.5 平方千米（见图 3-7）；保护区内有林地面积 42.8 平方千米，活立木蓄积量 7.12 万立方米，森林覆盖率为 38.7%；共有野生维管植物 54 科 180 属 368 种，脊椎动物 24 目 53 科 168 种，昆虫纲昆虫 140 科 393 属 436 种，蜘蛛纲蜘蛛 7 科 13 种，螨类 5 科 17 种，浮游动物 16 种，浮游植物 5 门 31 属 34 种[①]。根据自治区林业调查规划院数据资料，至 2022 年底，哈巴湖国家级自然保护区斑块矢量面积约为 879.39 平方千米，有林地面积 36.21 平方千米，森林面积 281.71 平方千米，森林覆盖率 32.03%。

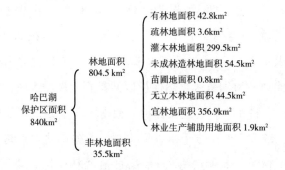

图 3-7　哈巴湖国家级自然保护区面积及土地利用情况

（八）沙坡头国家级自然保护区

宁夏沙坡头自然保护区地处腾格里沙漠的东南缘，位于中卫市，是我国最早建立的荒漠生态系统类型的保护区之一。1984 年 7 月 12 日经宁夏回族自治区人民政府批准建立省级自然保护区，1994 年 4 月 15 日由国务院批准晋升为国家级自然保护区，属荒漠类型生态系统的自然保护区。保护区面积为 140 平方千米，其中核心区面积约为 40 平方千米（占保护区总面积的 28.6%），缓冲区面积约为 54 平方千米（占保护区总面积的 38.6%），实验区面积约为 46 平方千米（占保护区总面积的 32.8%）；主要保护对象为典

---

① 《宁夏自然保护区一览表》，《宁夏林业》2017 年第 3 期；《绿色屏障·哈巴湖》，《宁夏林业》2017 年第 3 期；宁夏哈巴湖国家级自然保护区管理局编《宁夏哈巴湖国家级自然保护区志》，中国文史出版社，2016。

型的温带沙漠自然生态系统及其生态演替，特有稀有野生沙地动植物及其生存繁衍的生态环境，以防护林工程为主体的人工生态系统及其治沙科研成果遗迹保护区内的名胜古迹和历史遗迹（如明代古长城、沙坡鸣钟等）；保护区共有野生植物 264 种，水生和湿生植物 114 种，脊椎动物 194 种[1][2]。根据宁夏中卫沙坡头国家级自然保护区管理局数据资料，至 2022 年底，保护区斑块矢量面积 140.44 平方千米，森林面积 47.18 平方千米，其中乔木林地 28.07 平方千米，灌木林地 5.50 平方千米，其他林地 13.61 平方千米，森林覆盖率 33.59%。

（九）火石寨国家级自然保护区

宁夏火石寨丹霞地貌自然保护区位于西吉县北部的火石寨乡境内，2002年 12 月 16 日经宁夏回族自治区人民政府批准建立省级自然保护区，2013年 12 月 25 日由国务院批准晋升为国家级自然保护区，属地质遗迹类型的自然保护区。保护区面积为 98 平方千米，其中核心区面积为 26.4 平方千米（占保护区总面积的 26.9%）、缓冲区面积为 20.9 平方千米（占保护区总面积的 21.3%）、实验区面积为 50.7 平方千米（占保护区总面积的 51.8%）[3]；2018 年勘界核准结果显示保护区总面积为 103.6 平方千米，其中核心区面积为 26.4 平方千米（基本无变化），缓冲区面积为 21.2 平方千米（面积增加了 0.3 平方千米），实验区面积为 56 平方千米（面积增加了 5.3 平方千米）[4]；保护对象是丹霞地貌地质遗迹、自然人文景观、黄土高原半湿润向半干旱过渡区山地森林灌丛草甸生态系统为主的自然遗迹；保护区共有野生维管植物 74 科 235 属 442 种，脊椎动物 5 纲 20 目 55 科 117 属 181 种，昆虫纲昆虫 445 种[5]。

---

[1] 《宁夏自然保护区一览表》，《宁夏林业》2017 年第 3 期。

[2] 《自治区人民政府关于宁夏沙坡头南华山火石寨青铜峡库区 4 处自然保护区勘界结果的通知》，宁夏回族自治区人民政府网站，2018 年 11 月 13 日。

[3] 《宁夏自然保护区一览表》，《宁夏林业》2017 年第 3 期。

[4] 《自治区人民政府关于宁夏沙坡头南华山火石寨青铜峡库区 4 处自然保护区勘界结果的通知》，宁夏回族自治区人民政府网站，2018 年 11 月 13 日。

[5] 《宁夏自然保护区一览表》，《宁夏林业》2017 年第 3 期。

八　湿地保护

国家林业局（林业部）从 1995 年到 2003 年组织开展了新中国成立以来首次全国湿地资源调查，2009 年到 2013 年组织第二次全国湿地资源调查，2018 年到 2021 年开展的第三次全国国土调查（简称"国土三调"）将湿地列为一级地类，调查结果显示全国湿地总面积为 3.52×10^4 万亩，占国土面积的比例（即湿地率）为 2.44%[1]。根据第二次全国湿地资源普查结果：宁夏湿地可划分为 4 类 14 类型，湿地斑块共有 1694 块，总面积 310 万亩，占宁夏总土地面积的 4%[2][3][4]。根据国土三调结果：宁夏共发布湿地名录面积 210.45 万亩，占全区湿地总面积的 77.4%，发布湿地名录比例位居全国第一；其中，共有国家重要湿地名录 7 处 23.04 万亩，自治区重要湿地名录 32 处 34.01 万亩，县（区）一般湿地名录 5.62 万个斑块 153.4 万亩[5]。

宁夏林草系统通过建立健全湿地保护体系，完善湿地保护法治体系，加强湿地保护修复教育及宣传，提高智能监管水平及环境执法能力等措施，使宁夏的湿地生态功能不断增强，生物多样性得到有效保护，生态环境明显改善。宁夏于 2007 年底成立了湿地保护管理中心，于 2008 年颁布实施《宁夏回族自治区湿地保护条例》。"十一五"期间国家林业局共批复 8 个湿地保护恢复工程。至 2012 年，宁夏建立湿地类自然保护区 4 处，其中国家级自然保护区 1 处，自治区级自然保护区 3 处，湿地类自然保护区面积为 169.8 万亩，占当时宁夏湿地总面积的 44.8%；建立国家湿地公园 2 处（石嘴山星海湖、宁夏银川国家湿地公园），建立国家湿地公园试点 5 处（黄沙古

---

① 国务院第三次全国国土调查领导小组办公室、自然资源部、国家统计局：《第三次全国国土调查主要数据公报》，国家统计局网站，2021 年 8 月 27 日。

② 《塞上江南宁夏川》，宁夏林业网，2012 年 11 月 27 日。

③ 《宁夏实施三北工程情况》，宁夏林业网，2013 年 3 月 25 日。

④ 《自治区林业厅关于报送〈宁夏生态建设调研报告〉的函》，宁夏回族自治区林业厅网站，2017 年 2 月 16 日。

⑤ 国务院第三次全国国土调查领导小组办公室、自然资源部、国家统计局：《第三次全国国土调查主要数据公报》，国家统计局网站，2021 年 8 月 27 日。

渡、吴忠黄河、青铜峡鸟岛、天湖、清水河国家湿地公园），建立自治区级湿地公园 8 处（银川黄河、简泉湖、镇朔湖等）。"十二五"期间，国家用于支持宁夏湿地保护管理资金达 2.54 亿元，其中湿地保护项目投入 1.06 亿元，中央拨付的财政湿地保护补助资金 1.33 亿元，自治区补助资金 0.15 亿元（自 2012 年开始，自治区财政每年安排湿地补助资金）①。至 2017 年，宁夏建立湿地自然保护区 4 处（其中国家级 1 处，自治区级 3 处），国家级湿地公园 14 处，自治区级湿地公园 10 处②。2020 年，宁夏开展退耕还湿 2 万亩，保护修复湿地 75 万亩，湿地生态效益补偿 20 万亩，当年完成增补湿地面积 17 万亩，全区湿地面积达 311 万亩，湿地保护率达 55%③。2021 年，宁夏湿地保有量 310 万亩，湿地保护率达到 58%，沙湖被生态环境部确定为首批 9 个美丽河湖优秀案例之一进行经验推广④。2022 年，宁夏完成 294 个湿地样地核实调查工作，保护修复湿地 22.7 万亩，湿地保护率达到 56%⑤。根据宁夏回族自治区林草系统数据，截至 2022 年底，宁夏建立湿地型自然保护区 4 处（其中国家级 1 处——哈巴湖国家级自然保护区；自治区级 3 处——沙湖、青铜峡库区、西吉震湖自然保护区），国家级湿地公园 14 处，自治区级湿地公园 12 处。"十四五"期间，宁夏计划完成恢复湿地 36 万亩、保护修复湿地 107 万亩、新建湿地公园 10 处⑥。

宁夏素有"七十二连湖"之称，湖泊湿地面积广阔，水生态功能明显，小流域生态环境对周边生态环境有显著影响。其中，宁夏哈巴湖国家级自然保护区总面积 840 平方千米，保护区内分布着河流、湖泊、沼泽和库塘 4 种类型湿地，面积 93.53 平方千米⑦，是野生动物的主要栖息地和繁殖地，也

---

① 《宁夏"十二五"期间国家支持湿地保护资金 2.54 亿元》，宁夏林业网，2015 年 9 月 8 日。
② 《自治区研究部署加强湿地保护修复工作》，宁夏林业网，2018 年 3 月 14 日。
③ 毛雪皎：《宁夏湿地面积达 311 万亩》，《银川日报》2021 年 2 月 4 日。
④ 《2021 年宁夏林草生态建设十件大事》，宁夏回族自治区林业和草原局网站，2022 年 3 月 11 日。
⑤ 《2022 宁夏林草十件大事》，宁夏回族自治区林业和草原局网站，2023 年 1 月 17 日。
⑥ 毛雪皎：《宁夏湿地面积达 311 万亩》，《银川日报》2021 年 2 月 4 日。
⑦ 《哈巴湖国家级自然保护区建设及湿地保护》，宁夏哈巴湖国家级自然保护区管理局内部资料，2021 年。

是候鸟迁徙的重要驿站，是半干旱荒漠草原地区重要的自然资源，也是天然的生态净化器。宁夏沙湖自治区级自然保护区确权登记面积43.71平方千米，其中水流自然资源面积14.18平方千米（包括河流面积0.75平方千米、湖泊面积13.43平方千米）、森林自然资源面积1.64平方千米、草原自然资源面积2.53平方千米、荒地面积9.85平方千米，以及耕地和建设用地等非自然资源面积15.51平方千米[①]，是集山、水、沙、苇、鸟等于一体的独特自然景观，是发展生态旅游及研学的重要基地。宁夏阅海国家湿地公园总面积15.09平方千米，是集湿地观光、休闲娱乐、观鸟垂钓、冬季冰雪运动于一体的城市湿地，也是西部最大、原始湿地风貌保留最完整的城市湿地[②]。中卫长山头天湖国家湿地公园规划总面积17.9平方千米，集水域、沼泽、滩涂、野生红柳灌丛、白刺、珍稀动植物等资源于一体，是宁夏境内最大，也是宁南山区与卫宁平原交会处原始自然资源保存最完整的湿地之一。青铜峡鸟岛湿地总面积42平方千米，集湖泊、沼泽、芦苇、鱼群、鸟群于一体，是宁夏最大的生态湿地，也是我国西北及全球东亚—澳大利亚地区鸟类的重要迁徙路线和栖息地，拥有"西北第二大鸟岛"的美称[③]。

"十四五"期间，宁夏将完成营造林600万亩，森林覆盖率预计达到20%，森林蓄积量达到1195万立方米，草原面积基本稳定在2600万亩以上，草原综合植被盖度达到57%，湿地面积稳定在311万亩，湿地保护率提高到58%[④]。宁夏各级党委、政府及各级林草系统要对标"十四五"林草生态建设任务，始终坚持山水林田湖草沙系统治理，持续推进天然林资源保护、"三北"防护林建设、荒漠化治理、防沙治沙、退耕还林还草还湿、自然保护区建设、湿地保护等重大林草生态工程建设，逐步形成动态平衡、稳定健康、可持续的林草生态系统，为宁夏构筑西部生态安全屏障贡献林草力量。

[①] 《沙湖自治区级自然保护区登记簿（登记单元号：640000222000002）》，宁夏回族自治区自然资源厅网站，2023年6月1日。

[②] 《阅海国家湿地公园》，银川市人民政府网站，2023年2月28日。

[③] 《青铜峡鸟岛国家湿地公园》，宁夏林业网，2015年6月1日。

[④] 剡斌权、何鹏力：《绿化赋能先行区　建设美丽新宁夏》，《中国绿色时报》2021年12月7日。

第四节　宁夏构筑西部生态安全屏障存在的问题

宁夏回族自治区历届党委、政府深入贯彻落实国家重点林草生态项目建设，宁夏林草植被覆盖度显著提升，山水林田湖草沙生态系统更加稳定、更可持续，人居环境明显改善，为构筑西部生态安全屏障打好林草生态底色。但对标"碳达峰碳中和"战略目标、保障"父亲山母亲河"安澜、人居环境安全等生态建设指标，宁夏构筑西部生态安全屏障还存在一些短板和问题。

一　生态环境脆弱

宁夏位于我国西北内陆地区，三面环沙，山地、丘陵占比大，黄河流经宁夏部分地区且国家分配的黄河用水量有限，降水年际和季节分配不均且南多北少、蒸发强烈，大风日数多，植被稀疏、地表物质疏松，洪涝灾害、地质灾害、旱灾、森林火灾、霜冻等自然灾害频发，虫害鼠患等对林草植被和土地资源的破坏，致使宁夏自然环境一旦被破坏就难以恢复或恢复缓慢，生态环境本底脆弱。加之人为不合理地利用土地资源和水资源、开山采矿、滥砍滥伐、过度放牧等因素影响，导致山体破损、草场退化、水土流失、土地荒漠化严重，进而破坏山水林田湖草沙生态系统的平衡，使原本脆弱的生态环境持续恶化，直接影响林草植物量和质量，致使生物多样性锐减，进而影响农牧业产量及区域产业高质量发展，并对交通水利和居民点等基础设施造成威胁，直接影响当地民众的生产和生活，对黄河中下游地区的生态安全和环境质量亦构成严重威胁。脆弱的生态环境成为制约宁夏生态环境保护和经济社会高质量发展的重要因素，并影响民众的幸福感、获得感和安全感。

二　森林生态系统碳汇能力弱、湿地生态功能不完善

自新中国成立以来，宁夏生态环境明显改善，森林覆盖率逐年提高，但仍低于全国均值近 7 个百分点（2021 年数据，见图 3-8），森林生态系统碳

汇能力弱，直接影响宁夏"碳达峰碳中和"目标实现进度，间接影响人们对优美人居环境的满意度，进而影响"环境优美新宁夏"建设进程。根据"国土三调"林草综合监测数据重新测算，截至 2021 年底，宁夏森林覆盖率为 9.88%（全国排名第 27 位，沿黄九省区排名第 8 位），湿地保护率为 29%；根据《宁夏统计年鉴（2023）》，截至 2022 年底，宁夏森林覆盖率为 11.0%；基于"国土三调"统计口径调整"十四五"目标值数据，至 2025 年森林覆盖率达 11.68%、2030 年达 13.48%、2035 年达 15.28%，三个目标年湿地保护率稳定在 29%。可见，宁夏森林覆盖率及湿地保护率与全国还存在很大差距，森林碳汇能力弱，湿地的生态功能还未完全发挥作用，成为建设人与自然和谐共生现代化美丽新宁夏的主要影响因素之一。对于生态环境脆弱、水资源短缺、干旱少雨的宁夏地区来说，实现"十四五"森林覆盖率目标值，宁夏的建设任务非常艰巨。

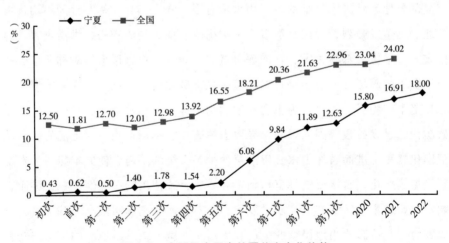

图 3-8 宁夏及全国森林覆盖率变化趋势

三 荒漠化及沙化范围广、程度深

第六次全国荒漠化和沙化调查结果显示，宁夏荒漠化面积占总土地面积的 50.97%，其中沙化面积占总土地面积的 19.31%，可见宁夏荒漠化和沙化面积占比高、分布范围广。第五次荒漠化和沙化土地普查结果显示：宁夏轻度、中度、重度、极重度荒漠化土地面积与第四次监测结果相比，分别增加了 584 万亩、减少了 627 万亩、减少了 112 万亩、减少了 10 万亩，总体而言荒漠化面积减少约 165 万亩，年均减少 33 万亩；其中，轻度、中度、重度、极重度沙化土地面积与第四次监测结果相比，分别增加了 91 万亩、增加了 47 万亩、减少了 136 万亩、减少了 58 万亩，总体而言沙化面积减少约 56 万亩，年均减少 11 万亩；有明显沙化趋势土地面积占全区总土地面积的 1/20，可见宁夏荒漠化和沙化程度深、治理难度大。宁夏荒漠化及沙化面积占比大、分布范围广、程度深，严重影响宁夏林草生态建设进程，成为环境优美新宁夏建设中亟待解决的重大问题之一。

四　水土流失防治任务艰巨

根据《宁夏回族自治区 2022 年水土保持公报》，宁夏现有水土流失面积占全区总面积的 23.12%，境内 22 个市县区均有分布；从水土流失的类型来看，水力侵蚀占比为 68.24%，风力侵蚀占比为 31.76%；从水土流失的强度来看，轻度侵蚀、中度侵蚀、强烈侵蚀、极强烈侵蚀、剧烈侵蚀占比分别为 67.46%、22.01%、7.13%、2.68%、0.72%；从区域分布来看，南部以流水侵蚀的黄土地貌为主，中部和北部以干旱剥蚀、风蚀地貌为主，可见宁夏水土流失分布范围广、程度深、以水力侵蚀为主。对标宁夏水土流失现状及"十四五"水土保持率达到 78.02% 的目标值，即 2 年时间提高近 1.2 个百分点，水土流失治理难度大、任务艰巨。

五　草场退化严重

根据《宁夏统计年鉴》（2003～2022），2002～2019 年宁夏牧草地总面积减少了 564.89 万亩，其中天然牧草地减少最明显，减少了 1342.01 万亩，人工牧草地面积减少了 75.78 万亩，其他牧草地增加了近 850 万亩，可见宁夏牧草地总面积一直呈减少趋势，尤其天然牧草地面积持续减少，表明宁夏的草场退化问题仍很严重。对标宁夏"十四五"绿色生态建设指标中草原面积基本稳定在 2600 万亩以上、草原综合植被盖度达到 57% 的目标，宁夏的草原保护修复与治理的任务重、困难多、压力大。

六　土壤盐渍化治理不容忽视

宁夏属干旱半干旱农牧交错带，长期以来不合理地利用水资源（如大水漫灌或只灌不排）导致局部灌区地下水位上升，土壤底层或地下水的盐分随毛管水上升到地表，水分蒸发后，使盐分积累在表层土壤中，加之引黄带来的大量盐分也在干旱条件下集聚在耕土层，最终导致了水利建设的负面效应。降水少、蒸发强烈、水体含盐量高、地势平坦排泄不畅，这也是宁夏土壤盐渍化问题严重的重要影响因素。土壤盐渍化不仅影响土壤肥力，而且影响农作物产量和质量，板结的土壤持续恶化进而还会影响生态环境质量。

七　水资源短缺且利用率低下

根据《2022 年中国水资源公报》[①]《2022 年宁夏水资源公报》[②] 可知，2022 年宁夏人均水资源量为 122 立方米，不足全国人均水平的 1/15；人均用水量 911 立方米，是全国综合人均用水量的 2 倍多；万元地区生产总值用水量 131 立方米，是全国国内生产总值用水量（当年价）的 2.6 倍；万元工业增加值用水量 21.3 立方米，是全国工业增加值用水量（当年价）的 88.38%；农田灌溉亩均用水量 524 立方米，高于全国亩均用水量 160 立方米；农田灌溉水有效利用系数 0.57，基本与全国农田灌溉水有效利用系数持平。以上数据表明，宁夏绝大多数地区属典型的资源性缺水地区，加之不合理地利用水资源且利用率低下，导致宁夏水资源短缺严重，成为制约黄河流域生态保护和高质量发展先行区建设的主要因素。

[①] 中华人民共和国水利部：《2022 年中国水资源公报》，中华人民共和国水利部网站，2023 年 6 月 30 日。

[②] 宁夏回族自治区水文水资源监测预警中心：《2022 年宁夏水资源公报》，宁夏回族自治区水利厅网站，2023 年 7 月 24 日。

八 生态投入力度不够

随着工业化和城镇化进程的加快，宁夏经济社会发展水平日益提高，人民生活水平明显改善，人们对生态安全的诉求也日益强烈，但宁夏生态投入力度明显不足。如"天保"一期工程（2000~2010年）期间，宁夏地方投资为2684万元，占累计投资额（中央投资与地方投资）的6.3%，占2000~2010年累计宁夏地区生产总值（8503.55亿元）的0.003%；"天保"二期工程（2011~2020年）预算投资达206308万元，其中地方投资为16112万元，占总投资额的7.8%，可见宁夏对于天保工程的投资较薄弱。截至2016年底，"三北"防护林五期建设总投资67735.1万元，其中地方配套9098.1万元（占2011~2016年宁夏地区生产总值的0.0057%），可见宁夏对于"三北"防护林工程建设的投资较少。2000~2016年，国家累计兑现宁夏退耕农户的补助资金85.19亿元（含粮食折款），截至2017年底，国家累计兑现新一轮退耕还林（2015~2017年）中央财政补助资金4.12亿元。以上数据资料显示，宁夏对于重大生态工程的建设投资力度很小，主要依靠中央财政投资，而中央财政投资对整个宁夏来说，专项投资也是有限的，还需要地方政府通过财政拨款，集中一部分投资用于生态保护、恢复、治理及建设。宁夏自然生态环境本底脆弱、经济基础薄弱、吸引国内外社会团体投资生态建设的条件不足，致使宁夏在今后一段时期内仍将处于中央投资为主、地方投资为辅、社会投资较弱的投资环境下，因此急需调整生态投入的主体，优化资金筹措机制，加大生态项目投资力度，完善生态补偿标准及落实生态补偿长效机制等。

九 实现"双碳"目标时间紧、任务重

近年来，我国采取了一系列措施降低二氧化碳排放，但二氧化碳排放总量和强度仍然逐年增长（见图3-9）。相较于国外实现"双碳"目标的国家经历从"碳达峰"到"碳中和"有50~70年过渡期，我国从"碳达峰"到"碳中和"仅预留了30年，各省区市实现"双碳"目标时间紧迫、任务艰

巨。根据模型测算宁夏二氧化碳排放量峰值[1]，在基准情景下宁夏将在 2032 年达到峰值，在调控情景下将于 2030 年达到峰值，在强化情景下将于 2028 年达到峰值；根据《宁夏回族自治区碳达峰实施方案》，宁夏非化石能源占能源消费总量比重由 2020 年的 11.5% 提高到 2025 年的 15%（全国目标由 2020 年的 15.9% 提高到 2025 年的 20%[2]），至 2030 年比重达到 20% 左右，至 2035 年比重达到 30% 左右，单位地区生产总值能耗和二氧化碳排放持续下降，全面落实十大行动确保如期实现"碳达峰"。对标全国目标值及其他省区目标值，宁夏实现"碳达峰碳中和"目标时间紧、任务重，直接影响经济繁荣、民族团结、环境优美、人民富裕现代化美丽新宁夏绿色生态体系建设。

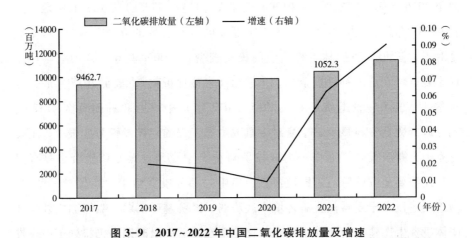

图 3-9 2017~2022 年中国二氧化碳排放量及增速

资料来源：《2022 年中国二氧化碳排放量、排放结构及成交量情况分析》，共研网，2023 年 5 月 18 日。

十　局部环境污染仍很严重

党的十八大以来，宁夏地级市环境空气质量优良天数比率呈波动增长态

---

[1]　宁夏回族自治区发展和改革委员会：《宁夏回族自治区二氧化碳排放碳达峰行动方案（讨论稿）》，2021 年 7 月。

[2]　孙丹：《到 2025 年非化石能源消费比重提高到 20% 左右 "现代能源体系"看点多》，《人民日报》（海外版）2022 年 3 月 26 日。

势（见图3-10），至2022年环境空气质量优良天数比例为84.2%[①]（同比上升0.4个百分点），大多数年份占比都低于全国平均水平。"十四五"绿色生态发展目标，宁夏地级市环境空气质量优良天数比例由规划年的85.1%提高到2025年的85.5%、目标值低于全国优良天数比例2个百分点（全国目标由2020年的87%提高到2025年的87.5%），$PM_{2.5}$含量由33微克/立方米下降至30.5微克/立方米、目标值略低于全国均值，PM_{10}含量控制在70微克/立方米以内、低于全国均值较多，臭氧浓度稳中有降（见表3-7）。

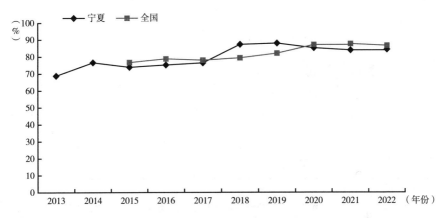

图3-10　2013~2022年宁夏及全国地级市环境空气质量优良天数比例

表3-7　"十四五"时期绿色生态环境主要指标

项目		宁夏		全国	
		2020年	2025年	2020年	2025年
大气环境指标	优良天数比例(%)	85.1	85.5	87	87.5
	$PM_{2.5}$含量(微克/立方米)	33	30.5	33	下降10%
	PM_{10}含量(微克/立方米)	65	70	56	—
	氮氧化物排放量(万吨)	31.73	完成国家下达任务	*1181.65	下降10%

① 宁夏回族自治区生态环境监测处、生态环境监测中心：《2022年宁夏生态环境状况公报》，宁夏回族自治区生态环境厅网站，2023年5月22日。

续表

项目		宁夏		全国	
		2020 年	2025 年	2020 年	2025 年
水环境指标	地表水国考断面水质达到或好于Ⅲ类水体比例(%)	93.3	80	83.4	85
	地表水国考断面劣Ⅴ类水体比例(%)	0	0	0.6	—
	城市黑臭水体比例(%)	—	<10	—	基本消除
	地下水质量Ⅴ类水比例(%)	—	完成国家下达任务	—	25
	城市集中式饮用水水源水质优良比例(%)	90.9%	—	96	≥93
	挥发性有机物排放量(万吨)	—	完成国家下达任务	—	下降10%
	化学需氧量排放量(万吨)	20.13		*2564.76	下降8%
	氨氮排放量(万吨)	1.56		*98.40	下降8%
	农村生活污水治理率(%)	26	≥40	—	40
土壤环境指标	畜禽粪污综合利用率(%)	90	≥90	75	>80
	受污染耕地安全利用率(%)	100		90	93

资料来源:《中华人民共和国国民经济和社会发展第十四个五年规划和 2035 年远景目标纲要》《中共中央 国务院关于深入打好污染防治攻坚战的意见》《宁夏回族自治区国民经济和社会发展第十四个五年规划和 2035 年远景目标纲要》;* 数据来源于国家统计局《中国统计年鉴(2021)》,中国统计出版社,2022;城市集中式饮用水水源水质优良比例、受污染耕地安全利用率数据来源于《2020 年宁夏污染防治攻坚战成效显著》,人民网,2021 年 2 月 5 日。

黄河宁夏段干流Ⅱ类水质占比由 2015 年的 50% 增加到 2016 年的 66.7%,自 2017 年以来连续六年保持Ⅱ类进Ⅱ类出,2022 年 20 个地表水国控考核断面水质优良比例为 90%,达到国家保障黄河水质安全的目标;至 2025 年,地表水国考断面水体水质达到或好于Ⅲ类比例高于 80%(全国目标由 2020 年的 83.4% 提高到 2025 年的 85%),与全国差距较大;城市黑臭水体比例、地下水水质和城市集中式饮用水水源水质比例、农村生活污水治理率等指标完成国家下达指标任务(见表 3-7)。

随着工业化进程的不断加快,矿产资源的不合理开采及其污染物排放、长期对土壤进行污水灌溉和污泥施用、人为活动引起的大气沉降、化肥和农药的施用等原因，对土壤环境有深远影响，主要污染物为镉、镍、铜、砷、汞、铅、滴滴涕和多环芳烃等，基本在控制范围内。2022 年，宁夏受污染耕地安全利用率和污染地块安全利用率全部达到 100%，土壤环境优于全国平均状况，但高标准农田建设项目仍需持续高位推动，化肥农药零增长目标等指标仍需刚性约束，改善土壤环境质量刻不容缓。宁夏的固体废物产生量增多，但综合利用率较低；宁夏山地平原较多，绝大多数人口主要分布在城镇及其周边地区，但仍有部分生活在山区较平坦的地区，而城镇与农村的固体废弃物处理仍是垃圾处理中的一项难点工作。

宁夏大气环境质量、水环境质量综合治理目标虽然都达到国家约束性指标，但低于全国平均水平，土壤环境有待进一步改善，宁夏的生态环境本底差。作为西部重要的生态安全屏障地区，宁夏要想同步或超前实现"十四五"绿色生态环境综合治理目标，打赢污染防治攻坚战，任重而道远。

第五节　宁夏构筑西部生态安全屏障的对策

构筑西部生态安全屏障，必须将山水林田湖草沙作为一个生命共同体，统筹实施一体化生态保护和修复，全面提升自然生态系统稳定性和生态服务功能。持续推进天然林保护、"三北"防护林建设、封山禁牧、退耕还林还草、防沙治沙、湿地保护修复、自然保护区建设等林草生态建设工程，构筑以贺兰山、六盘山、罗山自然保护区为重点的"三山"生态安全屏障，打造中部防风固沙生态屏障，构建宜居宜业的人居环境，建立健全生态安全屏障建设的长效机制，为推进黄河流域生态保护和高质量发展先行区、乡村全面振兴样板区、铸牢中华民族共同体意识示范区"三区建设"筑牢优美生态保障。

一　构筑"三山"生态安全屏障

加强贺兰山自然保护区的生态保护和修复，构建绿色生态屏障。以《贺兰山国家级自然保护区生态环境综合整治推进工作方案》为统揽，严格落实"1+8"（资金保障、两权价款、生态恢复保证金退还、生态恢复技术标准、煤炭产能置换、阶段性验收要求、职工安置、社会维稳）配套政策，综合整治贺兰山自然保护区，保障保护区生态整治工作的有序稳步推进。清查保护区内动植物等自然资源种类及分布范围，切实保护濒危物种，促进新种群与原生物群落的共生，维护生物多样性；清查保护区内违规生产与生活设施，依法拆除清理保护区内人类活动点，一律停止矿产资源开采行为和建设项目审批，严厉打击破坏生态和偷采盗运矿产资源等违法行为，加大联合执法力度。加快采矿区破损山体的修复和整治，采取削坡降级、矿坑回填、覆土压埋、播撒草种等方式，完成破坏山体及其外围地带生态环境的修复和保护。依托森林管护、人工造林、封山（沙）育林、飞播造林等重大生态建设工程，推进贺兰山自然保护区天然林的保护；依托宁夏丰富的光热资源和贺兰山东麓大面积平坦的土地资源，大力发展贺兰山东麓葡萄原产地长廊，进而带动北部平原绿洲生态系统建设。宁夏与内蒙古应进一步加大合作力度，开展贺兰山原始森林及野生动植物资源保护，综合整治贺兰山矿产资源开采行为和建设项目，联合执法，加快矿山地生态修复与治理，推进贺兰山国家级自然保护区建设。

　　构建六盘山水源涵养和水土保持生态屏障。六盘山是泾河、清水河、葫芦河等黄河支流的发源地，实施三河源水源涵养工程，调节区域水分循环，养护区域水资源，保障区域饮水安全和生态林业建设；针对区域内生态环境脆弱、水土流失严重的问题，以水土保持重点建设工程、坡耕地水土流失综合治理、小流域水土流失综合治理和生态文明建设气象保障等为重点，通过封坡育草、封山育林、荒山造林、补植补造、禁止毁林毁草开荒、大力发展特色生态产业、加快小流域沟道坝系建设等措施，切实保护区域水土环境；加快生态移民迁出区生态修复，强化安置区生态保护，带动南部黄土丘陵水土保持区绿岛生态建设，将生态建设与促进当地居民脱贫致富有机结合，促进水土脆弱性差的地区人口、资源、环境的可持续发展，形成山清水秀、环境优美的生态廊道。联合甘肃、陕西等周边地区加强六盘山生态林业建设，加强水土流失治理，协同打造大六盘生态经济建设圈，发挥六盘山水源涵养功能，为陕甘宁地区及下游地区的水生态建设作贡献。

构建罗山防风固沙生态屏障。突出构建北方防风固沙带，带动中部荒漠草原防沙治沙区生态系统建设，加快区域荒漠化防治及沙产业发展。筑牢森林草原防火和安全生产防线，与同心县、红寺堡等县区建立健全联防联控联治机制，健全森林防火、防汛应急预案，加强防沙治沙对外交流合作，推进灵武市、盐池县、同心县、沙坡头区四个防沙治沙示范县建设。加大罗山主要沟道及周边区域退化土地生态修复力度，强化水土流失治理，整治砂石采挖区，保护提升罗山防风固沙和水源涵养功能。全面推进林长制改革，开展天然林资源保护、荒漠植被自然演替修复和人工灌木林的改造提升，继续实施禁牧封育工程，结合人工生态保护修复工程，促进林草植被恢复，提高保护区林草植被覆盖度，增强水源涵养效益，保护生物多样性，维护罗山生态系统稳定，进而改善区域生态环境。全面推动罗山专项整治行动，整治保护区内的人类活动点、风电设施设备等，建立台账、立行立整。持续推进生物多样性保护等项目实施，人防和技防有机结合，加大动植物资源网格化、智能化巡护与监管，提高生态法治建设水平和执法力度，严厉打击破坏林草资源的违法行为，切实保护中部干旱区的野生动植物资源，维护生物多样性。

二　打造中部干旱带防风固沙生态屏障

继续推进腾格里沙漠污染后续治理及沙漠地质公园建设，加强乌兰布和沙漠与毛乌素沙地荒漠化治理力度，依托自然保护区综合整治项目、天然林资源保护、退耕还林还草、封山禁牧、"三北"防护林建设、小流域综合治理、水源地和绿洲保护等重点工程，针对不同类型荒漠化及沙化土地，采取工程措施与生物措施相结合、人工治理与自然修复相结合，推进宁夏防沙治沙示范区建设，积极构筑西部生态安全屏障。针对草场退化、土地沙化、土壤盐渍化严重的问题，生态建设以沙化土地治理为重点，将生态建设与转变农牧业发展方式有机结合，切实解决农牧业发展与草原保护、资源开发与生态保护的矛盾，协同构筑防风固沙生态屏障，遏制腾格里沙漠、乌兰布和沙漠、毛乌素沙地的沙丘向东、南方向扩张。如，在沙漠边缘地带种植抗旱性强的梭梭、沙柳、沙拐枣等灌木林，并在灌木林中植入经济林种，发展林下经济，并借助先进技术及设备（便捷式沙漠造林器等）提高林木的成活率；积极探索春种与秋种不同林木的成活率，根据生物种群特征，选择不同的季节进行人工造林，提高林木成活率；改良"草方格"治沙模式，积极探索"草方格+"治沙方式，结合封山（沙）育林，栽植农田防护林和压砂地栽植枣树、枸杞等形式，构筑防风固沙生态屏障，实现"人进沙退"目标；通过平沙造田和植树造林，在北部沙区形成以苹果、红枣、枸杞、葡萄为主的经济林产业区，成为当地农民增收致富的绿色支柱产业。

宁夏位于我国东西轴线中心，是连接华北和西北的重要枢纽。宁夏防风固沙生态屏障建设，必须与陕西、甘肃、内蒙古、青海等西部省区联合起来，建立联动机制，协同打造西部生态安全屏障。

三 构建人居环境安全生态屏障

深入贯彻落实习近平生态文明思想和自治区生态立区战略部署，严格实施"蓝天碧水·绿色城乡"专项行动，全面建立"河（湖、库、沟）长制""林长制"，推进工业园区专项整治工程、城市亮化"九大工程"、黑臭水体综合治理、国土绿化、美丽乡村、老旧小区改造、垃圾分类、农村厕所革命等项目和工程建设，构建城乡和谐、环境优美的现代化美丽新宁夏。

（一）加强顶层设计，实现联防联控

严格落实主体功能区规划，划定并严守生态红线、基本农田保护红线、城镇增长边界红线、基础设施空间廊道等控制线，合理配置生产、生活和生态空间；实施污染物总量控制和强度控制，严格落实国家和流域污染物监测标准；建立和完善清洁生产激励机制；注重城市内部"风廊道"的营造，预留生态空间；制定污染治理专项行动计划并监督落实；完善资源开发利用与保护长效投入机制、科学决策机制、政绩考核机制、责任追究机制，落实党政同责、一岗双责，实行领导干部生态环境损害责任终身追究制度等体制机制，不断提升宁夏大气、水、土壤综合治理制度化、规范化、法治化水平。加强环境监测及环境执法力度，助推法治生态建设。

（二）持续推进大气、水、土壤污染综合整治

一是针对区域内工业污染问题，以工业企业最为集中、污染最为严重的区域开展集中整治，将生态建设与发展循环经济、低碳经济相结合，实现流域主要污染物（重金属污染、高氨氮废水、废气、废渣等）排放全面达标，建设绿色园区。对企业生产流程及废气、废水、废渣排放设施提标改造，提高工业废弃物综合利用率、企业水循环利用率，实现企业增效减污。通过化解过剩产能及淘汰落后产能，加大技术改造和产业结构调整力度，大力发展战略性新兴产业和特色优势产业，逐步实现低能耗、低污染、低碳的生态经济发展模式，实现源头减污降碳，改善区域生态环境。

二是加大农业面源污染治理。（1）通过秸秆还田，施用有机肥、有机复合肥、生物肥等高效肥料，逐步实现主要农作物化肥、农药使用量零增长。推广化肥及农药减量、增效、控污技术，降低对土壤环境的污染。依托科技创新，推进农作物秸秆资源综合利用及产业化发展。（2）建立健全农用残膜回收利用机制，提高农膜回收率。（3）统一整治畜禽养殖场。严禁在规划禁养区进行畜禽养殖；在大型养殖场建设配套污染治理设施，提高畜禽粪污资源化利用率；"变废为宝"将养殖废弃物转化为有机肥，实现资源化、无害化和减量化目标。（4）加快土壤重金属污染综合治理工程建设。通过调整种植结构或用地结构修复土壤环境，对轻度污染耕地进行品种改良、轮耕休耕等方式进行污染治理，对中、重度污染耕地进行用地结构变革，修复土壤环境。

三是打造宜居宜业的城乡人居环境。（1）开展取暖锅炉清洁燃料改造、供热管网改造、燃煤锅炉治理等，加大燃煤小锅炉淘汰力度和煤质监管力度，通过精细防控城市扬尘污染和机动车排气处理，切实改善城乡空气环境质量。（2）加大城乡供排水管网提标改造，尤其是提高农村集中供水率和自来水普及率，保障城乡用水安全。（3）提高城乡生活污水集中处理率、垃圾无害化处理率和危险废物处置率。对人口较密集的城镇和农村地区，实施家庭生活污水站点处理及集中处理，加强排污管网建设。建设垃圾站点、集中处理厂、填埋场等，尤其是在农村人口相对集中的地区，建立固定的垃

圾中转站，提高生活垃圾收集与处理率。加强垃圾分类宣传及开展分类处理。（4）加快推进实施《宁夏空间发展战略规划》，将14个自然保护区作为重点生态功能区，将自然保护区核心区、缓冲区，城市集中式饮用水源地一级保护区、二级保护区、备用水源地划定为生态红线区域，留足生态空间、农业空间和城镇空间，保护城乡人居环境安全。（5）倡导绿色生产方式和生活方式变革。通过财政倾斜或奖励，推动公众使用环保材质生活用品或器具，从源头减少生活排污量；通过节水设施改造工程，提升农业、工业、生活节水器具使用率，推动宁夏节水型社会建设；注重城市慢行交通系统建设，推广使用电动车、自行车，建设城市绿色环保交通体系，方便市民绿色出行；在"碳达峰碳中和"及能耗双控目标下，不断优化宁夏能源结构和产业结构，大力发展优势风电、光伏发电、水能等电力资源，以绿色能源引领宁夏经济绿色转型和绿色生活方式转变，建设环境优美现代化美丽新宁夏。

四　建立健全生态安全屏障建设的长效机制

严格贯彻落实国家和地方生态安全屏障建设的政策，制定并出台符合宁夏实际的生态环境保护制度，用制度来约束并规范政府、企业与个人的行为及生产活动，助推宁夏生态文明建设。积极争取国家和地方财政资金的支持，设立专项资金用于专项生态整治工程，例如安排专项资金用于企业关停奖补、生态修复、职工安置等各项工作，为保护区内破坏山体的修复与整治工作提供财力支持。以财政引导、项目持续建设等方式争取下游受益区积极参与到国家生态安全屏障建设中来，加大招商引资力度，逐步形成国家、地方、社会资金多方参与的投资机制，协调上下游环保区与受益区之间的生态补偿机制落实落地。提高天然林保护、"三北"防护林建设、水土流失治理、退耕还林还草、退牧还草、封山禁牧等生态建设工程的投资标准，以生态系统的完整性及国家安全为前提，逐步建立并完善跨区域的生态补偿及管理制度。

生态安全屏障建设的基本保障是法治生态建设。宁夏各级党委、政府认真贯彻落实国家颁布的环境保护法律法规，并根据文件精神，结合宁夏实际，制定相关法律法规及专项行动方案。首先，自治区各级党委、政府及相关部门要根据当地实际生态环境问题，不断修订完善与生态文明建设相关的法律法规文件，通过武装思想、积极行动不断提升宁夏生态安全屏障建设的制度化和规范化水平，加强政府内部运行机制建设，提高宁夏生态环境保护的法治化水平。其次，加强环境执法力度。重点是加大环境治理执法落实力度，实行专人负责制，增强其实施效力。加强环境监测，并将监测数据通过公众平台向社会发布，接受社会组织和公民的监督，并积极响应公众合理诉求，做到有案必查、执法必严、违法必究，对使环境遭受严重威胁的各类违法行为进行严厉处罚，惩治应及时、公开、公正，坚决维护公众合法权益不受侵犯。最后，宁夏应不断完善出台引导性政策助推生态安全屏障建设。例如针对贺兰山生态环境开展综合整治，对依法取得采矿证的企业，将剩余储量采矿权价款予以退还，企业缴纳的矿山生态修复保证金根据治理修复进度分期退付；协调保护区开展煤矿煤炭产能指标交易，帮助企业走出困境；采取转岗培训、购买公益岗位等措施，妥善分流安置关停企业职工，依法保障企业、职工的合法权益，维护社会稳定、民族团结；引导关停企业到城镇发展循环经济、低碳经济、生态经济，政府为引导企业发展提供优惠政策；扶持开发新技术、新能源、新动能、清洁燃料等战略性新兴产业，从源头上引导企业创新思路，实现绿色发展。

做好舆情引导和宣传报道工作，营造良好政治生态。生态安全屏障建设是关乎经济发展、社会稳定、民族团结、民生满意度与幸福度的重要内容，构建人与自然和谐共生的现代化是全球人类的共同认识。一是，需要宁夏各族人民认真学习、贯彻落实习近平生态文明思想，坚持"生态优先、绿色发展"理念，从自身做起，自觉投身生态文明建设的伟大事业，倡导绿色生活和生产方式变革，为实现"经济繁荣、民族团结、环境优美、人民富裕"的美丽新宁夏建设目标提供理论武装。二是，加强政府、企业、民众、社会团体多元参与构筑西部生态安全屏障，鼓励社会公众主动参与其中，通过宣传、教育、学习、公益活动等形式使民众更多地了解环境保护的理念与措施，积极开展群众参与度高的生态文明建设活动，发挥人民群众的力量保护生态和负起监督环境保护的责任，为宁夏及西北、华北地区乃至全国的生态安全作出贡献。三是，加强信息化平台建设，发挥舆论媒体的宣传导向作用。面对信息化传播方式的日新月异，民众对信息的接受习惯随之发生巨大变化，报纸、期刊、电视、新媒体等信息平台的报道一般都通过画面、文字、语言等方式传播信息，不仅使报道的艺术性大大增强，而且使社会群体更易于接受信息。通过媒体宣传，使民众切身体会到环境危害就在我们身边，进而增强民众的环境保护意识。融合新审美、新元素、新技术，对宁夏积极构筑西部生态安全屏障进行广泛宣传，发挥舆论媒体的导向作用，进一步提升社会公众的环境保护意识，营造良好的社会风尚。

宁夏各级党委、政府和社会团体，通过积极构筑贺兰山、六盘山、罗山"三山"森林生态安全屏障及水土保持生态屏障，加快推进陕西、甘肃、宁夏、内蒙古、青海等省区合作协同打造中部防风固沙生态屏障，加强城乡人居环境安全生态屏障建设，建立健全生态安全屏障建设的长效机制，基本实现了自然保护区和荒漠化及沙化地区乔、灌、草、带、片、网相结合，多树种、多层次、高效益的防风固沙林体系和森林草原生态系统，生物多样性得到有效保护，森林、草原、水域、土壤的生态功能日益凸显，生态环境日趋改善，为宁夏构筑"碧水、蓝天、绿地"的自然环境提供了保障，为西部生态安全屏障的建设贡献了智慧和力量。

第四章

黄河流域（宁夏段）水资源、 水环境、水生态建设

2019 年 9 月 18 日，习近平总书记在河南郑州主持召开黄河流域生态保护和高质量发展座谈会时强调，要坚持绿水青山就是金山银山的理念，坚持生态优先、绿色发展，以水而定、量水而行，因地制宜、分类施策，上下游、干支流、左右岸统筹谋划，共同抓好大保护，协同推进大治理，让黄河成为造福人民的幸福河，黄河流域生态保护和高质量发展上升为国家战略。随后，北京、河南、山东、陕西、甘肃、宁夏等地高校及科研院所，积极响应国家战略，成立了相关研究机构和中心，推进黄河流域生态保护和高质量发展。"十四五"时期是推动黄河流域生态保护和高质量发展的关键时期，也是实现"碳达峰碳中和"的关键时期，更是宁夏建设黄河流域生态保护和高质量发展先行区的攻坚时期，宁夏要紧抓国家战略机遇，真抓实干，努力建设经济繁荣、民族团结、环境优美、人民富裕的社会主义现代化美丽新宁夏，助力美丽中国建设。

中华文明上下五千年，在长达 3000 多年的时间里，黄河流域一直是全国政治、经济、文化中心，以黄河流域为代表的我国古代发展水平长期领先于世界。黄河被誉为中华民族的母亲河，黄河流域是我国重要的生态屏障和重要的经济地带。黄河流经九省区，黄土高原的水土流失、黄河下游的泥沙堆积、黄河水体污染等自然和人为因素，加剧了黄河流域的水生态安全问

题。保护及改善黄河流域水生态环境实现高质量发展已刻不容缓，是事关中华民族伟大复兴和永续发展的千秋大计。

我国西部地区既是主要的江河源地、生态环境脆弱区，又是少数民族聚居区、经济欠发达地区。宁夏位于中国西部、黄河上游地区，是我国重要的西部生态安全屏障区。黄河流域九省区在国家一体化生态安全战略和现代化建设中所肩负的使命和所承担的责任不同，宁夏要依托区位特征和资源优势，不断深化水资源保护和开发利用、水污染治理和水环境质量改善、水生态保护与修复"三水统筹"，坚持污染减排与生态扩容"两手发力"，创新协作机制，系统保护治理，助力黄河流域生态保护和高质量发展先行区建设，为建设人与自然和谐共生现代化美丽新宁夏贡献力量。

第一节 流域生态治理相关研究进展

国际水文学会于 20 世纪 50 年代曾开展过一项全球河流水质研究，各国学者先后以全球代表性大河的水体污染及水环境治理进行了研究。流域生态治理方面的研究主要集中在以下几个方面：一是流域生态系统健康研究，主要代表学者有 Aldo Leopold 研究了土地健康对湖泊生态风险的影响[1]；Costanza R. 等通过构建生态系统健康指标对流域风险进行评估[2]；Schofield N. J. 和 Davies P. E. 研究了澳大利亚河流的水文特征、水体理化特征，并对河流健康进行了评价[3]；Kleynhans C. J. 通过构建河流生态健康指标对南非 Luvuvh 河生物栖息地的完整性进行评估[4]；Karr J. R. 和 Chu E. W. 研究

---

① 柴茂：《洞庭湖区生态的政府治理机制建设研究》，湘潭大学博士学位论文，2016。

② Costanza R., Norton B. G., Haskell B. D., "Ecosystem health: new goals for environmental management," Washington DC: Island Press (1992).

③ Schofield N. J., Davies P. E., "Measuring the health of our rivers," *Water* (1996).

④ Kleynhans C. J., "A qualitative procedure for the assessment of the habitat integrity status of the Luvuvhu River (Limpopo system, South Africa)," *Journal of Aquatic Ecosystem Health* (1996).

了水污染超出河流、湖泊等水体自净能力时对美国流域生态健康的影响①；María Laura Miserendino 等以巴塔哥尼亚 15 条河流为研究区，选取大型无脊椎动物、河岸/沿海无脊椎动物、鱼类、鸟类、水生植物等指标，探讨土地利用变化对水质、栖息地及生物多样性等的影响②；Barkey R. A. 和 Nursaputra M. 分析了南苏拉威西省 Maros 流域森林健康水平，探讨了森林条件变化对水资源可用性（蓝水和绿水）及流域生态系统平衡的影响③；Siddiqui E. 等将氮、磷、硅化学计量作为生态健康的预测因子，探讨了人类活动对印度恒河流域生态健康的影响④；等等。二是生态治理和政府管理研究，主要代表有 Satterfield M. H. 建议美国政府建立流域生态系统管理机构，涉及管理政策、管理主体、管理标准、资金等方面⑤；Sayre W. S. 和 Selznick P. 提出美国田纳西河流域管理局负责流域综合开发、利用和保护等⑥；Bowman A. O. 和 Gore C. 认为由于管理体制不同联邦环保局和地方环保局（政府间和部门间）存在一些管理矛盾，进而影响环境政策执行效果⑦；Hood C. 认为治理是一种有别于传统政府管理的、新的公共管理方法⑧；Kaufmann D. 等通过对 160 个国家的样本构建综合治理指标，衡量国

---

① Karr J. R., Chu E. W., "Restoring life in running waters: better biological monitoring," Washington DC: Island Press (1999).

② María Laura Miserendino, Casaux R., Archangelsky M., et al., "Assessing land-use effects on water quality, in-stream habitat, riparian ecosystems and biodiversity in Patagonian northwest streams," *Science of the Total Environment* (2011).

③ Barkey R. A., Nursaputra M., "The Detection of Forest Health Level as an Effort to Protecting Main Ecosystem in the term of Watershed Management in Maros Watershed, South Sulawesi," *IOP Publishing Ltd* (2019).

④ Siddiqui E., Pandey J., Pandey U., "The n: p: si stoichiometry as a predictor of ecosystem health: a watershed scale study with Ganga River, India," *International journal of river basin management: JRBM* (2019).

⑤ Satterfield M. H., "TVA State Local Relationships," *The American Political Science Review* (1946).

⑥ Sayre W. S., Selznick P., "TVA and the Grass Roots: A Study in the sociology of Formal Organization," *American Political Science Review* (1949).

⑦ Bowman A. O., Gore C., "Intergovernmental and intersectoral tensions in environmental policy implementation: the case of hazardous waste," *Policy Studies Review* (1984).

⑧ Hood C., "A Public Management for All Seasons," *Public Administration* (1991).

家治理水平，认为国家排名的微小差异在统计上和实践上不太可能具有显著意义，但可根据治理水平将国家大致分组，也可对大样本的国家治理提供模式[①]；格里·斯托克认为治理不仅仅是政府的职责，还涉及多个利益相关者，强调现代治理主体的多元性、治理过程的互动性、治理目标的公共性、治理手段的多样性和治理效果的可持续性，即追求善治，促进社会和谐稳定和可持续发展[②]；Alaerts G. J. 研究了流域管理与政府管理机构设置的性质和形式，政府通过一套商定的规则明确用水者的权利和义务，同时管理水资源分配和系统维护等，而流域管理的广泛推进也触及了一些根本的制度制约因素[③]；Pierre J. 和 Peters B. G. 对政府治理模式进行了研究，阐述了各种模式的特点和不足[④]；Jiggins J. 和 Röling N. 探讨了适应性管理作为一种管理范式，需要更加重视生态需求的问题，例如虫害综合管理就是农业领域适应性管理的一个典型案例[⑤]；Goss S. 研究了中央政府和地方政府在公共事务管理中的权利配置，认为地方治理中的网络管理发挥重要作用[⑥]；Yamamoto A. 研究了中央流域管理和地方流域管理的特征，认为实施全流域管理中管辖权的协调面临巨大挑战，水资源管理的三种治理结构包括市场、等级制度和公共效益，并以案例开展讨论分析[⑦]；杰伊·R·伦德认为洪水

① Kaufmann D., Kraay A., Zoido - Lobaton P. "Aggregating Governance Indicators," *Policy Research Working Paper* (1999).

② 格里·斯托克：《作为理论的治理：五个论点》，华夏风译，《国际社会科学杂志》（中文版）2019 年第 3 期。

③ Alaerts G. J., "Institutions for River Basin management：The Role of external support Agencies (International Donors) in Developing Cooperative Arrangements," A Paper For the International Bank for Reconstruction and Development (1999).

④ Pierre J., Peters B. G., "Governance, politics and the state," Macmillan, St Martin′s Press (2000)；Pierre J. "Debating Governance：Authority, Steering, and Democracy," New York：Oxford University Press (2000)；盖伊·彼得斯：《政府未来的治理模式》，吴爱明等译，中国人民大学出版社，2001。

⑤ Jiggins J., Röling N., "Adaptive management：potential and limitations for ecological governance," *International Journal of Agricultural Resources Governance & Ecology* (2000).

⑥ Goss S., "Making Local Governance Work：Networks, Relationships and the Management of Change," *Molecular Ecology Resources* (2001).

⑦ Yamamoto A., "The governance of water：An institutional approach to water resource management," Doctoral dissertation, The Johns Hopkins University (2002).

保险赔偿是灾后重建的重要资金来源，政府要加强洪水保险服务[①]；Brandes O. M. 研究了加拿大的流域生态治理和可持续水资源管理模式，从人们的态度、制度和政策变化等方面探讨淡水资源的管理模式变化[②]；Adrianto L. 认为海岸治理的一个重要方法就是社会生态系统方法，通过该方法管理和治理努力实现海岸生态系统的可持续发展目标[③]；Valdés-Pineda 等通过分析安第斯山脉到太平洋窄距离的一个国家的水资源时空分布模式、水资源管理和立法，讨论了智利国家行政部门在升级监测站和均衡全国水资源分配方面的成功经验和不足[④]；Kinder 等使用社会网络分析美国西弗吉尼亚州 Upper Shavers Fork 河流适应性治理结构的演变，认为社会网络结构和特征与自然资源治理的有效性有关，揭示了核心—外围和多中心网络结构的持久性，为西弗吉尼亚州及其他地区未来的网络发展和生态恢复提供实用的见解[⑤]；Walker J. E. 等研究了国际、区域和地方协调的跨规模治理嵌套框架对于成功维持红树林生态系统及其生态功能服务的重要性，不断提高治理框架的有效性，积极应对气候变化和人类需求变化，并有效保护红树林资源和提升其服务功能[⑥]；等等。

　　我国的水质监测工作开始于 20 世纪 50 年代末 60 年代初，众多学者协同政府机构及环保部门就河流、湖泊、地下水等水体污染进行了长期监测，并提出了一系列行之有效的治理措施和对策建议。有关流域生态治理主要研究成果包括：一是流域生态健康评价与生态安全研究，代表学者包括刘国彬阐述了黄河流域黄土高原水土流失问题，提出保护及改

①　杰伊·R·伦德：《基于风险的洪泛区规划优化》，刘毅译，《水利水电快报》2003 年第 16 期。

②　Brandes O. M. , "At a Watershed: Ecological Governance and Sustainable Water Management in Canada," *Journal of Japan water works association* (2005).

③　Adrianto L. , "The social - ecological system approach in the context of integrated coastal management and government," *Ipb* (2009).

④　Valdés- Pineda, Rodrigo, Pizarro R. , et al. , "Water governance in Chile: availability, management and climate change," *Journal of Hydrology* (2014).

⑤　Kinder, Selin, Strager, "Social network structure and dynamics in adaptive natural resource governance: a case study of stream restoration in west Vrginia, USA," (2018).

⑥　Walker J. E. , Ankersen T. , Barchiesi S. , et al. , "Governance and the mangrove commons: advancing the cross - scale, nested framework for the global conservation and wise use of mangroves," *Journal of Environmental Management* (2022).

善区域水土安全及实现可持续农业发展的建议①；邹长新通过遥感与地理信息系统、层次分析与综合模式法对西北第二大内陆河——黑河流域生态安全进行了研究②；燕乃玲等对长江源区及淮河流域生态系统的完整性进行了评价和生态功能区划分③；张硕辅诠释了健康洞庭湖的内涵，进行了洞庭湖生态系统健康综合评价，预测了流域经济发展、产业结构调整及三峡工程运行等因素对洞庭湖生态系统健康的影响等④；张艳会等分析了湖泊生态系统健康评价的重要性，从全面性、普适性、评价的着眼点等 5 个方面探讨了我国湖泊生态健康的评价指标体系⑤；孟伟等通过分析我国流域水生态系统的健康现状及问题，提出优化产业结构与布局、流域分区管理、健全流域的水环境质量基准和标准体系、实现流域城市生态化发展等健康流域水生态系统的对策建议⑥；江文渊等、权浩渤研究了于桥水库和刘家峡水库生态安全状况，构建了水库生态安全评估体系⑦；付爱红等⑧、谈迎新和於忠祥⑨、李浩宇等⑩、

① 刘国彬：《黄土高原水土保持与可持续农业：问题与前景》，《AMBIO-人类环境杂志》1999 年第 8 期。

② 邹长新：《内陆河流域生态安全研究——以黑河为例》，南京气象学院硕士学位论文，2003。

③ 燕乃玲、赵秀华：《长江源区生态系统完整性测量与评价》，《生态学杂志》2007 年第 5 期；燕乃玲、虞孝感：《淮河流域生态系统退化问题与综合治理》，《资源与人居环境》2007 年第 10 期。

④ 张硕辅：《基于健康理论的洞庭湖生态系统评价、预测和重建技术研究》，湖南大学博士学位论文，2007。

⑤ 张艳会、杨桂山、万荣荣：《湖泊水生态系统健康评价指标研究》，《资源科学》2014 年第 6 期。

⑥ 孟伟、范俊韬、张远：《流域水生态系统健康与生态文明建设》，《环境科学研究》2015 年第 10 期。

⑦ 江文渊、张征云、张彦敏等：《于桥水库流域生态安全评估研究》，《环境科学导刊》2018 年第 4 期；权浩渤：《刘家峡水库生态安全调查与评估研究》，兰州大学硕士学位论文，2019。

⑧ 付爱红、陈亚宁、李卫红：《基于 PSR 模型的塔里木河流域生态健康评价》，《第五届中国青年生态学工作者学术研讨会论文集》，2008。

⑨ 谈迎新、於忠祥：《基于 DSR 模型的淮河流域生态安全评价研究》，《安徽农业大学学报》（社会科学版）2012 年第 5 期。

⑩ 李浩宇、梁如蒙、周利军等：《流域生态健康评价指标体系研究》，《科技展望》2015 年第 19 期。

朱锦等①、王伟②、吴恒飞③、赖敬明④、刘越⑤等学者也进行了相关研究。二是流域水环境治理的协同机制研究，代表学者有彭少明分析了黄河流域水资源及水环境存在的主要问题，对水资源调控理论、方法、模型和技术进行了研究⑥；刘桂环等提出通过政府介入建立流域水权交易政策、探索流域水质水量协议、做好利益转移估算、开展流域"异地开发"实践4个方面的京津冀北流域生态补偿机制⑦；王勇分析了我国流域水环境协同治理的根本症结，探讨和构建了流域水环境治理的政府间横向协调机制⑧；周浩和吕丹分析了地方政府在流域协同治理中的协作困境，提出强化跨区域认同、法律保障、水环境政府治理和政府投资等协同治理的对策建议⑨；贺菊花通过分析国内外流域水环境府际协同治理模式，探讨长三角城市群水环境治理的地方政府协同机制，明确政府职责、政策工具、与"河长制"等新政的结合、协同治理的具体实现路径⑩；王喜君⑪、盛东等⑫、姬鹏程和孙长学⑬、王靖瑄⑭、王资峰⑮、

① 朱锦、朱卫红、金日等：《中国图们江流域湿地生态系统健康评价研究》，《湿地科学》2019年第3期。

② 王伟：《渭河流域水生态系统健康评价》，陕西师范大学硕士学位论文，2020。

③ 吴恒飞：《青海湖流域生态系统健康评价研究》，青海师范大学硕士学位论文，2021。

④ 赖敬明：《云龙水库流域的生态流量影响及河流健康评价研究》，昆明理工大学硕士学位论文，2022。

⑤ 刘越：《应用IBI评价辽河水生态系统健康的研究》，大连海洋大学硕士学位论文，2022。

⑥ 彭少明：《黄河流域水资源调控方案研究》，西安理工大学硕士学位论文，2004。

⑦ 刘桂环、张惠远、万军等：《京津冀北流域生态补偿机制初探》，《中国人口·资源与环境》2006年第4期。

⑧ 王勇：《论流域政府间横向协调机制——流域水资源消费负外部性治理的视阈》，《公共管理学报》2009年第1期。

⑨ 周浩、吕丹：《跨界水环境治理的政府间协作机制研究》，《长春大学学报》2014年第3期。

⑩ 贺菊花：《"长三角城市群"水环境治理的地方政府协同机制研究》，东南大学硕士学位论文，2018。

⑪ 王喜君：《对退耕还草与生态经济型小流域建设问题的探讨》，《草业科学》2004年第8期。

⑫ 盛东、石亚东、高怡等：《流域水污染协同控制及生态补偿机制研究》，《2008中国环境科学学会学术年会优秀论文集（上卷）》，2008。

⑬ 姬鹏程、孙长学：《完善流域水污染防治体制机制的建议》，《宏观经济研究》2009年第7期。

⑭ 王靖瑄：《协同推进流域治理实现区域共同发展》，《沈阳日报》2010年9月9日。

⑮ 王资峰：《中国流域水环境管理体制研究》，中国人民大学博士学位论文，2010。

李胜①、王俊敏和沈菊琴②、颜海娜和曾栋③、张竹叶和刘中兰④、甘黎黎和帅清华⑤、陈晓谨⑥等学者也进行了流域水生态协同治理研究。三是生态文明建设和生态治理研究，主要学者有高长江从文明发展及可持续发展角度探讨生态文明建设⑦；姬振海阐述了生态文明建设的 4 个方面内容，即生态意识文明、生态行为文明、生态制度文明、生态产业文明，提出建设生态文明必须大力推动公众参与⑧；王健探讨了技术创新是进行生态文明建设的重要路径⑨；张劲松提出以政治考量为主的综合治理应当成为生态治理的重要手段⑩；王军锋和刘鑫探析了我国生态文明建设提出的现实背景及发展历程，提出了生态文明建设的内涵、内容与模式、深化和拓展方向⑪；鲁明川提出通过培养"理性生态人"、驾驭和导控资本、建设生态型政府、构建生态协同治理体系、建立生态文明制度体系等路径选择加快生态文明建设⑫；金太军和陈雨婕⑬、谷树忠⑭、丁生忠⑮、林建成和安娜⑯、

① 李胜：《构建跨行政区流域水污染协同治理机制》，《管理学刊》2012 年第 3 期。
② 王俊敏、沈菊琴：《跨域水环境流域政府协同治理：理论框架与实现机制》，《江海学刊》2016 年第 5 期。
③ 颜海娜、曾栋：《河长制水环境治理创新的困境与反思——基于协同治理的视角》，《北京行政学院学报》2019 年第 2 期。
④ 张竹叶、刘中兰：《基于四个维度的流域水污染协同治理》，《湖北农业科学》2020 年第 23 期。
⑤ 甘黎黎、帅清华：《全流域、跨区域水环境协同治理的困境及出路》，《大众标准化》2021 年第 22 期。
⑥ 陈晓谨：《流域环境治理中的协同执法机制研究》，甘肃政法大学硕士学位论文，2022。
⑦ 高长江：《生态文明：21 世纪文明发展观的新维度》，《长白学刊》2000 年第 1 期。
⑧ 姬振海：《大力推进生态文明建设》，《环境保护》2007 年第 21 期。
⑨ 王健：《论建设生态文明的技术创新路径》，《理论前沿》2007 年第 24 期。
⑩ 张劲松：《论生态治理的政治考量》，《政治学研究》2010 年第 5 期。
⑪ 王军锋、刘鑫：《深入推进我国生态文明建设的现实思考——理论研究深化与拓展的方向选择》，《未来与发展》2013 年第 10 期。
⑫ 鲁明川：《国家治理视域下的生态文明建设思考》，《天津行政学院学报》2015 年第 6 期。
⑬ 金太军、陈雨婕：《论长三角区域生态治理政府间的协作》，《阅江学刊》2012 年第 2 期。
⑭ 谷树忠：《建立健全水生态文明推进机制》，《人民长江报》2014 年 4 月 26 日。
⑮ 丁生忠：《从"碎片化"到"整体性"：生态治理的机制转向》，《青海师范大学学报》（哲学社会科学版）2014 年第 6 期。
⑯ 林建成、安娜：《国家治理体系现代化视域下构建生态治理长效机制探析》，《理论学刊》2015 年第 3 期。

柴青宇等①、张金良②、宋冬凌和马悦③等学者从不同维度探讨了我国生态文明建设的路径选择。四是水资源保护、水环境质量改善、水生态修复"三水统筹"研究，主要学者有韩侠等、杨燕燕提出建立黄河流域水资源供给、水生态保护、防洪减灾的保障体系，并考虑水利发展的需求对流域经济可持续发展的影响，探讨沿黄九省区生态补偿机制④；高复阳和方晓萌、朱延忠等、张万顺等提出建立完善长江流域水资源管理体制机制、打好水生态修复攻坚战、三水协同调控作用机制与手段策略及智慧化建设等关键技术体系的创新和应用⑤；赵晓晨等提出构建珠江流域"一廊、一网、一带、一片"水环境水生态保护修复格局⑥；阎战友、姚勤农、胡和平和张宁、朱婷婷等、白露和杨恒对海河流域水资源承载力、水资源配置、水污染治理、生态环境改善和修复、水灾害、水安全保障、法规标准及技术体系、地下水超采综合治理等方面进行了研究⑦；朱悦、李贺等探讨构建辽河流域水环境承载力指标体系，分析水生态保护存在的主要问题，提出三水统筹治

---

① 柴青宇、李晓钰、柴方营等：《生态文明建设背景下水资源保护管理研究——以小兴凯湖为例》，《安徽农业科学》2019 年第 8 期。

② 张金良：《黄河流域生态保护和高质量发展水战略思考》，《人民黄河》2020 年第 4 期。

③ 宋冬凌、马悦：《黄河流域绿色水资源利用率与经济高质量发展耦合研究——以河南省为例》，《生态经济》2021 年第 5 期。

④ 韩侠、丁大发、李福生：《黄河流域经济社会可持续发展对水利发展的需求分析》，《人民黄河》2001 年第 8 期；杨燕燕：《基于水资源资产负债核算的黄河流域九省区生态补偿研究》，兰州财经大学博士学位论文，2023。

⑤ 高复阳、方晓萌：《建立完善长江经济带水资源管理体制机制》，《中国国土资源经济》2019 年第 12 期；朱延忠、周娟、赵艳民等：《长江流域生态环境保护的成效与建议》，《环境保护》2022 年第 17 期；张万顺、王浩、周奉：《长江流域三水协同调控关键技术应用展望》，《人民长江》2023 年第 1 期。

⑥ 赵晓晨、葛晓霞、周雪欣：《珠江流域水环境水生态安全保障对策》，《广东水利水电》2022 年第 3 期。

⑦ 阎战友：《浅谈水资源合理配置对海河流域水生态环境改善的作用》，《海河水利》2002 年第 5 期；姚勤农：《海河流域水资源和水生态环境问题刍议》，《海河水利》2003 年第 6 期；胡和平、张宁：《基于流域水资源承载力平衡指数方法的海河流域水生态环境变迁研究》，《海河水利》2004 年第 4 期；朱婷婷、侯立安、童银栋等：《面向 2035 年的海河流域水安全保障战略研究》，《中国工程科学》2022 年第 5 期；白露、杨恒：《流域水生态环境保护现状及对策分析》，《海河水利》2023 年第 5 期。

理推动经济社会全面绿色转型和高质量发展①；丛黎明、吴竞分析滦河水资源开发利用对缓解京津唐城市用水供需矛盾的重要性，提出了合理配置水资源、改善水环境、推动水生态修复配置模式的对策建议②；樊晓婷探讨了汾河流域水资源合理配置对水生态环境改善的作用③；王敏英等研究了基于"三水"统筹的南渡江流域生态补偿资金分配④。我国众多学者对省域或市域水资源开发利用、水污染治理、水生态保护与修复开展了相关研究，主要包括汪富泉等⑤、王永久等⑥、陈守真⑦、赵勇等⑧、葛丽颖⑨、陈建良⑩、王文光和周圆⑪、彭可⑫、崔伍⑬、陈正雷和陈星⑭、杜青辉和宋全香⑮、李

---

① 朱悦：《基于层次分析法的辽河流域水环境承载力评价指标体系研究》，《环境保护与循环经济》2020年第6期；李贺、庄雨适、聂英芝等：《辽河流域水生态环境保护形势分析》，《绿色科技》2021年第4期。

② 丛黎明：《科学调配水资源改善滦河下游水生态环境》，《海河水利》2003年第2期；吴竞：《滦河流域水生态修复配置模式分析》，《广西水利水电》2020年第5期。

③ 樊晓婷：《水资源合理配置对汾河流域水生态环境改善作用的探讨》，《山西水利》2003年第6期。

④ 王敏英、郭庆、谢婧等：《基于"三水"的南渡江流域生态补偿资金分配方法》，《人民长江》2023年第6期。

⑤ 汪富泉、李后强、丁晶：《论四川水资源、水环境与农业可持续发展》，《世界科技研究与发展》1997年第3期。

⑥ 王永久、武忠吉、王善荣等：《胶南市水资源与水环境问题研究》，《山东水利》2004年第11期。

⑦ 陈守真：《福建省水环境问题与治理初探》，《首届长三角科技论坛——水利生态修复理论与实践论文集》，2004。

⑧ 赵勇、孙中党、寇刘秀：《郑州市区域水生态环境污染研究》，《安全与环境工程》2004年第2期。

⑨ 葛丽颖：《河北省水资源与水环境现状及其生态系统服务功能研究》，河北师范大学硕士学位论文，2004。

⑩ 陈建良：《南海市水资源优化配置与管理研究》，武汉大学硕士学位论文，2004。

⑪ 王文光、周圆：《内蒙古自治区地下水生态保护思考》，《内蒙古水利》2017年第12期。

⑫ 彭可：《贯彻落实习近平总书记提出的水利工作方针坚持节水优先实施四水同治推进生态建设》，《河南水利与南水北调》2018年第7期。

⑬ 崔伍：《统筹水资源配置、水生态修复、水环境治理、水灾害防治沁阳市全面推进"四水同治"三年行动》，《资源导刊》2019年第8期。

⑭ 陈正雷、陈星：《山东省水生态足迹时空分布与驱动效应研究》，《人民黄河》2020年第4期。

⑮ 杜青辉、宋全香：《河南省地下水超采状况及治理措施研究》，《水资源开发与管理》2021年第1期。

梅①、李若鹏等②、黄春峰等③、张向飞等④、徐林和支嘉健⑤、钟鸣明⑥，等等。

　　黄河流域水资源保护、水污染治理、水生态保护修复及高质量发展的主要研究成果：张远、黄锦辉、常丹东等学者对生态环境需水及用水进行了研究⑦；仇亚琴、罗清等学者评价并研究了黄河流域水资源承载力⑧；田秀斌、连煜等、成志等学者对黄河水生态建设模式及水资源保护技术进行了研究⑨；刘晶晶和王船海、王瑞玲等、石岳峰等、张建军等、李淑贞等、李航等、张柏山、李康等学者对水生态环境保护与防治对策进行了研究⑩；黄

① 李梅：《滑县四水同治建设思路探析》，《现代农村科技》2021年第10期。
② 李若鹏、程琳、贾闪丹：《新时代洛阳市实施"四水同治"实践与思考》，《水资源开发与管理》2021年第8期。
③ 黄春峰、张俊杰、陈金剑：《利津县沿黄水生态保护现状与思考》，《山东水利》2021年第8期。
④ 张向飞、高敏超、刘栩博：《西安市水资源开发利用现状及对策分析》，《工程技术研究》2023第12期。
⑤ 徐林、支嘉健：《从水污染防治到"三水"统筹的路径研究和探索——以毕节市为例》，《贵州工程应用技术学院学报》2023年第3期。
⑥ 钟鸣明：《统筹水资源、水环境、水生态治理在深入践行"六水共治"中再立新功》，《今日海南》2023年第8期。
⑦ 张远：《黄河流域坡高地与河道生态环境需水规律研究》，北京师范大学博士学位论文，2003；黄锦辉：《黄河干流生态环境需水研究》，河海大学硕士学位论文，2005；常丹东：《黄河流域水土保持用水研究》，北京林业大学博士学位论文，2006。
⑧ 仇亚琴：《水资源综合评价及水资源演变规律研究》，中国水利水电科学研究院博士学位论文，2006；罗清：《黄河流域水资源承载能力研究》，中国水利水电科学研究院博士学位论文，2006。
⑨ 田秀斌：《科学技术推动黄河综合治理问题研究》，渤海大学硕士学位论文，2013；连煜、廖文根、石岳峰：《黄河水资源保护前沿技术展望》，《人民黄河》2016年第10期；成志：《山东黄河水生态文明建设模式探讨》，新疆大学硕士学位论文，2016。
⑩ 刘晶晶、王船海：《黄河流域水生态的现状及防治对策》，《科技情报开发与经济》2007年第29期；王瑞玲、连煜、王新功等：《黄河流域水生态保护与修复总体框架研究》，《人民黄河》2013年第10期；石岳峰、江红、陈平：《黄河流域水资源保护规划工作的实践与思考》，《水资源开发与管理》2015年第3期；张建军、余真真、闫莉：《黄河水资源保护科研进展与方向》，《水资源开发与管理》2015年第3期；李淑贞、张立、张恒等：《人民治理黄河70年水资源保护进展》，《人民黄河》2016年第12期；李航、王瑞玲、葛雷等：《人民治理黄河70年水生态保护效益分析》，《人民黄河》2016年第12期；张柏山：《酌水资源之有限谋水生态之无虞》，《黄河报》2016年12月24日；李康：《基于河长制的黄河流域水资源保护工作研究》，华北水利水电大学硕士学位论文，2018。

蕊、范瑶等学者对水资源保护与行政、法律问题进行了研究①；司毅铭、孙宇、王乐飞、徐雅婕、陈新明、陈晓东和金碚、苗长虹等、任保平和张倩、杨开忠和董亚宁、孙继琼等学者对流域水资源协同治理机制、生态补偿制度、水生态文明建设及高质量发展进行了相关研究②。

　　研究成果评述：随着生态文明建设的推进和政府治理理论研究的深入，国内外对流域水资源保护、水污染治理、水生态修复及高质量发展研究更加重视，取得了丰硕的成果，为政府创新治理机制积累了丰富的经验，但缺乏跨行政区域的协同治理机制、生态补偿机制、法治体系等方面研究，加之流域区情及资源禀赋差异，开展水资源保护、水污染治理、水生态修复面临的困难多、任务重。因此，通过对黄河流域宁夏境内水资源开发利用现状、水污染治理现状、水生态修复现状进行调研，分析存在的问题及成因，提出全流域"山水林田湖草沙"综合治理的协同机制建设和高质量发展的对策建议，填补黄河流域水资源保护、水环境质量改善、水生态治理和高质量发展的资料库，为政府决策提供参考。

第二节　黄河流域（宁夏段）水资源及其开发利用

　　黄河发源于青藏高原巴颜喀拉山脉北麓卡日曲，全长 5464 千米，流

---

① 黄蕊：《黄河流域水资源行政与法律管理研究》，西北农林科技大学博士学位论文，2013；范瑶：《黄河流域水资源保护与利用法律问题研究》，东北林业大学硕士学位论文，2014。

② 司毅铭：《黄河流域实施水功能区限制纳污红线管理的整体构想与初步实践》，《中国水利》2012 年第 9 期；孙宇：《生态保护与修复视域下我国流域生态补偿制度研究》，吉林大学博士学位论文，2015；王乐飞：《黄河流域水生态文明建设的探索与实践》，《环境与发展》2017 年第 7 期；徐雅婕：《黄河流域水资源协同治理研究》，河南师范大学硕士学位论文，2017；陈新明：《我国流域水资源治理协同绩效及实现机制研究》，中央财经大学博士学位论文，2018；陈晓东、金碚：《黄河流域高质量发展的着力点》，《改革》2019 年第 11 期；苗长虹、艾少伟、赵力文：《黄河流域发展机遇前所未有》，《河南日报》2019 年 9 月 20 日；任保平、张倩：《黄河流域高质量发展的战略设计及其支撑体系构建》，《改革》2019 年第 10 期；杨开忠、董亚宁：《黄河流域生态保护和高质量发展制约因素与对策——基于"要素-空间-时间"三维分析框架》，《水利学报》2020 年第 9 期；孙继琼：《黄河流域生态保护与高质量发展的耦合协调：评价与趋势》，《财经科学》2021 年第 3 期。

经青海、甘肃、四川、宁夏、内蒙古、陕西、山西、河南、山东 9 个省区，最后流入渤海，是中国第二长河、世界第五长河。黄河流域总面积约 79.5 万平方千米，从河源至内蒙古自治区托克托县的河口镇为上游，上游流域面积占全河流域面积的 53.8%，河道长占河流全长的 63.5%；自河口镇至河南郑州市的桃花峪为中游，占全河流域面积的 43.2%，河道长占河流全长的 22.1%；桃花峪至入海口为下游，占全河流域面积的 3.0%，河道长占河流全长的 14.4%（见表 4-1）。黄河流域 9 省区面积由高到低分别为青海、内蒙古、甘肃、陕西、山西、宁夏、河南、四川、山东（见表 4-2），其中，宁夏是全国唯一一个全境基本都属于黄河流域的省区。

表 4-1 黄河上中下游流域河道长及流域面积

	河道长（千米）	流域面积（平方千米）	占全河流域面积的比例（%）
上游	3472	42.8 万	53.8
中游	1206	34.4 万	43.2
下游	786	2.3 万	3.0
全长	5464	79.5 万	100

资料来源：水利部黄河水利委员会编《流域范围及其历史变化》，黄河网、水利部黄河水利委员会网站，2011 年 8 月 14 日。

表 4-2 黄河流域九省区面积

	青海	四川	甘肃	宁夏	内蒙古	陕西	山西	河南	山东
流域面积（万平方千米）	15.22	1.70	14.32	5.14	15.10	13.33	9.71	3.62	1.36
占比（%）	19.15	2.14	18.01	6.47	18.99	16.77	12.21	4.55	1.71

资料来源：水利部黄河水利委员会等编制《黄河水资源公报（2021）》，黄河网、水利部黄河水利委员会网站，2022。

一 黄河流域资源开发利用优劣势

黄河流经九省区，横跨青藏高原、黄土高原、内蒙古高原、华北平原等四大地貌单元，拥有黄河天然生态廊道和三江源、祁连山、若尔盖等多个重要生态功能区域，生态类型多样。黄河中上游地区主要以山地为主，水面落差大，河道比降大，是黄河流域重要的水力资源富矿区，也是黄河水生态安全屏障建设的主战场。青海、甘肃、宁夏、内蒙古、陕西等省区光热资源、风能资源、煤炭、石油、天然气和有色金属资源储量丰富，是我国光伏发电、风力发电主要分布区和能源资源的主要供给区。河流中段流经黄土高原地区，因此挟带了大量的泥沙，所以也被称为世界上含沙量最多的河流，并在中下游地区形成冲积平原，成为我国重要的粮食种植基地，也是我国肉蛋奶类产品主产区。在中国历史上，黄河流域的生产生活变迁给人类文明带来了巨大影响，因此黄河也被称为"母亲河"，并形成具有悠久历史和传承意义的"黄河文化"。

黄河流域九省区经济发展水平差异明显。2022年，内蒙古自治区人均GDP超过9万元，位居九省区第一，在全国31个省区市排名第8位；人均GDP介于8万~9万元的省区是山东省和陕西省，在全国31个省区市中分别排名第11位和第12位；人均GDP介于7万~8万元的省区只有山西省，排名全国第14位；人均GDP介于6万~7万元的省区包括宁夏、四川、河南、青海，分别位于全国第17、20、22、24位；全国唯一一个人均GDP低于5万元的省是甘肃省，不到内蒙古人均GDP的一半（见表4-3），可见9省区经济发展不平衡，人均收入差距较大。经济发展不平衡影响黄河流域经济带的协同发展程度，制约流域生态保护和高质量发展水平，因此推进黄河流域水资源保护、水环境改善、水生态修复和高质量发展时要坚持以水而定、量水而行，因地制宜、分类施策，上下游、干支流、左右岸统筹谋划，协同推进全流域山水林田湖草沙可持续发展。

黄河是全世界泥沙含量最高、治理难度最大、水害严重的河流之一，历史上曾有"三年两决口、百年一改道"之说。从大禹治水到潘季驯"束水

表 4-3 2022 年黄河流域九省区主要指标

指标		青海	四川	甘肃	宁夏	内蒙古	陕西	山西	河南	山东
人均 GDP（元）		60724	67777	44968	69781	96474	82864	73675	62106	86035
水资源量（亿立方米）		725.74	2209.2	230.99	8.924	509.22	365.75	207.91*	249.40	508.94
人均水资源量（立方米）		12197.31	2638.17	926.77	122.58	2120.72	924.54	587.36*	252.63	500.79
其中：年均降水量（亿立方米）		2376.1	4095.2	1079.16	131.397	3120.77	1379.99	1145.5*	1029.1	1376
折合降水深（毫米）		341.1	842.7	253.4	254	271.8	671.1	733*	621.7	878.0
供水量（亿立方米）		13.6	0.33	41.77	66.34	109.69	69.51	51.84	62.05	70.49
用水量（亿立方米）	九省区水资源公报	24.46	251.56	112.88	66.328	193.47	94.88	72.65*	228	216.96
	《黄河水资源公报》	13.6	0.34	37.91	66.33	109.12	69.51	48.07	47.19	17.33
耗水量（亿立方米）	九省区水资源公报	—	140.98	79.56	39.616	138.2	53.81	56.47*	143.76	135.1
	《黄河水资源公报》	9.89	0.27	30.21	44.97	80.93	54.09	40.23	39.91	13.87
人均用水量（立方米）		388	300	453	911	806	239.8	208.7*	231	213
万元 GDP 用水量（立方米）		68	44.3	100.8	131	74.96	29.0	32.3*	37.2	—
万元工业增加值用水量（立方米）		22	12.9	19.2	21.3	13.65	—	—	10.9	—
耕地灌溉亩均用水量（立方米）		447	373	397	524	214	267.2	174.9*	172	—
城镇生活人均用水量（升/天）		103	241	145	—	91.6	—	142.8*	160	—
农村居民生活人均用水量（升/天）		66	117	77	—	89.6	—	76.8*	69	—
黄河水分配（亿立方米）		14.1	0.4	30.4	40.0	58.6	38.0	43.1	55.4	70.0

资料来源：《青海省 2022 年国民经济和社会发展统计公报》《宁夏回族自治区 2022 年国民经济和社会发展统计公报》《2022 年甘肃省国民经济和社会发展统计公报》《2022 年陕西省国民经济和社会发展统计公报》《四川省 2022 年国民经济和社会发展统计公报》《内蒙古自治区 2022 年国民经济和社会发展统计公报》《2022 年河南省国民经济和社会发展统计公报》《2022 年山东省国民经济和社会发展统计公报》《2022 年青海省水资源公报》《2022 年甘肃省水资源公报》《2022 年宁夏水资源公报》《四川省水资源公报 2022》《山西省水资源公报 2021》《2022 河南省水资源公报 2021》《山东省水资源公报 2022》，黄河流域 9 省区供水量、用水量、耗水量数据来自《黄河水资源公报（2022）》。* 为 2021 年数据。

攻沙"，从汉武帝时期"瓠子堵口"到清康熙帝时期"河务、漕运"治理，再到党的十八大以来"节水优先、空间均衡、系统治理、两手发力"的治水思路，中华民族坚持不懈开展黄河流域综合治理，流域生态环境明显改善，经济社会发展取得巨大成就。但是，水资源保护及优化配置、水沙治理、水污染防治、水生态修复和水安全保障仍然是推动黄河流域生态保护和高质量发展的先决条件。

二 黄河流域（宁夏段）水资源及其开发利用现状

（一）黄河流域九省区水资源及其开发利用现状

1. 水资源总量

根据《黄河水资源公报 2022》[①]，2022 年，黄河流域平均降水量 465.8 毫米，折合降水总量 3706.74 亿立方米；黄河利津站以上区域水资源总量为 601.38 亿立方米，与 1956~2016 年多年平均值基本持平；黄河流域大、中型水库共计 245 座，年末蓄水量 389.57 亿立方米，年内蓄水量减少 65.45 亿立方米。黄河流域九省区人均水资源量差异较大，青海省人均水资源量超过 1.2 万立方米，宁夏人均水资源量不足 123 立方米，可见流域水资源空间分布不均。因此，合理配置水资源，是推进水资源、水环境、水生态"三水统筹"治理的重要方式。

2. 水资源开发利用现状

黄河供水区（包括河北省）总供水量 492.23 亿立方米，其中黄河供水量 491.01 亿立方米，外流域调入水量 1.22 亿立方米；黄河供水量中，地表水源供水量 362.34 亿立方米（含跨流域调出的水量 82.83 亿立方米），地下水源供水量 106.97 亿立方米，非常规水源供水量 21.70 亿立方米。黄河流域总用水量 409.40 亿立方米，其中地下水用水量 106.97 亿立方米。黄河流域总耗水量 314.37 亿立方米，其中地下水耗水量 79.83 亿立

---

① 水利部黄河水利委员会等编制《黄河水资源公报（2022）》，黄河网、水利部黄河水利委员会网站，2023 年 9 月。

方米（见表4-3）。

从行政区来看，黄河流域九省区供水量最多的省级行政区是内蒙古自治区，占总供水量的22.28%；用水量和耗水量最多的省级行政区也是内蒙古自治区，分别占九省区总用水量和总耗水量的26.65%、25.74%；供水量、用水量、耗水量最少的省级行政区均为四川省，分别为0.33亿立方米（占总供水量的0.07%）、0.34亿立方米（占总用水量的0.08%）、0.27亿立方米（占总耗水量的0.09%）（见表4-3）。

分行业来看用水量和耗水量差异。黄河流域九省区总用水量为409.40亿立方米，其中农业用水最多，为264.79亿立方米（占总用水量的64.68%），其次是生活用水，为56.02亿立方米（占比13.68%），第三是生态环境用水，为45.85亿立方米（占比11.20%），最少的是工业用水，为42.74亿立方米（占比10.44%）。黄河九省区总耗水量为314.37亿立方米，其中农业耗水最大，为203.18亿立方米（占总耗水量的64.63%），其次依次为生态环境耗水、生活耗水、工业耗水，分别为40.06亿立方米（占比12.74%）、38.72亿立方米（占比12.32%）、32.41亿立方米（占比10.31%）（见图4-1）。

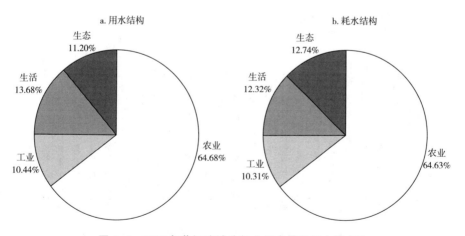

图4-1 2022年黄河流域分行业用水量和耗水量占比

从用水指标来看。2022 年，黄河流域九省区人均用水量最高的省级行政区是宁夏、达 911 立方米，其次是内蒙古、约为 806 立方米，其余省区人均用水量多数介于 200~300 立方米，人均用水量差异大。万元 GDP 用水量、耕地灌溉亩均用水量最高的也是宁夏，万元工业增加值用水量最高的是青海省、略高于宁夏 0.7 立方米。由此可见，宁夏节水型社会建设困难多、任务重。

（二）宁夏水资源及其开发利用现状

1. 水资源总量

（1）降水。根据《2022 年宁夏水资源公报》[①]，2022 年宁夏降水总量 131.397 亿立方米，折合降水深 254 毫米，较多年平均（1956~2000 年）偏少 12.2%，属枯水年。从行政分区来看，固原市降水量最高、达 383 毫米，吴忠市次之、为 244 毫米，中卫市和银川市分别为 215 毫米和 197 毫米，降水量最少的是石嘴山市、仅有 177 毫米。可以看出，宁夏降水由南向北递减、空间分布不均，可通过水利工程设施优化配置水资源，合理调控各市县、各行业用水需求。统计分析 2000~2022 年宁夏年平均降水量，最大值出现在 2018 年、约 389 毫米，最小值出现在 2005 年、约 199 毫米，二者相差近一倍，可见宁夏降水量年际差异明显（见图 4-2）。2000~2022 年宁夏

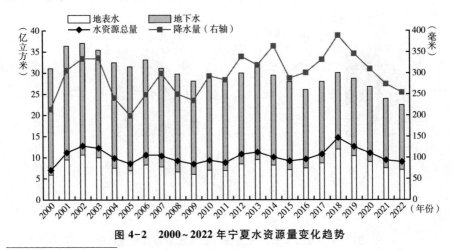

图 4-2　2000~2022 年宁夏水资源量变化趋势

①　宁夏回族自治区水文水资源监测预警中心：《2022 年宁夏水资源公报》，宁夏回族自治区水利厅网站，2023 年 7 月 24 日。

年平均降水量为 294 毫米，与宁夏多年平均降水量 289 毫米相比，降水量略有增加，表明气候因素对降水量的影响可忽略。宁夏降水主要集中在 7~9 月，且多暴雨，降水量约占全年降水量的一半以上，表明宁夏降水年内分配不均匀。宁夏降水存在年际和季节差异，可通过省际调水、跨流域调水、蓄水工程、水权交易等措施调节水资源时空分布不均。

（2）水资源总量。2022 年，宁夏水资源总量为 8.924 亿立方米，其中天然地表水资源量 7.077 亿立方米，折合径流深 13.7 毫米，较 2021 年减少 5.1%，较多年平均减少 21.9%；地下水资源量 15.344 亿立方米，较 2021 年减少 1.062 亿立方米；地下水与地表水资源量之间的重复计算量为 13.497 亿立方米（见表 4-4）。从行政分区来看，固原市水资源量最多，为 4.234 亿立方米，占宁夏水资源总量的 47.45%，其余依次是石嘴山市、银川市、中卫市、吴忠市，四市水资源量占比相差不大。从流域分区来看，泾河水资源量最多、为 2.423 亿立方米、占宁夏水资源总量的 27.15%，引黄灌区次之、占宁夏水资源总量的 19.50%，其次依次为清水河、黄左区间、葫芦河，前五个区域占比超过 91%，其余流域所占比例较小（见表 4-5）。

表 4-4 2022 年宁夏各行政分区水资源总量

行政分区	计算面积（平方公里）	年降水量	地表水资源量	地下水资源量（亿立方米）	重复计算量	水资源总量
宁夏全区	51800	131.397	7.077	15.344	13.497	8.924
银川市	6931	13.687	0.880	4.635	4.266	1.249
石嘴山市	4042	7.148	0.623	2.187	1.496	1.314
吴忠市	16664	40.684	0.811	3.023	2.799	1.035
固原市	10635	40.755	3.920	2.265	1.951	4.234
中卫市	13528	29.123	0.843	3.234	2.985	1.092

资料来源：宁夏回族自治区水文水资源监测预警中心《2022 年宁夏水资源公报》，宁夏回族自治区水利厅网站，2023 年 7 月 24 日。

表 4-5　2022 年宁夏流域分区水资源总量

单位：亿立方米，%

流域分区	年降水量	地表水资源量	地下水资源量	重复计算量	水资源总量	占比
宁夏全区	131.397	7.077	15.344	13.497	8.924	
引黄灌区	10.972	1.392	11.564	11.216	1.740	19.50
祖厉河	1.921	0.087	0	0	0.087	0.97
清水河	31.626	1.353	0.592	0.314	1.631	18.28
红柳河	2.096	0.050	0.001	0	0.051	0.57
苦水河	12.170	0.144	0.055	0.023	0.176	1.97
黄右区间	11.201	0.140	0.109	0.030	0.219	2.45
黄左区间	10.109	0.474	0.983	0.083	1.374	15.40
葫芦河	11.887	0.871	0.377	0.272	0.976	10.94
泾河	19.396	2.393	1.584	1.554	2.423	27.15
盐池内流区	14.019	0.173	0.079	0.005	0.247	2.77

资料来源：宁夏回族自治区水文水资源监测预警中心《2022 年宁夏水资源公报》，宁夏回族自治区水利厅网站，2023 年 7 月 24 日。

2000~2022 年，宁夏水资源总量呈波动变化趋势，与降水量的变化趋势基本相同，但水资源总量变化趋势更平缓（见图 4-2）；23 年间有 18 年水资源总量介于 8.4 亿~11.3 亿立方米，个别年份水资源总量偏低（如，2000 年仅有 6.993 亿立方米），有 4 年水资源总量略高（从少到多依次是 2003 年水资源总量为 12.25 亿立方米、2019 年水资源总量为 12.578 亿立方米、2002 年水资源总量为 12.76 亿立方米、2018 年水资源总量为 14.669 亿立方米）；地表水资源量最大值出现在 2018 年、为 11.952 亿立方米，最小值出现在 2000 年、为 5.88 亿立方米，二者相差一倍以上；地下水资源量最大值出现在 2009 年、为 26.894 亿立方米，最小值出现在 2018 年、为 15.344 亿立方米，二者相差 11.55 亿立方米。表明宁夏水资源总量的变化受降水及地表径流量多少的影响更大一些。

（3）地表水资源量。2022 年，宁夏地表水资源量 7.077 亿立方米（即当年天然径流量 7.077 亿立方米），折合径流深 13.7 毫米；年径流量最大值出现在 2018 年、为 11.952 亿立方米（折合径流深 23.1 毫米），最小值出现在 2000 年、为 5.876 亿立方米（折合径流深 11.3 毫米），可见宁夏径流量年际差异明显（见图 4-3）；年径流量也存在季节差异，即 70%~80% 的径流集中在汛期。从行政分区来看，固原市径流深最大、为 36.9 毫米，石嘴山市次之、径流深 15.4 毫米，居第三位的是银川市、径流深 12.7 毫米，中卫市和吴忠市径流深分别为 6.2 毫米、4.9 毫米（见图 4-3），可见宁夏年径流量分布存在空间差异，即南部大北部小。从流域分区来看，泾河地表水资源量（即径流量）最多、为 2.393 亿立方米（折合径流深 48.3 毫米）、占宁夏地表水资源量的 33.81%，居第二位、第三位的是引黄灌区（径流量 1.392 亿立方米、折合径流深 21.2 毫米，占宁夏地表水资源量的 19.67%）、清水河（径流量 1.353 亿立方米、折合径流深 10.0 毫米，占宁夏地表水资源量的 19.12%），居第四位的是葫芦河（径流量 0.871 亿立方米、折合径流深 26.5 毫米，占宁夏地表水资源量的 12.31%），前四个流域地表水资源量占比约为 85%，其余流域所占比例较小（见表 4-5）。

2000~2022 年，宁夏径流深呈波动变化趋势，23 年间径流深均值为 15.8 毫米（多年平均径流深约为 18.3 毫米），大多数年份径流深在均值上下波动较大，可见宁夏径流深年际差异较大（见图 4-3）。由于 2000~2003 年中卫市径流深数据缺失，故而宁夏五市径流深数据分析年限为 2004~2022 年：银川市径流深最大值出现在 2018 年、径流深 19.4 毫米，最小值出现在 2005 年、径流深 6.6 毫米，2005 年径流深只有 2018 年径流深的 1/3；石嘴山市径流深最大值出现在 2018 年、径流深 36.6 毫米，最小值出现在 2005 年、径流深 11.0 毫米，最大值是最小值的 3.3 倍多；吴忠市径流深最大值出现在 2018 年、径流深 7.8 毫米，最小值出现在 2005 年、径流深 2.9 毫米，两个年份径流深相差近 5 毫米；固原市径流深最大值出现在 2019 年、径流深 64.1 毫米，最小值出现在 2009 年、径流深 25.0 毫米，最小值只有最大值的 39%；中卫市径流深最大值出现在 2014 年、径流深 10.1 毫米，最小值出现在 2005 年、径流深 4.2 毫米，相差近 6 毫米。表明宁夏天然径流量年际差异大，南北差异大，具有明显的时空差异，水资源开发利用必须坚

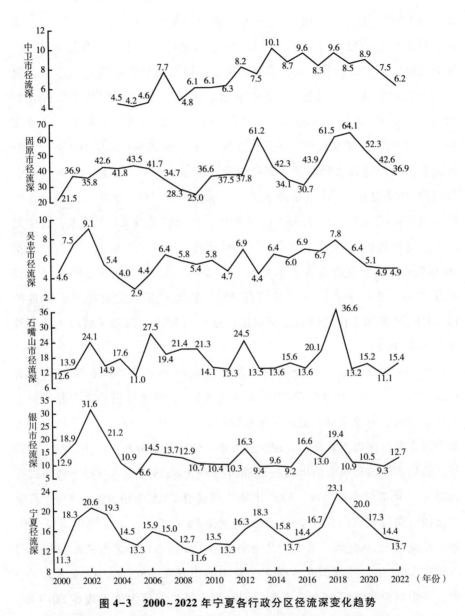

图4-3 2000~2022年宁夏各行政分区径流深变化趋势

资料来源：宁夏回族自治区水文水资源勘测局《宁夏水资源公报》（2000~2017年），宁夏回族自治区水利厅网站，2001~2018年；宁夏回族自治区水文水资源监测预警中心《宁夏水资源公报》（2018~2022年），宁夏回族自治区水利厅网站，2019~2023年。

持"四水四定"原则，优化配置有限的水资源。

（4）地下水资源量。2022 年，宁夏地下水资源量 15.344 亿立方米，较 2021 年减少了 1.062 亿立方米。宁夏地下水资源主要集中在引黄灌区，灌区地下水资源量 11.564 亿立方米，主要补给来源是黄河水，其中灌区渠系和田间渗漏补给量达 11.040 亿立方米（占引黄灌区地下水资源量的 95.47%）、降水补给量 0.524 亿立方米（占引黄灌区地下水资源量的 4.53%）。从行政分区来看，银川市地下水资源量最多、为 4.635 亿立方米（占宁夏地下水资源量的 30.21%），中卫市和吴忠市相差不大、地下水资源量分别为 3.234 亿立方米（占比 21.08%）和 3.023 亿立方米（占比 19.70%），固原市和石嘴山市地下水资源量分别为 2.265 亿立方米（占比 14.76%）和 2.187 亿立方米（占比 14.25%）（见表 4-4），可见宁夏地下水资源量主要集中于中北部引黄灌区。从流域分区来看，引黄灌区地下水资源量最多、为 11.564 亿立方米、占宁夏地下水资源量的 75.36%，泾河次之、地下水资源量为 1.584 亿立方米（占比 10.32%），居第三位的是黄河左岸区间、地下水资源量为 0.983 亿立方米（占比 6.41%），前三个流域地下水资源量占比超过 92%，其余流域所占比例较小（见表 4-5）。

2000~2022 年，宁夏地下水资源量最大值出现在 2001 年、为 26.894 亿立方米，最小值出现在 2022 年、为 15.344 亿立方米，23 年间宁夏地下水资源量平均值为 21.76 亿立方米，其中 12 年高于均值、11 年低于均值，可见宁夏地下水资源量年际差异明显（见图 4-4）。2000~2003 年中卫市地下水资源量数据缺失，分析 2004~2022 年数据：银川市地下水资源量最大值出现在 2004 年、为 8.788 亿立方米，最小值出现在 2022 年、为 4.635 亿立方米，相差 4.153 亿立方米；石嘴山市地下水资源量最大值出现在 2008 年、为 4.413 亿立方米，最小值出现在 2021 年、为 2.149 亿立方米，最大值是最小值的 2 倍多；吴忠市地下水资源量最大值出现在 2006 年、为 5.275 亿立方米，最小值出现在 2022 年、为 3.023 亿立方米，最小值只有最大值的 57.31%；固原市地下水资源量最大值出现在 2010 年、为 4.143 亿立方米，最小值出现在 2009 年、为 1.542 亿立方米，最小值约是最大值的 1/3；中卫

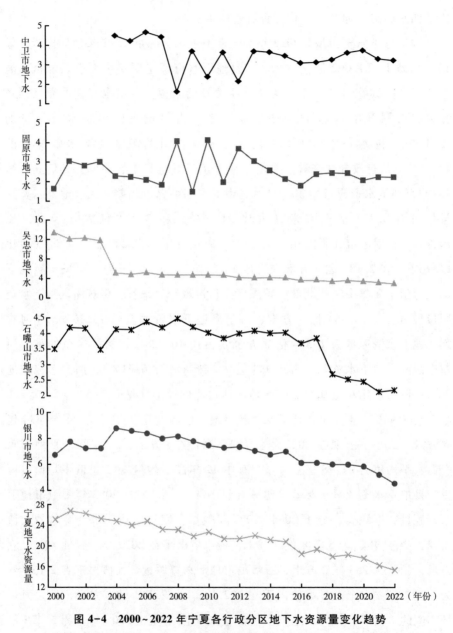

图 4-4　2000~2022 年宁夏各行政分区地下水资源量变化趋势

资料来源：宁夏回族自治区水文水资源勘测局《宁夏水资源公报》（2000~2017年），宁夏回族自治区水利厅网站，2001~2018 年；宁夏回族自治区水文水资源监测预警中心《宁夏水资源公报》（2018~2022 年），宁夏回族自治区水利厅网站，2019~2023 年。

市地下水资源量最大值出现在 2006 年、为 4.772 亿立方米，最小值出现在 2008 年、为 1.618 亿立方米，相差约 3 亿立方米。可以看出，宁夏地下水资源量总体呈减少态势，水资源短缺形势严峻；地下水资源时空分布不均，加之水利基础设施不健全，严重影响水资源优化配置。要合理配置利用各种水源的水体，将水质最好的地下水主要用于生活用水，将回水主要用于生态用水，等等。

（5）水沙对照情况。2022 年，宁夏对黄河主要支流 6 个水文站径流量和输沙量进行监测（见表 4-6），显示清水河泉眼山水文站年径流量 1.838 亿立方米、年输沙量 2140 万吨（较多年平均减少 31%），年平均含沙量 116 千克/立方米；苦水河郭家桥水文站年径流量 0.979 亿立方米、年输沙量 65 万吨（较多年平均减少 91%），年平均含沙量 6.68 千克/立方米；红柳河鸣沙洲水文站年径流量 0.170 亿立方米、年输沙量 148 万吨（较多年平均减少 56%），年平均含沙量 87.5 千克/立方米；苏峪口水文站年径流量 0.001 亿立方米、年输沙量 1.780 万吨（较多年平均减少 64%），年平均含沙量 141 千克/立方米；大武口水文站年径流量 0.016 亿立方米、年输沙量 11.60 万吨（较多年平均减少 75%），年平均含沙量 74.9 千克/立方米；汝箕沟水文站年径流量 0.009 亿立方米、年输沙量 0.060 万吨（较多年平均减少 99%），年平均含沙量 0.633 千克/立方米，可见黄河宁夏段水体含沙量显著减少、水沙关系趋于优化，黄河流域生态环境明显改善。

2007~2022 年，宁夏各站点年输沙量变化随年径流量变化而变化，年平均含沙量与年输沙量变化一致，含沙量总体呈下降趋势（见图 4-5）。

2. 黄河灌区引水量与排水量

2022 年，宁夏引扬黄河水量 53.989 亿立方米，较上年减少 2.719 亿立方米，其中沙坡头灌区 17.952 亿立方米（占引扬黄河水量的 33.25%，较上年增加 1.189 亿立方米），青铜峡灌区 34.430 亿立方米（占引扬黄河水量的 63.77%，较上年减少 3.153 亿立方米），其他引扬黄河水量 1.607 亿立方米、占引扬黄河水量的 2.98%（见表 4-7）。灌区各排水沟直接排入黄河水

表4-6 2007~2022年宁夏各水文站水沙对照

水文站	清水河泉眼山站		苦水河郭家桥站		鸣沙洲站		苏峪口站	
	年输沙量(万吨)	年平均含沙量(kg/m³)	年输沙量(万吨)	年平均含沙量(kg/m³)	年输沙量(万吨)	年平均含沙量(kg/m³)	年输沙量(万吨)	年平均含沙量(kg/m³)
2007	2990	1.216*	248	1.179*	228	0.138*	—	—
2008	34	0.673*	117	1.153*	65	0.099*	—	—
2009	645	0.971*	144	1.036*	193	0.128*	—	—
2010	616	0.913*	348	1.217*	571	0.192*	—	—
2011	410	0.768*	21.5	1.110*	21.5	0.116*	1.23	0.018*
2012	938	1.081*	28.9	1.004*	99.6	0.146*	1.69	14.1
2013	1130	83.1	42	3.86	120	59.5	0.474	14.1
2014	1070	83.1	113	3.86	65.9	59.5	0.105	2.06
2015	1150	77.1	47.5	3.63	386	246	65.2	101
2016	1120	81	232	16	52.4	33	3.84	17.9
2017	1490	105	76.9	5.95	170	78.9	15	22.7
2018	2090	118	343	21.9	566	170	0.149	0.712
2019	196	14.5	90.9	5.67	87.4	33.6	—	—
2020	270	17	60	4.84	148	68.5	—	—
2021	93	6.75	10	0.772	65	28.9	—	—
2022	2140	116	65	6.68	148	87.5	1.780	141

续表

水文站	大武口站 年输沙量（万吨）	大武口站 年平均含沙量（kg/m³）	汝箕沟站 年输沙量（万吨）	汝箕沟站 年平均含沙量（kg/m³）	茹河彭阳站 年输沙量（万吨）	茹河彭阳站 年平均含沙量（kg/m³）	泾河源站 年输沙量（万吨）	泾河源站 年平均含沙量（kg/m³）
2007	—	—	—	—	283	0.153*	—	—
2008	—	—	—	—	332	0.164*	0.169	0.240*
2009	—	—	—	—	118	0.093*	0.007	0.231*
2010	—	—	—	—	121	0.119*	0.684	0.339*
2011	—	—	—	—	36.9	0.106*	3.46	0.645*
2012	26.5	0.119*	21.2	0.049*	21.9	0.111*	0.719	0.567*
2013	21.8	23.6	4.86	40.5	57.8	28.8	8.39	1.21
2014	0.455	23.6	8.46	40.5	2.73	28.8	0.608	1.21
2015	0.511	1.31	7	28.1	0.089	0.039	0.665	0.173
2016	4.68	13	14.1	55.2	0.185	0.109	0.013	0.007
2017	2.38	9.3	8.9	31.3	0.181	0.109	0.075	0.007
2018	80.7	39.4	52.8	31.4	16.2	4.84	2.55	0.582
2019	0.107	1.03	1.12	5.53	5.98	1.86	0.744	0.141
2020	0.511	10.8	0.319	2.97	0.012	0.004	0.795	0.152
2021	2.43	35	0.604	6.86	0.001	0	0.071	0.031
2022	11.60	74.9	0.060	0.633	—	—	—	—

说明：* 为当年径流量，单位为亿立方米。

资料来源：宁夏回族自治区水文水资源勘测局《宁夏水资源公报》（2007~2017年），宁夏回族自治区水利厅网站，2008~2018年；宁夏回族自治区水文水资源监测预警中心《宁夏水资源公报》（2018~2022年），宁夏回族自治区水利厅网站，2019~2023年。

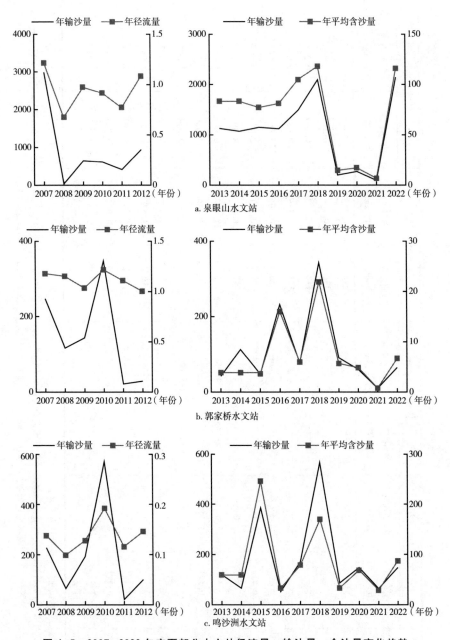

图 4-5 2007~2022 年宁夏部分水文站径流量、输沙量、含沙量变化趋势

资料来源：宁夏回族自治区水文水资源勘测局《宁夏水资源公报》（2007~2017 年），宁夏回族自治区水利厅网站，2008~2018 年；宁夏回族自治区水文水资源监测预警中心《宁夏水资源公报》（2018~2022 年），宁夏回族自治区水利厅网站，2019~2023 年。

量 20.318 亿立方米，较上年减少 2.394 亿立方米，其中沙坡头灌区排水量 5.313 亿立方米（占排水量的 26.15%），青铜峡灌区排水量 14.376 亿立方米（占排水量的 70.75%），较上年分别减少 0.637 亿立方米、1.792 亿立方米，陶乐灌区排水量 0.162 亿立方米（占排水量的 0.80%），清水河回归水 0.467 亿立方米（占排水量的 2.30%）。2022 年，黄河灌区引排水量差值为 33.671 亿立方米（见表 4-7）。

表 4-7 2000~2022 年宁夏黄河灌区引排水量

单位：亿立方米

年份	入境年径流量	出境年径流量	进出境水量差	引水量	排水量	引排水量差
2000	235.291	204.700	30.591	78.360	43.902	34.458
2001	215.355	181.0	34.355	75.189	40.224	34.965
2002	215.62	180.0	35.63	73.499	42.316	31.183
2003	202.408	172.5	29.908	55.691	25.664	30.027
2004	220.05	178.70	41.35	67.305	33.138	34.167
2005	271.34	223.20	48.14	71.129	33.548	37.581
2006	278.135	233.60	44.535	70.839	35.641	35.198
2007	283.28	244.60	38.68	64.132	29.898	34.234
2008	263.55	224.60	38.95	67.508	31.112	36.396
2009	283.7	241.6	42.1	65.057	30.221	34.836
2010	296.047	262.500	33.547	64.599	33.189	31.410
2011	277.373	241.200	36.173	65.238	34.008	31.230
2012	373.831	356.900	16.931	60.89	33.456	27.434
2013	321.005	283.800	37.205	63.300	33.367	29.933
2014	290.675	252.800	37.875	61.613	31.449	30.164
2015	252.499	213.000	39.499	62.032	31.048	30.984
2016				56.090	28.516	27.574
2017				56.668	29.072	27.596
2018				55.868	27.059	28.809
2019				59.742	25.979	33.763
2020	490.844	450.100	40.744	58.840	24.790	34.050
2021	342.634	298.100	44.534	56.708	22.712	33.996
2022				53.989	20.318	33.671

资料来源：宁夏回族自治区水文水资源勘测局《宁夏水资源公报》（2000~2017 年），宁夏回族自治区水利厅网站，2001~2018 年；宁夏回族自治区水文水资源监测预警中心《宁夏水资源公报》（2018~2022 年），宁夏回族自治区水利厅网站，2019~2023 年。

　　根据表4-7数据资料，黄河干流宁夏段进出境年径流量年际差异较大，与气候（大气环流）因素息息相关，也与流域植被截流、土壤下渗、补充河道径流等因素有关，在全球气候干旱化大背景下，保护流域生态环境，是调节径流量的重要手段。2000~2022 年，宁夏引扬黄河水量显著减少，由2000 年的 78.360 亿立方米下降到 2022 年的 53.989 亿立方米，减少了24.371 亿立方米，自 2016 年以来一直保持在 60 亿立方米以内；黄河灌区排水量呈波动下降趋势，由 2000 年的 43.902 亿立方米下降到 2022 年的20.318 亿立方米，减少了 23.584 亿立方米；黄河灌区引排水量差最大值出现在 2005 年、为 37.581 亿立方米，最小值出现 2012 年、为 27.434 亿立方米，相差近 10 亿立方米（见图4-6）。表明宁夏黄河灌区引排水量的变化受气候因素、社会经济发展、用水结构变化、水利工程、科技及政策等因素影响。因此，在保障用水量及用水安全的前提下，要利用生物措施、工程措施、先进科技、政策引导等积极推动宁夏节水型社会建设。

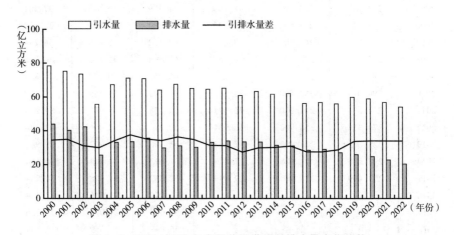

图 4-6　2000~2022 年宁夏黄河灌区引排水量变化趋势

3. 水库蓄水量

2022 年，宁夏共有中小型水库 228 座，总库容 141207 万立方米，年末蓄水量 7197 万立方米，较 2021 年末减少 513 万立方米。其中，固原市原州区有水库 38 座，总库容 28750 万立方米，2022 年末蓄水量 1758 万立方米，较 2021 年末减少 662 万立方米；固原市彭阳县有水库 40 座，总库容 17699 万立方米，2022 年末蓄水量 997 万立方米，较 2021 年末减 476 万立方米；固原市西吉县有水库 58 座，总库容 32739 万立方米，2022 年末蓄水量 763 万立方米，较 2021 年末减少 828 万立方米；固原市隆德县有水库 37 座，总库容 8547 万立方米，2022 年末蓄水量 1378 万立方米，较 2021 年末减少 311 万立方米；固原市泾源县有水库 8 座，总库容 593 万立方米，2022 年末蓄水量 258 万立方米，较 2021 年末减少 95 万立方米；中卫市海原县有水库 47 座，总库容 52879 万立方米，2022 年末蓄水量 2043 万立方米，较 2021 年末增加 1859 万立方米。

2012~2022 年，宁夏水库蓄水量变化较大（见表 4-8）。水库是调节用水年度和季节不均的有效工程措施，可有效解决宁夏部分地区水资源时空分布不均矛盾，优化配置水资源，但保持库容有效蓄水量是一项长期而艰巨的工程。

表 4-8 2012~2022 年宁夏水库蓄水量变化

单位：万立方米

年度	2022	2021	2020	2019	2018	2017	2016	2015	2014	2013	2012
水库座数	228	228	228	228	228	228	228	228	228	228	236
年末蓄水量	7197	7710	8718	7671	6772	5470	3293	4671	5964	7136	3371
年蓄水变量	−513	−1008	1047	899	1302	2177	−1378	−1293	−1172	3765	−527

资料来源：宁夏回族自治区水文水资源勘测局《宁夏水资源公报》（2012~2017 年），宁夏回族自治区水利厅网站，2013~2018 年；宁夏回族自治区水文水资源监测预警中心《宁夏水资源公报》（2018~2022 年），宁夏回族自治区水利厅网站，2019~2023 年。

4. 地下水动态、蓄变量、超采情况

宁夏平原区地下水监测控制面积 7373 平方千米，其中青铜峡灌区地下水监测控制面积 5673 平方千米，2022 年地下水平均埋深 2.61 米，较 2021 年水位下降 0.07 米，较 10 年前下降 0.4 米，地下水动态处于稳定状态的地区占总面积的 93%，处于上升区的面积有 194 平方千米（占比 3%），处于下降区的面积有 238 平方千米（占比 4%）；沙坡头灌区监测控制面积为 900 平方千米，

2022年地下水平均埋深2.87米，较2021年水位下降0.08米，较10年前下降0.5米，地下水动态处于稳定状态的地区占总面积的96%，处于下降区的面积有35平方千米（占比4%）；固海扬水灌区监测控制面积800平方千米，地下水埋深随地形有较大变化，按照中宁片、同心片、海原片、原州片分析其埋深动态（见表4-9）。2013～2022年，青铜峡灌区和沙坡头灌区地下水年际变化明显，总体呈波动下降趋势（见图4-7）。可以看出，宁夏地下水处于稳定状态的面积超过90%，个别区域地下水水位升降明显，但都在可控范围内，表明宁夏地下水动态保持稳定，并逐渐稳中向好。

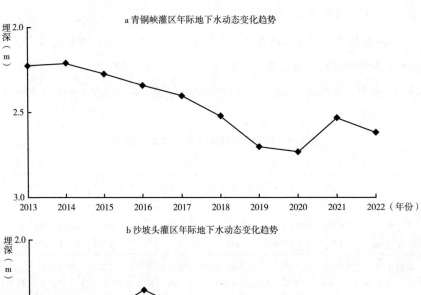

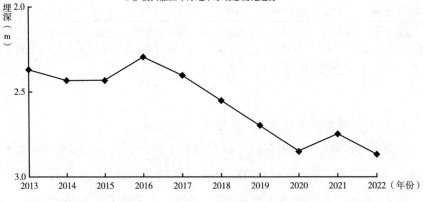

图4-7 2013～2022年宁夏黄河灌区地下水动态变化趋势

资料来源：宁夏回族自治区水文水资源监测预警中心《2022年宁夏水资源公报》，宁夏回族自治区水利厅网站，2023年7月24日。

表4-9 2022年宁夏平原区地下水动态

灌区	项目				年度动态										春灌前	灌溉期	冬灌期
青铜峡灌区	埋深（米）		<1		1~2			>2									
	面积（平方千米）		82		2338			3253									
	占比（%）		1.45		41.21			57.34									
	灌区平均值（米）	2010年 —	2011年 —	2012年 —	2013年 —	2014年 —	2015年 2.27	2016年 2.30	2017年 2.41	2018年 2.51	2019年 2.96	2020年 2.73	2021年 2.54	2022年 2.61	2.84	2.25	1.64
沙坡头灌区	埋深（米）		<1		1~2			>2									
	面积（平方千米）		35		277			588									
	占比（%）		3.89		30.78			65.33									
	灌区平均值（米）	2010年 2.27	2011年 2.22	2012年 2.23	2013年 2.37	2014年 2.41	2015年 2.43	2016年 2.29	2017年 2.40	2018年 2.55	2019年 2.66	2020年 2.75	2021年 2.75	2022年 2.87	2.99	2.60	2.34
固海灌区	中宁片	4眼	年内地下水埋深11~41米。较2021年，泉眼山监测井水位下降0.53米，长农气象站、长头山监测井水位下降0.12~0.05米不等，总体处于稳定状态														
	同心片	14眼	同心河西片，年内地下水埋深12~42米，较2021年，李套子监测井下降0.54米，同心农场、石坝头、兴隆监测井下降0.10~0.22米不等；同心河东片（10眼监测井），年内地下水埋深8~27米，较2021年，除黑家套子监测井水位上升0.32米外，其余监测井水位升降幅度在0.10米														
	海原片	7眼	年内地下水埋深2~33米，较2021年，八百户、韩府湾等监测井水位升降幅度较2021年上升0.10米														
	原州区	2眼	三营监测井年内地下水埋深由年初的22.1米变化至年末的21.7米，年均水位较2021年上升0.20米；陶庄监测井年内埋深9.8~13.1米，年均水位上升0.10米														

资料来源：宁夏回族自治区水文水资源勘测局《宁夏水资源公报》（2010~2017年）；宁夏回族自治区水利厅网站，2011~2018年；宁夏回族自治区水文水资源监测预警中心《宁夏水资源公报》（2018~2022年）；宁夏回族自治区水利厅网站，2019~2023年。

监测地下水动态变化，获得地下水储存量的变化，对用水结构调整具有重要影响。2022 年，宁夏黄河灌区年初年末地下水储存量减少明显，其中青铜峡灌区地下水位年末年初下降 0.01 米、地下水储存量减少 400 万立方米，沙坡头灌区地下水位年末年初下降 0.09 米、地下水储存量减少 450 万立方米，固海灌区地下水位年末年初下降 0.05 米、地下水储存量减少 430 万立方米。

宁夏存在 5 个地下水超采区，超采区总面积 741 平方千米，包括银川市 1 个、面积 294 平方千米，石嘴山市 4 个、面积 447 平方千米。2022 年，银川市地下水超采区实际开采量 3460 万立方米，较 2021 年压采 3350 万立方米，实际开采量小于可开采量 6650 万立方米，超采区地下水位明显回升，年平均地下水位埋深 5.22 米，较治理初期 2017 年累计回升 7.52 米。石嘴山市地下水超采区实际开采量 4800 万立方米，较 2021 年压采 370 万立方米，小于可开采量 1221 万立方米，年平均地下水位埋深 18.29 米，较治理初期 2017 年累计回升 1.72 米。可以看出，经过治理，宁夏地下水超采量得到有效控制，正向好转变。

5. 宁夏水资源开发利用现状

（1）供水量。2022 年，宁夏实际供水总量 66.328 亿立方米，较 2021 年减少 1.763 亿立方米，其中地表水源 60.076 亿立方米、占总供水量的 90.6%，地下水源 4.821 亿立方米、占总供水量的 7.2%，其他水源 1.431 亿立方米、占总供水量的 2.2%（见表 4-10）。地表水源中黄河水源 58.974 亿立方米、占总供水量的 88.9%，是宁夏主要供水来源；其他水源中再生水 0.725 亿立方米、占总供水量的 1.09%，是 2012 年污水处理回用量的 5 倍多，这项供水是宁夏水资源开发利用的新水源之一。按行政区分布来看，供水由多到少依次为银川市、吴忠市、中卫市、石嘴山市、宁东、固原市，分别为 19.691 亿立方米（占总供水量的 29.69%）、17.122 亿立方米（占总供水量的 25.81%）、13.628 亿立方米（占总供水量的 20.55%）、12.011 亿立方米（占总供水量的 18.11%）、2.170 亿立方米（占总供水量的 3.27%）、1.706 亿立方米（占总供水量的 2.57%）。可见，宁夏水源主要依托黄河及其支流，只有将宁夏段黄河水情分析清楚，才能做到以水而定、量水而行，并创新发展非常规水利用，推动全流域生态保护与经济社会高质量发展。

表 4-10　2022 年宁夏各行政分区供水量

单位：亿立方米

行政分区	地表水源供水量			地下水源供水量	其他水源供水量			总供水量
	小计	黄河水	当地地表水		小计	再生水	微咸水	
宁夏全区	60.076	58.974	1.102	4.821	1.431	0.725	0.466	66.328
银川市	17.794	17.794	0	1.751	0.146	0.146	0	19.691
石嘴山市	10.576	10.554	0.022	1.224	0.211	0.211	0	12.011
吴忠市	16.149	16.141	0.008	0.654	0.319	0.176	0.143	17.122
固原市	1.242	0.189	1.053	0.419	0.045	0.045	0	1.706
中卫市	12.425	12.406	0.019	0.773	0.430	0.107	0.323	13.628
宁东	1.890	1.890	0	0	0.280	0.040		2.170

资料来源：宁夏回族自治区水文水资源监测预警中心《2022 年宁夏水资源公报》，宁夏回族自治区水利厅网站，2023 年 7 月 24 日。

（2）取水量。2022 年，宁夏行业取水总量 66.328 亿立方米，其中农业取水量最多、为 53.639 亿立方米（占总取水量的 80.9%），农业实际灌溉面积 1057.44 万亩、鱼塘补水面积 12.97 万亩；人工生态环境取水量次之、为 4.530 亿立方米（占总取水量的 6.8%）；其余依次为工业取水量 4.461 亿立方米（占总取水量的 6.7%）、生活取水量 3.698 亿立方米（占总取水量的 5.6%）。从行政分区来看，农业取水中吴忠市与银川市之和超过 56%，固原市最少；工业取水中宁东最多（占工业总取水量的 44.95%），石嘴山市次之、银川市第三，三市共计占 77.65%；生活取水中银川市最多（占生活取水量的 48.38%），吴忠市和中卫市两市合计占 30.74%；人工生态环境取水由多到少依次为银川市、石嘴山市、中卫市、吴忠市、宁东、固原市（见表 4-11）。可以看出，宁夏实际取水量以农业为主，在保障人民生活基本用水充足的前提下要做好全区农业用水保障；随着人民对美好生态环境的需求日益提高，生态取水量呈逐年增长态势；五市各行业取水量与产业布局、

表4-11 2022年宁夏各行政分区取水量

单位：亿立方米，%

行政分区		农业取水量			工业取水量	生活取水量			人工生态取水量			总取水量
		合计	农林牧渔	畜禽	取水量	合计	城镇生活	农村居民	合计	城乡环境	湖泊补水	合计
宁夏		53.639	52.927	0.712	4.461	3.698	3.136	0.562	4.530	1.11	3.42	66.328
银川市	总量	14.831	14.683	0.148	0.680	1.789	1.674	0.115	2.391	0.4	1.991	19.691
	占比	27.65	27.74	20.79	15.24	48.38	53.38	20.46	52.78	36.04	58.22	29.69
石嘴山市	总量	9.643	9.58	0.063	0.779	0.390	0.331	0.059	1.199	0.199	1	12.011
	占比	17.98	18.10	8.85	17.46	10.55	10.55	10.50	26.47	17.93	29.24	18.11
吴忠市	总量	15.699	15.469	0.23	0.467	0.579	0.439	0.14	0.377	0.155	0.222	17.122
	占比	29.27	29.23	32.30	10.47	15.66	14.00	24.91	8.32	13.96	6.49	25.81
固原市	总量	1.195	1.069	0.126	0.118	0.363	0.22	0.143	0.030	0.03	0	1.706
	占比	2.22	2.02	17.70	2.65	9.82	7.02	25.45	0.66	2.70	0.00	2.57
中卫市	总量	12.271	12.126	0.145	0.412	0.558	0.453	0.105	0.387	0.18	0.207	13.628
	占比	22.88	22.91	20.36	9.24	15.08	14.44	18.68	8.54	16.22	6.05	20.55
宁东	总量	0	0	0	2.005	0.019	0.019	0	0.146	0.146	0	2.170
	占比	0	0		44.94	0.51	0.61	0	3.23	13.15	0	3.27

资料来源：宁夏回族自治区水文水资源监测预警中心《2022年宁夏水资源公报》，宁夏回族自治区水利厅网站，2023年7月24日。

人口集聚、渗漏、政府调控、水价及节水用具使用情况等因素有关，各行业取水量存在较大差异。因此，宁夏要依托各行政区资源禀赋及高质量发展定位，优先满足生活用水需求，并合理布局产业，积极推进节水型社会建设。

（3）耗水量。2022 年，宁夏总耗水量 39.616 亿立方米，其中耗黄河水最多、为 34.418 亿立方米（占总耗水量的 86.88%），耗当地地表水 0.815 亿立方米（占总耗水量的 2.06%），耗地下水 2.952 亿立方米（占总耗水量的 7.45%），耗其他水 1.431 亿立方米（占总耗水量的 3.61%）。分行业耗水量中，农业耗水量最多、为 30.150 亿立方米（占总耗水量的 76.11%），工业耗水量 3.548 亿立方米（占总耗水量的 8.96%），生活耗水量 1.388 亿立方米（占总耗水量的 3.50%），人工生态耗水量 4.530 亿立方米（占总耗水量的 11.43%）（见图 4-8）。从行政分区来看，吴忠市耗水量最多、占 28.95%，其次依次为银川市、中卫市、石嘴山市、宁东、固原市，占比分别为 27.33%、18.27%、16.63%、5.44%、3.38%。农业耗水中，吴忠市耗水最多、占农业耗水量的 35.13%，其次为银川市、占比为 24.38%，二者之和约占 60%，固原市最少、仅占 3.37%；工业耗水中，宁东最多、占工业耗水量的 56.51%，石嘴山市次之、银川市第三，三市共计占 85.29%；生活耗水中，银川市最多、占生活耗水量的 43.08%，其余依次为吴忠市、固原市、中卫市、石嘴山市，分别占生活耗水量的 18.23%、14.63%、13.76%、9.94%，宁东最少、占 0.36%；人工生态环境耗水量由多到少依次为银川市、石嘴山市、中卫市、吴忠市、宁东、固原市，占比分别为 52.78%、26.47%、8.54%、8.33%、3.22%、0.66%（见图 4-9）。可以看出，宁夏耗水主要以黄河水为主，分行业中以农业耗水最多。

2012~2022 年，宁夏总耗水量呈波动增长态势，其中农业耗水量基本保持在均值水平上下波动且略有减少，生活耗水量较 2020 年减少 8.7%[①]，工业耗水量和生态耗水量呈增长态势，尤其生态耗水量增速较快（见图 4-8）。

---

① 数据说明：2020 年与 2022 年统计口径一致，2012~2018 年《宁夏水资源公报》数据未统计生态耗水量。

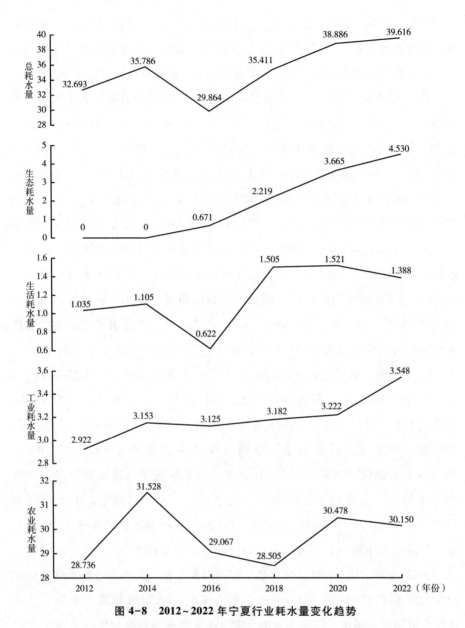

图 4-8　2012~2022 年宁夏行业耗水量变化趋势

资料来源：宁夏回族自治区水文水资源勘测局《宁夏水资源公报》（2012~2017 年），宁夏回族自治区水利厅网站，2013~2018 年；宁夏回族自治区水文水资源监测预警中心《宁夏水资源公报》（2018~2022 年），宁夏回族自治区水利厅网站，2019~2023 年。

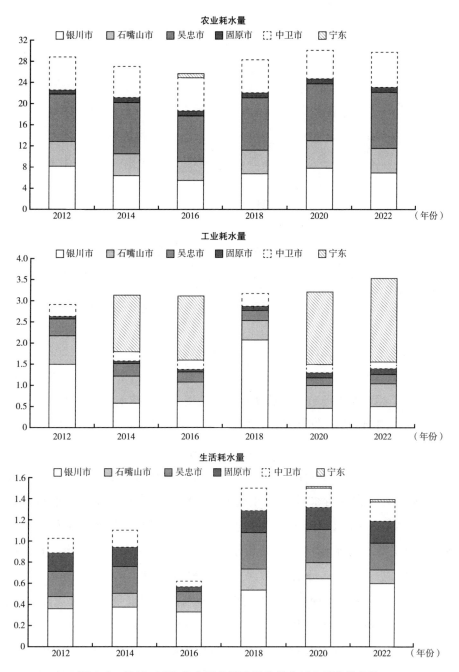

图 4-9　2012~2022 年宁夏各行政区分行业耗水量变化趋势

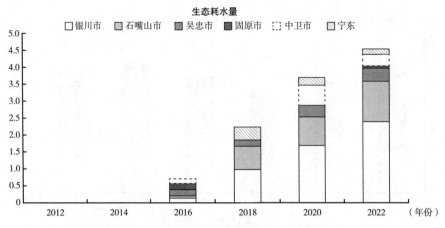

续图 4-9　2012~2022 年宁夏各行政区分行业耗水量变化趋势

资料来源：宁夏回族自治区水文水资源勘测局《宁夏水资源公报》（2012~2017 年），
宁夏回族自治区水利厅网站，2013~2018 年；宁夏回族自治区水文水资源监测预警中心《宁
夏水资源公报》（2018~2022 年），宁夏回族自治区水利厅网站，2019~2023 年。

宁夏总耗水量增加主要原因是生态耗水量增幅较大，表明民众对美好人居生
活环境需求越来越高，因此规划中要预留生态空间及科学分配生态用水，要
加强农业、生活及工业节水设施建设，改善城乡人居环境。

（4）取用水指标。2022 年，宁夏万元地区生产总值用水量 131 立方米，
是全国 GDP 用水量（当年价）的 2.6 倍。耕地实际灌溉亩均用水量 524 立
方米，是全国亩均用水量的 1.4 倍。万元工业增加值用水量 21.3 立方米，
是全国工业增加值用水量（当年价）的 88.38%。灌溉水有效利用系数
0.570，基本与全国农田灌溉水有效利用系数（0.572）持平。从行政分区
来看用水指标，万元 GDP 用水量由小到大依次是固原市、银川市、石嘴山
市、吴忠市、中卫市，分别为 42 立方米、86 立方米、173 立方米、197 立
方米、242 立方米，差距较大；耕地实际灌溉亩均用水量最多的是银川市、
高达 653 立方米，其次是中卫市、为 546 立方米，居第三位和第四位的是石
嘴山市和吴忠市，分别为 534 立方米和 500 立方米，亩均用水量最少的是固
原市、为 164 立方米，是银川市亩均用水量的 1/4；万元工业增加值用水量
最小值是吴忠市、为 11.7 立方米，中卫市次之、为 18.0 立方米，固原市、

石嘴山市、银川市相差不大,分别为 22.1 立方米、23.3 立方米、24.9 立方米;灌溉水有效利用系数除固原市偏大较多(为 0.749)外,中卫市和吴忠市分别高于宁夏均值 0.007、0.025,石嘴山市和银川市低于宁夏均值 0.021、0.020。表明,宁夏水资源利用率低,可开发利用空间大。2012~2022 年,宁夏万元 GDP 用水量和万元工业增加值用水量呈逐年减少趋势,2022 年较 2012 年减少了一半以上;耕地实际灌溉亩均用水量呈波动下降趋势,2022 年较 2012 年减少了 254 立方米;灌溉水有效利用系数每年约增长 0.01,增长较快(见图 4-10),可见宁夏水资源节约集约利用效率明显提升。但与黄河流域及全国相比差距仍然很大,仍需持续加强宁夏节水型社会建设。

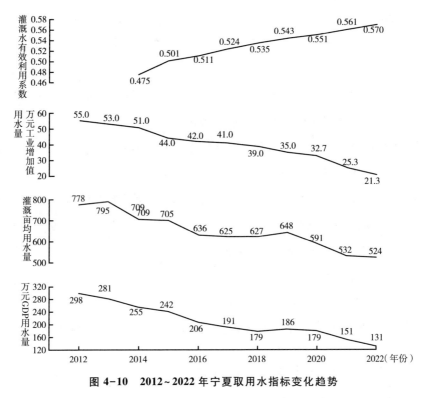

图 4-10 2012~2022 年宁夏取用水指标变化趋势

资料来源:宁夏回族自治区水文水资源勘测局《宁夏水资源公报》(2012~2017 年),宁夏回族自治区水利厅网站,2013~2018 年;宁夏回族自治区水文水资源监测预警中心《宁夏水资源公报》(2018~2022 年),宁夏回族自治区水利厅网站,2019~2023 年。

　　黄河流经宁夏 397 公里，国家分配的黄河可用水量 40 亿立方米，全区近 90% 的水资源来源于黄河及其支流，主要用于工业、农业、生活及生态用水。以上数据可以看出，宁夏水资源相对匮乏、利用率低，而且水资源时空分布不均，因此推进区域高质量发展要坚持"四水四定"原则，根据实际情况在生态优先、绿色发展的前提下开展水资源开发利用，推动黄河流域生态保护和高质量发展先行区建设。

三　黄河流域（宁夏段）水环境质量现状

（一）黄河流域水环境质量

　　根据《2022 中国生态环境状况公报》[①]，2022 年，黄河流域水质监测国控断面 263 个，总体水质良好。其中，I—III 类水质断面比例为 87.4%，较 2021 年上升 5.6 个百分点，较 2016 年提高 28.3 个百分点；IV 类水质断面比例为 8.4%、较 2021 年下降 4.1 个百分点，V 类水质断面比例为 1.9%、较上年无变化，劣 V 类水质断面比例为 2.3%、较 2021 年下降 1.5 个百分点。其中，黄河干流监测断面 43 个，水质为优，2018 年以来 I—III 类断面比例均为 100%；黄河主要支流监测断面 220 个，总体水质由轻度污染改善为良好，I—III 类水质断面比例达 85%、较 2021 年上升 6.7 个百分点、较 2016 年提高 36 个百分点，IV 类水质断面比例为 10%、较 2021 年下降 4.9 个百分点，V 类水质断面比例为 2.3%、较上年无变化，劣 V 类水质断面比例为 2.7%、较 2021 年下降 1.8 个百分点。

（二）宁夏水环境质量

1. 地表水环境质量

　　根据《2022 年宁夏水资源公报》《2022 年宁夏生态环境状况公报》[②]，

---

① 中华人民共和国生态环境部：《2022 中国生态环境状况公报》，中华人民共和国生态环境部网站，2023 年 5 月 24 日。

② 宁夏回族自治区水文水资源监测预警中心：《2022 年宁夏水资源公报》，宁夏回族自治区水利厅网站，2023 年 7 月 24 日；宁夏回族自治区生态环境监测处、生态环境监测中心：《2022 年宁夏生态环境状况公报》，宁夏回族自治区生态环境厅网站，2023 年 5 月 22 日。

2022年宁夏地表水（黄河干流及支流、湖泊与水库、排水沟）环境质量总体稳定，监测的20个地表水国家考核断面水质优良比例为90.0%（剔除本底指标影响），达到国家考核目标要求，较2021年提高了10个百分点。

黄河干流6个国家考核监测断面水质均为Ⅱ类，入境断面下河沿和出境断面麻黄沟水质均达到国家黄河水质出入境标准，水质总体为优；从年度变化来看，黄河干流水质由2015年50%的Ⅱ类水质，逐步达到100%，自2017年以来连续6年保持"Ⅱ类进Ⅱ类出"；从监测断面主要指标来看，较2021年高锰酸盐指数、氨氮、总磷指标明显下降（除叶盛公路桥、银古公路桥、平罗黄河大桥断面氨氮指标分别上升0.01毫克/升、0.01毫克/升、0.02毫克/升，麻黄沟断面总磷同比上升2.2%以外）。监测的10条黄河支流（以出境断面或入黄口断面水质类别统计），葫芦河、泾河、渝河、茹河、洪河属Ⅱ类水质（占50.0%），蒲河属Ⅲ类水质（占10.0%），清水河属Ⅳ类水质（占10.0%，地质本底氟化物影响），苦水河、红柳沟、都思兔河属劣Ⅴ类水质（占30.0%，地质本底氟化物影响）；从年度变化来看，2015~2022年期间监测断面水质达到或优于Ⅲ类的占比逐年增加，总体水质由中度污染向轻度污染转好。6个沿黄重要湖泊（水库）水质总体良好，阅海、典农河、鸣翠湖、香山湖、鸭子荡水库均达到或优于Ⅲ类水质（占83.3%），沙湖为Ⅳ类水质（占16.7%，较2021年水质下降）；从年度变化来看，水质由劣Ⅴ类、Ⅴ类向Ⅳ类、Ⅲ类、Ⅱ类转化，水质改善明显。22条主要沿黄排水沟36个入黄断面监测点位，Ⅱ-Ⅲ类水质断面点位占50.0%、较2021年下降4.1个百分点，Ⅳ类占47.2%、较2021年上升6.7个百分点，劣Ⅴ类占2.8%、较2021年上升0.1个百分点，水质总体为轻度污染；从年度变化来看，近几年水质改善明显，虽未彻底消除劣Ⅴ类和Ⅴ类水体，但二者占比下降较大（见表4-12）。2022年，国家考核的城市集中式饮用水源地水质达到或优于Ⅲ类占比68.8%，不达标的饮用水源地主要受地质本底因素影响。因此，保障城乡居民饮用水安全是新时代建设中国特色社会主义现代化美丽新宁夏的重要组成部分。

表 4-12 2015～2022 年宁夏水环境质量

年份		2015	2016	2017	2018	2019	2020	2021	2022
国考断面水质	国考断面				15个	15个	15个	20个	20个
	优良比例	50%	66.7%	100%	80%	80%	93.3%	80%	90.0%
黄河干流Ⅱ类水质				100%	100%	100%	100%	100%	100%
黄河支流	总体水质	中度污染	中度污染	轻度污染	轻度污染	中度污染	中度污染	中度污染	中度污染
	监测断面	10个	9条13个	9条14个	8条18个	9条21个	9条20个	10条	10条
	Ⅰ-Ⅲ类	Ⅰ-Ⅱ类60%	69.2%	57.1%	Ⅰ-Ⅱ类50%	42.9%	50%	Ⅱ类60%	60%
	Ⅳ类	0%	0	28.6%	27.8%	33.3%	25%	10%	10%
	Ⅴ类	20%	7.7%	0	5.5%		0	0	0
	劣Ⅴ类	20%	23.1%	14.3%	16.7%	23.8%	25%	30%	30%
11个地级市集中式饮用水源地达到或优于Ⅲ类水质比例					63.6%	81.8%	81.8%	72.7%	68.8%
沿黄重要湖泊（水库）	总体水质	中度污染	中度污染	轻度污染	轻度污染	轻度污染	轻度污染	良好	良好
	监测断面	7个	8个	8个	8个	8个	7个	6个	6个
	Ⅱ-Ⅲ类	28.6%	37.5%	37.5%	41.7%	58.3%	72.7%	100%	83.3%
	Ⅳ类	42.8%	25%	37.5%	33.3%	25%	27.3%	0	16.7%
	Ⅴ类	28.6%	12.5%	12.5%	16.7%	16.7%	0	0	0
	劣Ⅴ类		25%	12.5%	8.3%	0	0	0	0
主要排水沟水质	总体水质	重度污染	重度污染	重度污染	重度污染	中度污染	轻度污染	轻度污染	轻度污染
	监测断面	11条	13条	13条	19条26个	21条33个	22条35个	22条37个	22条36个
	Ⅱ-Ⅲ类	18.2%	7.7%	15.4%	15.4%	42.5%	45.8%	54.1%	50.0%
	Ⅳ类	0	7.7%	0	26.9%	24.2%	31.4%	40.5%	47.2%
	Ⅴ类	9.1%	0	7.7%	7.7%	12.1%	11.4%	2.7%	
	劣Ⅴ类	72.7%	84.6%	76.9%	50%	21.2%	11.4%	2.7%	2.8%

从矿化度来看，宁夏地表水矿化度<2.0克/升（淡水）的水资源量占地表水总资源量的 67.6%，矿化度 2.0～5.0 克/升的咸水占 22.4%，矿化度>5.0 克/升的苦咸水占 10.0%，可见宁夏地表水淡水本底体量小，因此要统筹利用好不同水源与水质的水资源，保障水资源供需平衡及水质安全。随着黄河流域生态保护和高质量发展的体制机制建设逐步改善，监测和管理体系更加健全，黄河干流、支流、湖泊水库、入黄排水沟等各水体水质得到有效改善，优良水体占比逐年提高，为宁夏打赢碧水攻坚战提供了基础保障。

2. 地下水环境质量

宁夏境内浅层地下水（潜水）埋深较浅、矿化度较高、受季节影响变幅较大，水质具有明显的纬向分带性，即自南向北总溶解固体含量（TDS）逐渐升高，部分地下水受到一定污染。深层地下水（承压水）受季节影响较小、水质较好，基本未受到污染，主要作为城乡居民生活用水水源，自 2020 年开始，银川市、石嘴山市、吴忠市等市县生活用水主要来自净化后的黄河水。宁夏范围内作为饮用水源的地下水水质均符合《地下水水质标准（GB/T14848-93）》Ⅲ类标准。2022 年，宁夏地下水环境质量 21 个考核点位，包括区域点位 11 个、地下水型饮用水源地 7 个、重点污染区域风险监控点位 3 个。从矿化度来看，地下水矿化度≤2.0 克/升的水资源量 15.344 亿立方米（占地下水资源量的 100%），>2.0 克/升的水资源量 5.346 亿立方米（不作为地下水资源量）。可见，宁夏地下水水质总体保持稳定，呈稳中向好态势。

宁夏境内浅层地下水（潜水）一般埋深 1～30 米，主要补给来源为引黄灌区渠系渗漏与田间灌水入渗补给，其次为地下径流侧向补给以及大气降水入渗补给；排泄主要是潜水蒸发和地下径流排入干支沟间接排入黄河，致使境内浅层地下水矿化度较高。根据《2018 年宁夏水资源公报》①，由于灌区潜水存储环境、水源补给及排泄方式、人为因素等影响，境内地下水矿化度

---

① 宁夏回族自治区水文水资源监测预警中心：《2018 年宁夏水资源公报》，宁夏回族自治区水利厅网站，2019 年 10 月 25 日。

差异明显，表现在：（1）卫宁灌区地下水矿化度介于 0.494~4.912 克/升，平均 1.368 克/升，黄河两岸为最低，向南北两个方向逐渐增加。（2）青铜峡灌区地下水矿化度在 0.473~8.656 克/升，其中银川市兴庆区、金凤区、西夏区三区均值为 1.317 克/升、贺兰县均值为 1.977 克/升；银南河东的利通区均值为 2.115 克/升、灵武市均值为 1.861 克/升，银南河西的青铜峡市均值为 1.289 克/升、永宁县均值为 1.192 克/升，呈现河东高、河西低的分布特征；银北灌区的平罗县均值为 1.525 克/升、惠农区均值为 1.780 克/升。（3）红寺堡灌区地下水矿化度介于 1.945~15.368 克/升，平均 5.272 克/升，含盐量高，地下水水质较差。（4）固海灌区地下水矿化度介于 1.417~20.300 克/升，平均 4.480 克/升，水质较差。引黄灌区潜水矿化度灌前（4 月）较灌期（8 月）大，表明黄河水的水质对当地潜水矿化度影响显著。

3. 水污染排放情况

根据《宁夏统计年鉴（2022）》[①]，2020 年，宁夏工业废水排放量为 11118.7 万吨，自 2010 年以来工业废水排放量持续下降，较 2015 年降低 32.4%；城镇生活污水排放量为 11934.5 万吨，较 2015 年减少 23.4%（见图 4-11）。化学需氧量（COD）排放量为 22.0 万吨，较 2015 年增加了 1 吨，但较 2016~2019 年保持在 10 吨以下，2020 年反弹较大，主要集中在农业排放，即农业源排放占比达 80.45%，生活及其他排放占比 10.45%，工业排放占比 1.36%；从年际变化来看，工业废水 COD 排放量由 2015 年的 6.8 万吨减少到 2020 年的 0.3 万吨，农业废水 COD 排放量由 2015 年的 10.2 万吨增加到 2020 年的 17.7 万吨，生活污水及其他 COD 排放量由 2015 年的 4.1 万吨减少到 2020 年的 2.3 万吨。氨氮排放量为 0.3 万吨，较 2015 年减少 1.3 万吨；其中，农业氨氮排放量约 0.1 万吨（占 1/3），生活污水及其他氨氮排放量约 0.2 万吨（占 2/3，较 2015 年减少 0.5 万吨）。从行业废水

---

① 宁夏回族自治区统计局、国家统计局宁夏调查总队：《宁夏统计年鉴（2022）》，中国统计出版社，2023。

排放量来看，宁夏煤炭开采和洗选业（占工业废水总排放量的41.17%）、石油加工及炼焦和核燃料加工业（占17.77%）、化学原料和化学制品制造业（占14.89%）、食品制造业（占6.51%）等行业是主要排污行业，前四个行业污染物排放量占比超过80%。可见，宁夏水污染面临形势仍然很严峻，要多措并举持续加强水污染防治。

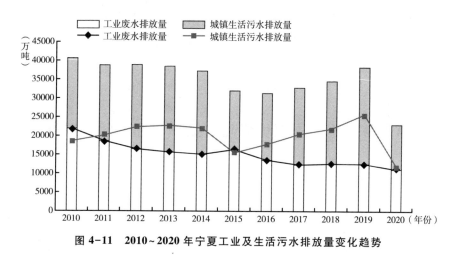

图4-11 2010～2020年宁夏工业及生活污水排放量变化趋势

四 宁夏水生态保护与修复取得的成效

自20世纪70年代以来，我国相继编制水资源保护与开发、水污染防治、水生态保护与修复等相关规划，以及污染物排放总量与强度控制、排污许可证、排污收费及排污权交易、取用水指标、阶梯水价及用水权改革等强制性国家政策，加之水污染防治相关技术不断进步，污水处理设施逐渐增多，我国水生态保护与修复成效显著。截至2022年，宁夏规上企业水循环利用率达到96.7%[①]，城市再生水利用率达35%[②]，农村集中供水率和自来

---

① 尚陵彬：《守护"绿底色"做好"水文章"——关注宁夏代表团建议系列之一》，《宁夏日报》2023年3月6日。
② 尉迟天琪：《协同推进再生水循环利用》，《宁夏日报》2023年7月12日。

水普及率分别达到 98.8%、96.5%①；高效节水灌溉面积 523 万亩（增至近
50%），农田灌溉水利用系数达 0.57②；城市生活污水处理率达 98.69%③，
农村生活污水治理率达 31.59%④。可以看出，通过黄河水岸综合治理、城
镇黑臭水体综合治理、农村生活污水治理及厕所革命、城镇生活污水治理等
专项综合整治行动，加强水利基础设施建设，积极推广使用节水器具，宁夏
水生态保护与修复成果显著，节水型社会建设初具规模，为建设人与自然和
谐共生现代化美丽新宁夏提供了优美生态保障，助力黄河流域生态保护和高
质量发展先行区建设。

第三节　水生态保护修复与治理存在的问题探析

一　水资源配置不合理

黄河属太平洋水系，流域年径流量主要由大气降水补给。受大气环流的
影响，降水量较少而蒸发强烈，致使黄河多年平均天然年径流量只有 580 亿
立方米⑤，水资源相对短缺。其中，素有"天下黄河富宁夏"之称的黄河上
游宁夏地区，多年平均年径流量为 9.493 亿立方米，平均年径流深 18.3 毫
米，是黄河流域平均值的 1/3；2022 年宁夏人均水资源量为 122 立方米，不
足全国的 1/15。由此可见，宁夏是我国水资源严重短缺的地区之一。宁夏
降水南多北少且主要集中于夏秋季节，水资源时空分布不均，加之黄河干流

---

① 裴云云：《全区农村集中供水率达到 98.8%，自来水普及率达到 96.5%——农村用水和城
里一样方便》，《宁夏日报》2022 年 10 月 14 日。
② 尚陵彬：《守护"绿底色"做好"水文章"——关注宁夏代表团建议系列之一》，《宁夏日
报》2023 年 3 月 6 日。
③ 宁夏回族自治区生态环境监测处、生态环境监测中心：《2022 年宁夏生态环境状况公报》，
宁夏回族自治区生态环境厅网站，2023 年 5 月 22 日。
④ 张唯：《宁夏加大农村生活污水治理资金投入》，《宁夏日报》2023 年 6 月 3 日。
⑤ 张光辉：《全球气候变化对黄河流域天然径流影响的情景分析》，《地理研究》2006 年第
2 期；林嵬、丁铭：《黄河多年平均天然径流量减少 45 亿立方米》，新华网，2006 年 4 月
22 日。

流经宁夏少部分地区，水资源利用空间格局失衡，致使宁夏局部地区和时段旱灾与洪涝灾害频发、水资源供需矛盾突出。宁夏中小型水库主要分布于固原市和中卫市，蓄水量年度变化较大，难以满足区域水资源时空调配供给，工程性缺水加重了宁夏水资源短缺态势。

从取用水指标来看，宁夏人均用水量 911 立方米，是全国均值的 2 倍多，万元 GDP 用水量是全国均值的 2.6 倍，万元工业增加值用水量是全国均值的 88.38%，耕地灌溉亩均用水量高于全国均值近 160 立方米，表明宁夏水资源利用率低下。

宁夏水资源短缺、供需矛盾突出、用水效率低成为制约区域水生态建设与高质量发展的主要因素。

二 局部水污染问题仍然突出

宁夏废水排放量呈波动减少态势，但总排放量年际时增时减、呈不稳定变化（见图 4-11），表明宁夏局部水环境问题仍然很严峻。具体表现在：黄河部分支流、湖泊、水库、城市水体、饮用水源地等水体水质有待进一步加强，黑臭水体治理成效有待进一步巩固，还存在流域水污染综合防治的协同机制不完善、水环境安全评估及风险预警机制不健全、水质数字化平台监管机制不成熟等问题。

影响水体质量的因素很多，按污染物的成因，可归纳为天然污染源和人为污染源两种。天然污染源包括降水的来源、水体所处的地理环境和自然条件、泥沙等。人为污染源主要来源于工业废水、城乡居民生活污水、医院废水，以及工业废渣和生活垃圾等点源污染，还有农业、林业、牧业等大量施用化肥、农药等形成的面污染源，等等。

（一）天然污染源

随着工业化和城镇化速度的加快，江河湖海等水体受到不同程度的污染，伴随蒸发—凝结作用、溶解—交换作用、下渗作用等，大气降水中污染物的种类及浓度不断增加，主要包括悬浮沉积物、氟利昂、硫化物、氮氧化物、细菌和有毒污染物等；加之在风力作用下，降水云团可移动的范围广，致使受污染的降水云团形成的降水直接污染当地地表水和地下水，并对下垫面的植物、建筑等产生破坏。

城市地表径流污染。自 20 世纪 60 年代中期，众多学者就发现城市地表径流是城市内河水体的主要污染源之一。魏职宾等[1]研究表明，道路硬化和机动车保有量的增加对降水径流污染产生重要影响，即降水径流流经不同的下垫面，裹挟大气与地表不同下垫面的各种污染物（如，道路上的有机物、悬浮颗粒、多环芳烃和重金属等污染物）直接排入受纳水体，致使降水中化学需氧量（COD）、总氮（TN）、总磷（TP）等污染物浓度大大超过国家地表水 V 类水质标准，使降水及降水径流污染成为水体污染源之一。宁夏多年平均年径流量为 9.493 亿立方米，可见宁夏的降水直接污染及径流污染是不容忽视的一项水体污染源。非交通性道路公交车站点密度和非交通性道路网密度的提高，有效抑制机动化出行，进而减少降水初期径流污染；合理的土地利用结构，能够有效抑制机动化出行，改善道路降水初期径流水质污染。

水体所处的地理环境和自然条件受到污染，成为水体天然污染源之一。（1）从地貌类型看，宁夏南部以流水侵蚀的黄土地貌为主，中部和北部以干旱剥蚀、风蚀地貌为主，地貌类型齐全。在自然状态下，由气候、地貌、基质和生物等的共同作用，形成不同的土壤类型。根据张秀珍等[2]的研究结果，宁夏境内的土壤类型包括黄绵土、普通黑垆土、侵蚀黑垆土、普通灰钙土、淡灰钙土、固定风沙土、流动风沙土、普通新积土、盐化灌淤土、石灰性灰褐土、山地灰褐土、龟裂碱土 12 种类型。降水、地表水、地下水等不同水体或埋藏或赋存或流经不同的地层或下垫面环境，在下渗—蒸发、水体与岩体的离子交换等作用下，对水体离子含量产生重要影响，即当水体流经含盐量高的地区，水体的离子浓度值增高，当水体流经受污染的地区，水体

---

① 魏职宾、何国羽、陈前虎：《不同土地利用格局对降雨径流污染影响研究》，《浙江科技学院学报》2014 年第 6 期。

② 张秀珍、刘秉儒、詹硕仁：《宁夏境内 12 种主要土壤类型分布区域与剖面特征》，《宁夏农林科技》2011 年第 9 期。

亦受到污染。如石嘴山第四水源地、吴忠市金积水源地与海子峡水库水源地因地质原因水体个别监测指标超标。（2）泥沙含量也是水体的一项天然污染源。根据水土流失动态监测结果，宁夏水土流失问题仍很严重，致使水体流经该地区携带大量的泥沙，增加黄河水体泥沙负荷。如若水土流失地区土壤受到污染，就会造成水体携带的污染物增加，并对下游地区的工农业生产和人民生活产生影响。（3）宁夏属典型的内陆干旱气候区，全年降水量小而蒸发量大，加之人为不合理地利用水资源，使得土壤盐渍化问题比较严重。当降水及地表水流经盐渍化区域，水体的盐度增加，进而对当地地下水和下游的水体造成污染。

（二）人为污染源

水体的污染以人为污染为主，而人为污染主要包括工业废水的排放、城镇生活污水的排放及农业面源污染等。宁夏工业废水污染主要集中于煤炭开采和洗选业、石油加工及炼焦和核燃料加工业、化学原料和化学制品制造业、食品制造业四个行业领域；农业污染物主要是化学需氧量，生活污染物以氨氮为主。因此宁夏要分行业、分重点开展水污染防治，打好碧水攻坚战。

宁夏产业结构的特点是倚能倚重，而且为了保障煤电的调峰作用，短期内不会有大的变化，加之环保设备不完善等情况，使得流域防治工业污染及生活用水污染面临的形势仍很严峻。加之冬春季节部分黄河支流断流无法补给沟渠，经过污水处理厂处理的水体排入受纳沟渠，致使沟渠水质变差，进而影响黄河水质。由于气候原因，湿地的自我调节净化能力在秋末至春初期间基本丧失，致使沟渠及人工湿地的水质基本与进水口水质一致，增加了政府及各行业的环保压力。

产生水污染的主要原因还包括：（1）对水污染的认识不足。部门个别决策失误或企业个体不合理利用资源或过度使用资源，导致水循环系统和生态系统平衡被打破，致使水体自净能力下降，对水体造成污染。（2）过度开发、过度放牧、乱砍滥伐等不合理利用自然资源，加之气候异常等自然因素，致使土壤盐渍化、水土流失、土地荒漠化等治理难度加大，增加了水体中的悬浮物总量，影响水体的自净与调节能力。（3）宁夏可利用水资源短缺，而人口增长速度较快且集聚效应增强，经济和社会各项事业迅速发展，致使水资源的供需矛盾尖锐。（4）生活垃圾、种养殖产生的废弃物、农作物秸秆等废物向河道、渠道等水体倾倒、堆放，是造成宁夏河道、排水沟等水体污染又一重要因素。（5）农药、化肥等农业面源污染，经下渗污染地下水，或经沟渠、河道污染受纳地表水。农田退水的回灌使得水体中富集氨氮、总磷等污染物，致使农业面源污染也成为水体污染防治的主要影响因素。

黄河两岸是沿黄九省区的政治中心、经济中心、文化中心，因此黄河流域的水生态安全问题成为区域高质量发展的重要制约因素，尤其水污染防治成为流域生态系统健康的主要影响因素。

三 水沙关系不协调

黄河流经黄土高原地区携带大量泥沙，水土流失面积达 40 多万平方千米，致使黄河中游黄土高原成为我国水土流失最严重的地区。2022 年，黄河干流唐乃亥站、兰州站、头道拐站、龙门站、潼关站、小浪底站、花园口站、高村站、艾山站、利津站 10 个水文站，年输沙量介于 0.075～2.030 亿吨，与 1987～2016 年均值比较，全部站点偏小 24.9%～59.3%，与 1959～2016 年均值比较，全部站点偏小 35.9%～79.9%[①]，表明黄河输沙量大、水沙关系不协调。宁夏清水河泉眼山、苦水河郭家桥、红柳河鸣沙洲、苏峪口、大武口、汝箕沟 6 个水文站年输沙量较多年平均分别减少 31%、91%、56%、64%、75%、99%，年平均含沙量分别为 116 千克/立方米、6.68 千克/立方米、87.5 千克/立方米、141 千克/立方米、74.9 千克/立方米、0.633 千克/立方米，表明宁夏水土流失仍很严重，水沙关系不协调。由于宁夏境内黄河水流湍急，加之黄河的来水量、来沙量、输沙量具有季节性变化规律，加重了流域河道综合治理难度。

① 水利部黄河水利委员会水文局等编制《黄河水资源公报（2022）》，黄河网、水利部黄河水利委员会网站，2023 年 9 月。

四 水生态保护修复与综合治理的体制机制不健全

近年来，沿黄九省区制定并修订了相关水资源保护、水环境改善、水生态修复与综合治理、水灾害防治等多项工作方案与实施办法，并针对中央环保督查"回头看"中关于"三水统筹治理"存在的问题进行了整改，使黄河流域水生态环境明显改善。但是，对于"三水统筹"综合治理的措施落实情况及完成情况、水污染总量与强度控制标准和排污许可证制度、用水权改革及水交易市场等管理监督的体制机制还不完善，达不到规范化、专业化、现代化、法治化标准，而且缺乏全流域上下游、干支流、左右岸相对适用的综合治理方案及监管标准。缺乏有效的法治保障体系，环境执法人员的能力有待提高，存在执法不规范行为，等等。

流域整体性保护制度不健全。黄河流域省际及宁夏境内各市域水资源保护与开发、水环境质量改善、水生态保护与修复"三水"缺乏整体性统筹，还存在一定的制度性缺陷。如，缺乏全流域水、岸线、生物等资源要素统筹管理的指标体系及标准，全流域污染物排放标准动态调整机制不健全，等等。

全流域生态补偿及生态损害赔偿制度不完善。黄河流域上中下游用水关系日趋紧张，用水矛盾日益突出，缺乏全流域横向生态补偿机制（或协议），包括省际与省内的水环境生态补偿资金拨付渠道及出资比例、水生态保护修复及水污染防治项目、水质考核办法及水生态指标的预期标准等。针对水生态环境损害事件的赔偿制度还不完善，损害程度及鉴定评估、主体责任、赔偿方式、生态修复指标完成情况等都亟待优化。

最严格的水资源管理制度落实不到位，城乡水务一体化管理还未实现。宁夏境内取水许可证制度不健全，落实不到位，取用水违规问题仍然存在。

宁夏境内现有水利基础设施建设不足及设备老化，工程性缺水问题仍很严峻。针对极端强降雨情况，城镇排水系统及防洪减灾工程基建设施薄弱，难以应对极端天气下的防洪减灾要求。农田灌溉设施不足及老化，以及排水工程欠缺，致使水土流失及土壤盐渍化问题严重。农业、工业、生活性节水设施缺乏，水资源利用效率较低，严重影响宁夏节水型社会建设。

水资源保护与开发、水环境质量改善、水生态保护修复的投融资体系还不健全。现阶段，相关水资源、水环境、水生态的投资主要来自国家专项投资，地方财政配套较少，缺乏社会资本的参与，多元化的投融资结构及体系还未形成。

第四节　黄河流域（宁夏段）水资源、水环境、水生态建设

《宁夏回族自治区水生态环境保护"十四五"规划》明确水环境质量和水生态修复目标为：至 2025 年，黄河干流出境断面水质稳定在 Ⅱ 类，20个地表水国考断面水质达到或好于 Ⅲ 类比例高于 80%（全国目标是 2025 年达到 85%），城市黑臭水体比例、地下水水质和城市集中式饮用水水源水质比例、农村生活污水治理率等指标完成国家下达指标任务。宁夏各级党委、政府全面贯彻落实党中央和自治区各项水资源保护、水污染治理、水生态建设决策部署，统筹考虑国家未来产业发展、能源双控和能源安全、"双碳"目标、水污染防治和监管技术、污水处理设施及节水设施普及、用水安全等因素，根据区情及水生态建设目标探讨宁夏"三水统筹治理"改善水生态环境的战略路径，落实好水生态环境保护政治责任，打好碧水攻坚战，守好改善生态环境生命线，持续推进黄河流域生态保护和高质量发展先行区、乡村全面振兴样板区、铸牢中华民族共同体意识示范区建设。

一　顶层设计是流域"三水统筹"综合治理的制度保障

全面建设社会主义现代化美丽新宁夏，必须加快推动黄河流域生态保护和高质量发展先行区建设，不断绘就生态优美新画卷，必须坚持生态优先、绿色发展道路，必须坚持以水定城、以水定地、以水定人、以水定产，纵深推进水资源保护与开发、水污染治理与水环境改善、水生态修复与综合治理，满足人民日益增长的用水需求及保障用水安全，改善城乡人居环境，增

强民众的获得感、幸福感、安全感。

由国务院、生态环境部、水利部、自然资源部等相关部门和地方人民政府及相关厅局制定黄河流域"三水统筹"协同治理和高质量发展的相关法律、法规、规章制度、协议等，以法治建设规范和约束政府、企业、个人行为。宁夏各级人民政府应联合财政、发改委、自然资源、生态环境、水利、交通运输、农业农村、住房和城乡建设、文化和旅游等部委厅局制定相关产业发展规划及生态保护红线等，明确国家、流域、省（市、区）地方政府、各市县及各部门不同层次流域水资源保护、水环境改善和水生态修复的职责、任务和目标。结合"碳达峰碳中和"战略，将宁夏"六特六新六优"产业发展与减污降碳结合起来，大力发展战略新材料、高端装备制造、智能终端等新兴产业项目，制定并不断修订先行区产业发展规划，从源头实现减污降碳扩绿增效目标。由国家及黄委会等相关机构负责流域整体性监察和管理监督工作，由各级地方人民政府及相关部门负责本省区流域水质监测和监察工作，并将结果上报国家相关部委，各市县及各湖泊、水库、湿地、排水沟等都安排专人负责，具体落实流域水资源保护、水环境改善和水生态修复的责任和目标，全面落实"一河（湖、库、沟）一策"，确保各项措施落到实处。

（一）划定体现流域整体性的生态保护红线

牢固树立"一盘棋"思想，依据上下游、干支流、左右岸水循环特征，遵循自然规律，并结合沿黄九省区自然资源禀赋、经济发展条件等实际情况，在优化开发区、重点开发区、限制开发区、禁止开发区面积不变的情况下可适当调整生态保护红线范围，使黄河流域生态环境保护和高质量发展成为整体性、综合性、系统性、协同性、一体化工程。根据流域水环境整体性、综合性防治原则，利用水资源承载力模型及用水定额标准，合理规划人口、城市和产业发展，划定并调整九省区水资源开发利用红线、用水效率红线、水功能区限制纳污红线"三条红线"控制目标，推进水资源节约集约利用。结合宁夏区情，合理利用自然保护区、饮用水源地保护区、水土保持和水源涵养重要区等功能区，依托自然环境的自我恢复，结合人类社会的积极修复和保护，切实保护流域生态环境，推动宁夏黄河流域生态保护和高质量发展先行区建设。

（二）合理制定土地利用规划，预留生态空间，增加生态用水量

随着人们对优美生态环境的需求日益提高，全国各地都增加了大量生态用地并加大了生态用水量，以期改善区域环境，尤其城市小生境改善更明显。因此，沿黄九省区应在土地利用规划中预留更多生态用地，严格落实空间规划，增加绿地面积，并积极实施河湖沟渠的联防联治和建立人工湿地，紧抓生态扩容，保障生态用水，构建水生态廊道及生态空间管控体系，实现黄河流域生态保护与高质量发展双赢。从前文所述宁夏水资源开发利用的数据资料可以看出，宁夏生态用水量近年来呈增长态势，生态空间较过去更加充足，是值得继续保持的重要生态成果。实地调研发现，银川市城区及其他建成区预留的生态用地不足，跟不上建成区规划发展要求，城区现有树种及花草种植并不能最大化实现其生态价值，有些高大阔叶的乔木并不适合在干旱半干旱的宁夏地区大面积栽种，高大灌木遮挡道路指示灯引发的交通事故时有发生，已建成的居民楼顶层或阳台等地并不能实现增植扩绿的要求，新建设的绿色建筑也未完全实现其价值，诸如此类的增植扩绿需求，可以通过先进技术和设施的逐步升级改造，最大化、最优化实现空闲空间的绿色价值。

（三）制定并修订"三水统筹"综合治理实施方案

沿黄九省区及各市县应制定并修订短期及中长期水生态综合治理、水污染防治、黑臭水体防治、饮用水水源地保护等工作方案或实施办法，尤其加强重点入黄排水沟综合整治、城市黑臭水体综合治理、小流域综合治理等。宁夏各市县要以工业及生活污水防治为重点，以饮用水源地保护为核心，以科技、人才、排污设备投入为主要手段，以各水体水质改善和水功能区质量达标为阶段目标，深入推进黄河流域水资源保护、水污染治理、水生态修复。不断完善全流域山水林田湖草沙统筹治理机制，加强水资源、水环境、水生态"三水"协同机制建设。

（四）完善水生态环境经济政策

不断完善水生态环境资金投入机制，确保与宁夏水污染防治攻坚任务和水生态建设目标相匹配的投融资机制。加快推进省、市、县、乡镇水生态环境领域财政事权和支出责任划分改革，加强财政转移支付分配与水生态环境质量改善有效衔接，鼓励社会资本多元参与到水生态建设各领域。

（五）贯彻落实最严格的水资源管理制度

严格落实用水总量、用水效率、水功能区纳污控制"三条红线"管理，合理估算区域水资源承载力并加强用水定额动态管理，加强区域内不同水源样本水体的监测和全流域协同管理等，保障宁夏境内生产、生活、生态水量供给充足和水质安全。持续开展取用水管理专项整治行动，全面排查违规取水问题，按规定安装取水计量设施，建立取用水数字台账；加强取水许可审批监管与水行政执法的衔接，加强水行政执法与检察公益诉讼协作，开展问题专项集中整治。建立健全水资源保护与开发、水资源高效利用、水环境综合治理、水质监测、水生态保护修复与综合治理等"三水统筹"管理的长效机制，着力提升宁夏水资源管理能力和水平，推动黄河流域取用水秩序持续好转。加强水交易市场监管，深化水权改革新举措，并依托水利工程措施，合理配置有限的水资源。

（六）制定统一的衡量标准及技术体系

建立健全全流域水污染总量（强度）控制标准和排污许可证制度，完善水资源开发利用与保护长效投入机制、科学决策机制、政绩考核机制、责任追究机制，落实党政同责、一岗双责，在领导干部经济责任审计中实行领导干部生态环境损害责任终身追究制度。

实施统一的采样、检测程序，统一衡量标准，使监测数据更具真实性和可比性。分季度集中采集沿黄断面水体及地下水等各水体样本，九省区可在本省区权威实验室分析样本水体水质（不同季度或年际采集的样品应尽可能选择同一实验室检测），并在全国定点实验室进行所有样本的水平样测定，对比分析实验数据的真实性和可靠性，选择更准确的数据作为政府权威数据公开。

构建水资源、水环境、水生态相关技术体系，推动科技成果转化应用。在国家各水体排污标准下，制定污水处理地方标准。对标地表水水质排放标准，修订污水处理厂水质排放标准，增强排放水体及受纳水体之间水质的可比性。不断推动技术规范、行业技术标准统一，为全国生态环境治理体系和治理能力现代化建设提供宁夏经验、宁夏标准、宁夏模式。

（七）建立健全全流域生态保护补偿和损害赔偿机制

流域生态补偿既包括上中下游生态环境效益补偿（如九省区或宁夏沿黄各市县优先保护生态环境使经济发展受到影响给予的补偿等），也包括上中下游各区域间调水补偿（如水权转换等）；既有流域内水电开发产生的生态补偿，也有退田还湖（退耕还林还草）所带来的补偿。因此，构建上下游、干支流、左右岸适用的流域生态补偿机制，以市场补偿为主、行政补偿为辅，通过水权转让、排污权交易等手段进行市场型交易补偿，加之政府环保补偿，获得生态系统补偿资金，更好推进流域各省区环境保护与高质量发展。

建立并完善黄河流域上中下游省际纵向生态补偿机制、宁夏段干支流及重点入黄排水沟上下游横向生态补偿机制，明确补偿方案、补偿范围、补偿金额及水生态建设项目、预期达到的生态目标等。根据流域上下游地区水资源利用量配置变化情况及水生态指标达标情况，动态调整水生态补偿方式及区域环保投入分担比例。建立健全生态环境损害赔偿制度，加强执法监管，严厉打击各类水资源、水环境、水生态违法行为，共同改善河湖沟渠水质，使其达到或优于国家标准。

提高天然林保护、"三北"防护林建设、水土流失治理、退耕还林还草、退牧还草、封山禁牧等生态建设工程的投资标准，调整生态林、退耕还林还草还湿等补助标准，以生态系统的完整性及保障国家安全为前提，逐步建立并完善跨区域的生态补偿及管理制度。

二 加强水污染防治和水环境质量改善

由于水体的特殊理化性质，水体污染防治和水环境质量改善成为当前亟待解决的重点和难点问题之一。宁夏要紧抓全国能源双控、"双碳"目标、山水林田湖草沙系统治理等战略机遇，通过重点行业专项整治行动，持续推进工业污染、农业面源水污染（尤其是农业退水）、黑臭水体、城乡生活源水污染综合治理以及再生水循环利用，形成具有宁夏特色的水污染综合治理模式。

（一）争取源头防控

1. 工业废水防治

持续推动化工、有色金属、印染、冶金等重点行业全流程清洁改造和综合整治，推动火电、石化、钢铁等高耗水行业减污降碳协同增效，关停取缔黄河沿岸小散乱污企业，推进产业园区改造升级，加强源头控制和过程控制、降低工业源污染物排放总量和强度，建立统一的污水处理中心及回水利用中心、提高再生水利用率，实现产业减量化、循环化、无害化排放，打造绿色园区。

实时监测、排查企业污染防治情况，达到环评标准的工业污水才能排放至受纳水体。达到排放标准的部分水体可经过湿地自然修复或二次处理，基本实现或优于地表水Ⅳ类再排入黄河。利用高新技术发展清洁能源产业与新兴绿色产业，积极构建沿黄经济带高质量发展的产业协同发展方案。

2. 农业面源水污染防治

加强水土流失及土壤盐渍化综合治理，做好种养殖业及生活污染物对水体污染的综合防治，严格控制农药、化肥等面源污染。排查农村面源污染源，分阶段取缔或升级改造渔业、养殖业等对农村水环境污染严重的产业，降低农村面源污染排放量，变废为宝实现养殖业废物资源化利用。加大对农田退水沟治理及监管，利用生物措施和工程措施，降低水体中氨氮、总磷、COD含量，再回灌农田，提高农业用水利用率。

3. 城乡生活源污水防治

持续推进城乡污水处理设施提标改造、管网互联互通、农村厕所革命、城乡黑臭水体综合整治与修复，提高城乡生活污水处理率，推进城市及县城污泥无害化处置，改善城乡人居环境。加大对农村和城镇污水处理的监控力度，科学分配中水用途，加大中水回用率，提高水资源综合利用率。

（二）全面推行"河长制""湖长制"

统筹河、湖、库、沟及地下水资源，建立健全水生态空间治理和管控标准，综合整治黄河支流、入黄排水沟、重点湖泊、城市黑臭水体，全面取缔企业直排口，落实"一河（湖、库、沟）一策"，进一步提高黄河流域水体水质，不断增强流域涵养水源、维护生物多样性、保持水土肥力、防风固沙、防洪防涝等水生态功能，保证水资源的可持续性、改善水环境质量、保障水生态系统稳定与健康。科学开展河流、湖泊、水库、城市水体、饮用水源地等水体分类保护，保障宁夏供水安全。

持续推行"河（湖、库、沟）长制+警长+督察长"，实施查、测、溯、治、管工作方法，加强黄河支流、重点湖泊和水库、入黄排水沟等排污口水质排查（巡检）和规范化监管。推进城市饮用水水源地全面保护和"千吨万人"农村水源地保护，保障城乡生活用水安全。

（三）发挥湿地减污优势

充分利用天然湿地、人工湿地、滩涂等湿地降解污染、净化入黄排水沟水体水质、涵养水源、防止土壤侵蚀、调节丰枯用水等功能，发挥自然生态排污作用，改善流域小环境。近年来，宁夏加快人工湿地工程建设，合理利用洪水、灌溉退水、达到排放标准的工农业废水等水体，发挥湿地自净能力，使流域河湖及排水沟各水体水质在夏秋季节明显改善。由于气候等自然因素宁夏湿地资源在冬春季基本丧失其功能，因此，通过先进技术改造升级工程设施或引进耐寒植物等生物措施，解决枯水期入黄排水沟水质问题，是摆在当地政府及环保部门面前亟待解决的难点问题。

三　保障水生态安全

清理河道，包括实时清理河湖沟渠内的植物根系、落叶、塑料袋、动物等漂浮物和泥沙，减少大颗粒污染物对黄河的污染，实施全河道监管。加强黄河宁夏段干流及支流水岸同治，保护和修复滨水岸线要综合考虑历史原因、现实可行性、景观效果、防洪标准等因素，并建立健全全流域岸线达标和水体水质标准，加强监管，保障黄河水岸安全。

建立量质并重、集约节约、安全高效的供排水体系，保障供水安全；加强清洁水源与管网互联互通，保障用水安全。加强城镇供排水管网、雨水排水系统、山前地带、河滨地带等水利设施提标改造，提高区域蓄泄调控能力，保障防洪防涝安全。加强污水处理设施升级改造及提升污水排放与地表水水质标准衔接；加强清洁小流域与河、湖、湿地等生态系统的保护与修复，使生态系统更加稳定、健康。提升防汛排涝监管与水生态突发事件应急管理能力，提高城乡智慧水务一体化管理水平，依托大数据平台提高供排水监管以及水环境综合调度能力，逐步实现宁夏水生态环境综合治理目标。

四　跨区域协同治理

黄河流经九省区，有明显的地域差异和资源禀赋差异，因此赋予上下游各省区协同治理的环保目标和任务亦有所不同。黄河上游各省区应更注重生态环境的保护与修复，以水源涵养为重要目标，适当进行资源开发利用，合理发展绿色产业、清洁产业、高新技术产业等，在保障当地及中下游地区乃至全国生态安全前提下，尽可能发展当地经济，确保提高人民生活质量和满足人们对优美生态环境的需求。黄河流经黄土高原区致使中游水土流失严重，加之工业污染，因此中游各省区应更注重水土保持和污染防治，以自然恢复为主，结合工程措施、生物措施等人为手段，协调人—水—沙关系，提高水体自净能力及水生物涵养能力，改善沿河水生态环境；积极发展生态农业、绿色工业、高端服务业，提升黄河流域绿色产品和绿色服务的供给水平，实现流域高质量发展。由于黄河挟带大量泥沙，下游成为"地上悬河"，因此下游省区应做好生态保护和产业发展，有效维护生物多样性，促进河流生态系统健康；三角洲地区是我国人口较密集、工农业发展聚集地区，因此要在资源承载力允许范围内合理布局产业、优化产业结构，实现下游地区的生态效益、经济效益和社会效益。

实现黄河上中下游各省区跨区域协同治理，打破地方保护主义，建立跨行政区划的水污染治理项目和重大生态保护工程，如黄河护岸林建设、河道清淤工程、全流域污染防治等。水利部黄河水利委员会统筹调度沿黄各省区生产、生活和生态用水，检测、管理、保障流域内河流湖库等水资源的合理开发和保护，防治自然灾害等，九省区应依托黄委会配水方案，合理、高效利用有限的水资源，在其监督管理下，完成相关环保目标和任务，协同推进全流域水生态系统安全。各省区生态环境厅、自然资源厅、水利厅等行政主管部门分工协作，协同治理流域水环境问题，改善流域水生态环境。

坚持山水林田湖草沙综合治理、系统治理，合理高效利用沿黄地区林草、湖泊、湿地等生态系统功能，改善流域生态环境。坚持全民共治，积极引导社会组织与政府共同治理黄河。协调推进南水北调工程，加快推进水利枢纽工程建设和修护改造，积极争取更多的客水支持，推进跨流域水生态环境综合治理。

五　推进节水型社会建设

随着工业化、城镇化建设步伐的加快，人们对用水安全、水生态系统安全、水资源高效节约利用更加关注，节水型社会建设成为新风尚。《国家节水行动方案》提出"总量强度双控""农业节水增效""工业节水减排""城镇节水降损""重点地区节水开源""科技创新引领"六大重点行动，为宁夏节水型社会建设提供行动指南。加大水环境治理和节水型社会建设的宣传，增强人们保护生态环境的意识，积极倡导"节流优先、保护每一滴水"思想，形成全社会共同参与的良好风尚。

（一）合理配置、高效利用水资源

严格落实水资源管理制度和取用水许可制度，统一规划、合理开发、高效利用、优化配置有限的水资源。依托水利设施化解宁夏水资源时空分布不均问题，合理配置不同水源、水质的水资源，统筹水量、水质和水生态，保障水资源供给和用水安全。依托先进技术和设备，坚持开源与节流并重，设施建设和水资源监管并举，高效配置再生水用途，开展雨污水源头治理与管网工程建设，提高水资源保障能力。科学计算宁夏各市区及区域水资源承载力，坚决落实以水定城、以水定地、以水定人、以水定产原则，精打细算用好水资源，高质高效实现水资源的可持续利用。

（二）节水型社会建设

1. 工业节水

优化产业结构，持续推进节水型绿色园区建设和监管；加大再生水利用率；推广工业节水技术，提高企业水循环利用率；通过水权交易、排污权交易等将水资源向节水型、低耗水、低排污行业流转，提高水资源的利用效益，推动工业节水减排。

2. 农业节水

调整农业种植结构及面积，持续推进高标准农田建设，大力实施农业节水技术及高效输配水工程，健全农业、林草地、绿地等用水限额标准，严格落实灌溉用水计量收费和阶梯水价制度，提高灌溉水利用率，推动农业节水增效。

3. 城乡生活节水

加大城乡供水管网提标改造，人畜节水器具推广使用；加大家庭生活水回用工程建设；继续实行阶梯式水价；强化计划用水和定额管理；加大节水型企业、单位、学校和社区建设；等等。

六　加强生态法治建设

制定并不断修订黄河流域水资源保护、水资源节约高效利用、水环境综合防治、水生态修复与建设、生态环境保护责任等相关法律、法规、条例、办法，九省区签署具有法律效力的协议，明确九省区水生态环境保护和高质量发展的责任和目标。通过武装思想、积极行动不断提升黄河流域"三水统筹"治理和高质量发展的制度化、规范化、法治化水平，加强政府内部运行机制建设，积极构建生态法治体系。

加强环境执法监管及处置能力。重点是加大环境治理执法落实力度，实行专人负责制，增强其实施效力。加强环境监测与监督管理，并将监测数据通过公众平台向社会发布，接受社会组织和公民的监督，并积极响应公众合理诉求，做到有案必查、执法必严、违法必究，对使环境遭受严重威胁的各类违法行为进行严厉处罚，惩治应及时、公开、公正，坚决维护公众合法权益不受侵犯。以生态法治建设，保障宁夏水生态系统稳定与健康，水环境稳中向好。

七　构建公平公开的监管机制

利用互联网、大数据、物联网、人工智能等高新技术和平台，扩大水环境监测范围，加强环保监测分析力度，尽可能使用统一标准下的监测数据，将信息共享于政府权威公共平台，建立流域整体性水资源、水环境、水生态智慧监管体系和数字化平台（如"智慧黄河""数字黄河"等），实现九省区信息共享和动态管理。开展预警监管和联防联控机制，形成全流域、全要素的监管机制，切实保护流域自然资源和恢复流域生态系统健康。接受公众监督，实时公布举报的生态违规案件及处理结果，建立水资源保护、水环境质量改善、水生态修复和综合治理的问题清单和任务清单，构建信息化、动态化管理系统。建立健全水资源、水环境、水生态风险监管体系，防范流域水环境风险及重大生态环境风险，提高全流域水生态风险防控能力，并设置预警预案，减少损失，为民众营造良好的安全环境。

水是生存之本、生产之要、生态之基、文明之源。宁夏始终坚持生态优先、绿色发展之路，实施水资源、水环境、水生态"三水统筹"综合治理，合理配置有限的水资源用于工业、农业、生态用水，构建人水和谐的城乡人居环境；依托黄河及其支流、湖泊及水库、排水沟等水体专项治理，加快水利等基础设施建设，不断增强水环境综合治理能力和水平，打赢碧水攻坚战；加快水生态保护与修复，构建优美和谐生态空间，为社会主义现代化美丽新宁夏建设提供良好的水生态保障。

第五章

宁夏农田生态系统建设

农田是重要的农业生产基础，农田生态系统是受人工管理的自然资源且满足人类需求的自然—人工复合生态系统。农田生态系统不仅为人类提供农产品，而且为人类提供生态系统服务功能，是山水林田湖草沙生态系统建设中不可分割的重要组成。

第一节　宁夏耕地资源现状

一　宁夏土地资源现状

根据《宁夏统计年鉴（2023）》《宁夏统计年鉴（2021）》[①]，2022年，宁夏耕地面积约1805.85万亩（人均耕地2.48亩，高于全国人均耕地面积近1.1亩），较2021年增加了4.35万亩，较2018年减少了149.29万亩；园地面积136.32万亩，较2018年增加了64.14万亩；林地面积1473.29万亩，较2018年增加了323.63万亩；牧草地面积2985.38万亩，较2018年减少了135.12万亩；城镇村及工矿用地面积

---

① 宁夏回族自治区统计局、国家统计局宁夏调查总队：《宁夏统计年鉴（2023）》，中国统计出版社，2024；宁夏回族自治区统计局、国家统计局宁夏调查总队：《宁夏统计年鉴（2021）》，中国统计出版社，2022。

453.80 万亩、较 2018 年增加了 39.70 万亩，交通运输用地面积 148.29
万亩、较 2018 年增加了 23.89 万亩，水域及水利设施用地面积 255.69
万亩、较 2018 年减少了 5.96 万亩。宁夏耕地资源丰富，又因黄河灌溉
之利，加之光热条件较好，使宁夏平原成为我国重要的米粮仓；宁夏牧
草地资源丰富，为畜牧养殖提供优质牧草，成为全国重要的牛羊肉及蛋
奶供应地。

二 宁夏耕地资源现状

因建设占用、灾毁、生态退耕、农业结构调整等原因宁夏耕地面积有所
减少，又因土地整治、农业结构调整等原因宁夏耕地面积略有增加，1950~
2020 年宁夏耕地面积呈波动变化趋势（见图 5-1）。根据《宁夏统计年鉴
（2023）》[1]，2022 年，宁夏耕地面积约 1805.85 万亩，从行政区划来看，耕
地面积最多的是固原市、面积 494.19 万亩（占宁夏耕地总面积的
27.38%）；吴忠市和中卫市耕地面积相差不大，分别为 484.64 万亩（占宁
夏耕地总面积的 26.84%）、447.61 万亩（占宁夏耕地总面积的 24.77%）；
位于第四位的是银川市，耕地面积 211.70 万亩（占宁夏耕地总面积的
11.72%）；耕地面积最少的是石嘴山市，面积 167.71 万亩（占宁夏耕地总
面积的 9.29%）。宁夏耕地以旱作耕地为主，面积 1574.66 万亩（占耕地总
面积的 87.20%），其中水浇地面积 588.92 万亩，旱地 985.74 万亩；水田
231.19 万亩，占耕地总面积的 12.80%。2012~2022 年连续十年宁夏实有耕
地数高于全国下达的保护任务[2]。

根据《宁夏统计年鉴（2022）》，2020 年底，宁夏农作物总播种面积
1761 万亩，其中粮食作物播种面积 1018.5 万亩。根据《宁夏回族自治区

---

[1] 宁夏回族自治区统计局、国家统计局宁夏调查总队：《宁夏统计年鉴（2023）》，中国统计
出版社，2024。

[2] 宁夏回族自治区统计局、国家统计局宁夏调查总队：《宁夏统计年鉴（2023）》，中国统计
出版社，2024；《（人民日报文创）宁夏："非凡十年"·宁夏自然资源耕地保护篇》，宁夏
回族自治区自然资源厅，2023 年 3 月 8 日。

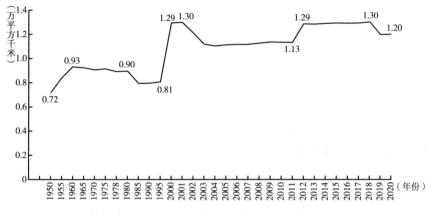

图 5-1　1950~2020 年宁夏耕地面积变化趋势

2022 年国民经济和社会发展统计公报》，至 2022 年底，宁夏全年粮食作物播种面积约 1038.44 万亩，较 2021 年增加 4.51 万亩，较 2020 年增加 19.94 万亩。其中，小麦播种面积 122.03 万亩（占全年粮食作物播种面积的 11.75%）、较 2021 年增加 21.47 万亩，水稻播种面积 44.06 万亩（占比 4.24%）、较 2021 年减少 32.19 万亩，玉米播种面积 548.39 万亩（占比 52.81%）、较 2021 年减少 2.74 万亩，马铃薯播种面积 121.01 万亩（占比 11.65%）、较 2021 年减少 28.96 万亩。油料播种面积 39.98 万亩，较 2021 年减少 0.90 万亩。蔬菜播种面积 194.10 万亩，较 2021 年减少 3.59 万亩。瓜果播种面积 78.26 万亩，较 2021 年减少 6.10 万亩。园林水果面积 156.24 万亩，较 2021 年增加 0.18 万亩。可见，宁夏充分利用现有耕地，种植的农作物种类不断丰富，种植结构逐年优化，为民众提供多样、安全的粮食供给。

三　宁夏主要农作物产量和产值

根据《宁夏统计年鉴（2022）》[①]，2020 年底，宁夏全年粮食总产量

[①]　宁夏回族自治区统计局、国家统计局宁夏调查总队：《宁夏统计年鉴（2022）》，中国统计出版社，2023。

380.49 万吨（较上年增长 1.97%），其中小麦产量 27.79 万吨（较上年减少 19.73%），水稻产量 49.39 万吨（较上年减少 10.34%），玉米产量 249.07 万吨（较上年增长 8.07%），大豆产量 0.39 万吨（较上年减少 37.36%），马铃薯产量 41.54 万吨（较上年增长 5.34%）；全年蔬菜产量 566.35 万吨（较上年增长 0.08%），油料产量 6.65 万吨（较上年减少 13.12%），瓜果产量 157.67 万吨（较上年减少 4.44%）。1990~2020 年，宁夏粮食总产量呈稳定增长态势，蔬菜产量增幅较大，油料产量呈先增后减再逐渐稳定态势，瓜果产量呈波动增长态势（参见图 5-2）。

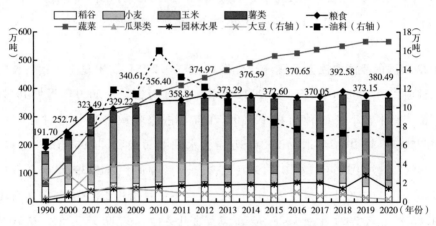

图 5-2　1990~2020 年宁夏主要农产品产量

根据《宁夏回族自治区 2022 年国民经济和社会发展统计公报》，至 2022 年底，宁夏全年粮食总产量 375.83 万吨，比 2021 年增产 7.39 万吨，较 2020 年减少 4.66 万吨，实现十九连丰。其中，夏粮产量 27.86 万吨，占全年粮食总产量的 7.41%；秋粮产量 347.97 万吨，占全年粮食总产量的 92.59%。从粮食作物种类来看，全年小麦产量 27.27 万吨，较 2021 年增加了 8.32 万吨，较 2020 年减少了 0.52 万吨；水稻产量 23.66 万吨，较 2021 年减少了 17.34 万吨，较 2020 年减少了 25.73 万吨；玉米产量 276.63 万吨，较 2021 年增加了 13.24 万吨，较 2020 年增加了 27.56 万吨；马铃薯产量（折粮）32.59 万吨，较 2021 年减少了 3.6 万吨，较 2020 年减少了 8.95

万吨；全年蔬菜产量 527.92 万吨，较 2021 年减少了 5.02 万吨，较 2020 年减少了 38.43 万吨；油料产量 4.54 万吨，较 2021 年减少了 0.27 万吨，较 2020 年减少了 2.11 万吨；瓜果产量 201.04 万吨，较 2021 年增长了 15.86 万吨，较 2020 年增长了 43.37 万吨；枸杞产量 8.63 万吨，较 2021 年增长了 0.4%。年产葡萄酒 1.38 亿瓶，居全国酒庄酒产量第一位，获批全球葡萄酒旅游目的地[①]。从主要农作物单位产量来看，粮食作物单产 361.92 千克/亩，低于全国粮食作物单产均值近 25 千克，较 2021 年增加了 1.56%，其中水稻单产 537 千克/亩、较 2021 年下降了 0.12%，小麦单产 223.47 千克/亩、较 2021 年增加了 18.59%，玉米单产 504.44 千克/亩、较 2021 年增加了 5.55%，马铃薯单产 269.32 千克/亩、较 2021 年增加了 11.61%；蔬菜单产 2719.84 千克/亩、较 2021 年增加了 0.87%，油料作物单产 113.56 千克/亩、较 2021 年降低了 3.49%；瓜果类农作物单产 2568.87 千克/亩、较 2021 年增加了 17.04%。2000~2022 年，粮食作物单位产量呈波动增长态势，最大值出现在 2020 年、单产约 373.47 千克/亩，最小值出现在 2000 年、单产约 208.80 千克/亩，二者相差近 1 倍；油料作物单产变化呈现两个拐点，由 2000 年的 59.40 千克/亩增至 2010 年的 140.67 千克/亩，继而下降，后波动上升，至 2018 年达到第二个峰值，即单产达 144.07 千克/亩，后持续下降；蔬菜单产自 2000 年以来持续增加，至 2017 年达到 3035.87 千克/亩，后缓慢减少；瓜果类农产品单产呈稳定增长态势，最小值出现在 2005 年、单产 997.07 千克/亩，最大值出现在 2022 年，达到 2568.87 千克/亩（见图 5-3）。可见，宁夏在耕地面积基本不变的情况下，通过提高农作物单产，增加农作物产量，有效保障粮食供给安全，成为我国重要的储备粮基地。

1980~2022 年，宁夏肉类总产量持续增长，2010~2022 年每年以滑动均值 2.86% 的增速增长，至 2022 年底宁夏肉类总产量达 36.77 万吨，较 2021 年增长 4.16%（见图 5-4）。其中，猪肉产量 9.03 万吨，较 2021 年下降

---

① 张雨浦：《宁夏回族自治区 2023 年政府工作报告》，宁夏回族自治区人民政府网站，2023 年 1 月 19 日。

0.77%；牛肉产量 12.47 万吨，较 2021 年增长 5.68%；羊肉产量 12.48 万吨，较 2021 年增长 8.52%；禽肉产量 2.55 万吨，较 2021 年下降 1.92%。2013~2022 年 10 年间宁夏禽蛋产量一直在均值 13.57 万吨上下波动，至 2022 年底宁夏禽蛋产量为 13.21 万吨，较 2021 年增长 2.40%。2010~2022 年，宁夏牛奶产量持续增长，12 年滑动平均增速约 12.40%，增速排前三位的年份是 2021 年、2014 年、2022 年（分别较上年增长 30.28%、30.24%、22.10%），绝大多数年份增速在均值以下，至 2022 年底宁夏牛奶产量达 342.50 万吨，是 2010 年的 3.9 倍，是 2000 年的 14.5 倍。2010~2022 年，宁夏水产品产量最大值出现在 2017 年（产量为 18.09 万吨），除 2018 年和 2019 年两年出现负增长外，其余年份都是正增长，至 2022 年宁夏水产品产量达 17.04 万吨，较 2021 年增长 2.65%。可见，宁夏城乡居民对肉、蛋、奶及水产品需求日益增多，生态产品需求结构逐年优化，对产品的营养价值需求增高，各族人民生活水平显著提高。

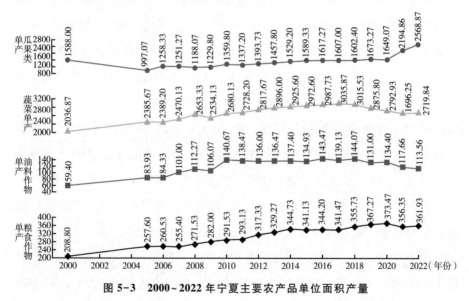

图 5-3　2000~2022 年宁夏主要农产品单位面积产量

资料来源：宁夏回族自治区统计局、国家统计局宁夏调查总队《宁夏统计年鉴（2023）》，中国统计出版社，2024。

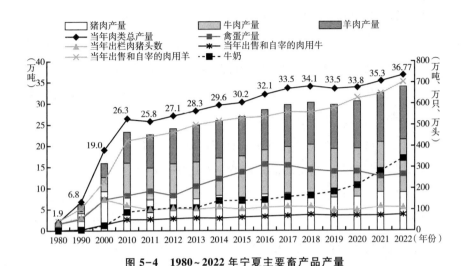

图 5-4　1980～2022 年宁夏主要畜产品产量

资料来源：宁夏回族自治区统计局、国家统计局宁夏调查总队《宁夏统计年鉴（2023）》，中国统计出版社，2024。

2022 年底，宁夏生猪存栏 74.26 万头，较 2021 年下降 13.15%；肉牛存栏 148.39 万头，较 2021 年增长 7.84%；奶牛存栏 83.69 万头，较 2021 年增长 19.22%；羊存栏 710.55 万只，较 2021 年增长 4.94%；活家禽存栏 1512.66 万只，较 2021 年增长 22.88%，稳中有增的畜禽存栏数量，为提高人民生活水平提供充足保障。根据图 5-4，2011～2022 年，宁夏出栏肉猪头数均值约 106.15 万头，12 年来呈波动变化趋势，有 5 年在均值之下、7 年在均值之上，2022 年全年生猪出栏 110.79 万头，高于均值，较 2021 年下降了 1.52%，可见宁夏对生猪的需求略有增长，增幅不大；1980 年宁夏出售和自宰的肉用牛仅有 0.5 万头，1990 年增长至 4.4 万头，2000 年增长至 28.2 万头，2010 年增长至 52.1 万头，2011～2022 年 12 年间当年出售和自宰的肉用牛头数均值约 66.50 万头，至 2022 年底肉牛出栏 76.14 万头，较 2021 年增长 5.31%，可见宁夏肉牛产业发展迅速，并成为享誉国内外的重要生态农产品之一；1980 年宁夏出售和自宰的肉用羊有 42.9 万头，1990 年较 1980 年增长了 61.8 万头，2000 年肉用羊出栏数是 1980 年的 5.5 倍、达 234 万头，至 2010 年又翻了近一番、达 425.1 万头，至 2022 年羊出栏

702.28 万只，较 2021 年增长 8.80%，可见宁夏一直以来以羊肉为主的饮食习惯使肉用羊数量一直保持高速增长，加之宁夏肉羊品质高及近年来冷链物流通道不断健全，吸引众多国内外消费群体购买，使宁夏滩羊产业保持高速发展，成为宁夏"品"字特产；2000~2022 年，宁夏出售和自宰的家禽呈波动下降趋势，至 2022 年活家禽出栏 1216.32 万只，较 2021 年下降0.68%，较 2011 年减少了 247.58 万只，较 2000 年减少了 643.18 万只，可见宁夏家禽供大于求，受市场需求调节正在趋于合理。

2022 年，宁夏农林牧渔业总产值 845.92 亿元，其中农业产值 455.59 亿元、林业产值 11.48 亿元、牧业产值 323.50 亿元、渔业产值 22.75 亿元、农林牧渔专业及辅助性活动产值 32.60 亿元。1950~2022 年，宁夏农林牧渔业总产值保持稳定增长，2022 年产值是 2010 年的 2.76 倍，是 2000 年的10.88 倍，是 1950 年的近 740 倍。宁夏农业种植结构不断优化、产品更加丰富、产量不断提升、产供销体系更加完善，尤其葡萄酒、枸杞、牛奶、肉牛、滩羊、冷凉蔬菜"六特"产业发展势头强劲，是提高当地人民生活水平的重要方式，也是保障全区粮食安全和国家安全的基础。

第二节　宁夏农田生态系统建设成效

宁夏农田分灌区和旱作区两部分。灌区开发有 2200 多年历史，至 2020年底，灌区规模 1037 万亩，其中灌溉耕地 808 万亩、园地 151 万亩、林地68 万亩、鱼塘 10 万亩；旱作区以水保梯田为主，自 20 世纪 50 年代人工改造坡耕地起，至今发展规模 994 万亩；划定永久基本农田 1400 万亩，粮食生产功能区 640 万亩（其中小麦 190 万亩、水稻 100 万亩、玉米 350 万亩）[①]。截至 2022 年底，宁夏已实施高标准农田建设项目 1387 个，已建成高标准农田 972 万亩，超过宁夏耕地面积的一半，较 2021 年同期增加了 96

---

① 《坚持保护利用建设并重　高质量建设宁夏农田生态系统》，宁夏回族自治区农业农村厅（内部资料），2022。

万亩，建成高效节水灌溉农业 523 万亩，较 2021 年同期增加了 36 万亩，农田灌溉水利用系数达到 0.57①②③。预计到 2027 年，将实现 1424 万亩永久基本农田高标准农田建设全覆盖。

　　自新中国成立至 1978 年，宁夏以保障和解决人民温饱为前提大面积开垦荒地，耕地面积由 1950 年的 1075.5 万亩增长到 1958 年的 1258 万亩（宁夏回族自治区于 1958 年成立），至 1978 年增长到 1336.5 万亩，耕地面积大幅增长④；但农田基础设施薄弱，农田建设主要依赖各族人民群众投工投劳兴修农田水利，人工开挖农田灌溉用沟、渠，以此保障农田灌溉用水；存在的主要问题是大水漫灌导致水资源浪费严重以及地下渗漏严重，进而引起水土流失、土壤盐渍化等环境问题。改革开放以来，国家及当地政府投入农田建设的资金、人力、水利设施、开发项目等逐渐增多，如 1989 年中央财政设立农业综合开发基金，2005 年中央财政设立小型农田水利专项资金，2009 年国家批复宁夏中北部土地开发整理重大项目、国家发改委启动实施新增千亿斤粮食产能项目，2011 年启动高标准农田建设。近年来，宁夏的耕地面积基本保持在 1800 万亩上下波动，2000 年耕地面积为 1939.5 万亩，2010 年耕地面积为 1702.5 万亩，2020 年耕地面积为 1801.5 万亩；粮食单位产量显著提升，2000 年粮食单产约 209 千克/亩，2010 年粮食单产约 292 千克/亩，2020 年粮食单产约 373 千克/亩。1989～2011 年，中央财政累计安排宁夏农田建设资金约 170 亿元，宁夏地方财政累计投入约 20 亿元，主要用于中低产田改造、农田水利建设、土地开发整治等，有力夯实宁夏农田基础设施⑤。2012～2020 年，中央财政累计安排宁夏高标准农田建设资金

① 张国凤：《宁夏：以项目推进高标准农田建设》，《农民日报》2023 年 3 月 16 日。
② 宁夏回族自治区农业农村厅：《突出重点　强化措施　加快建设国家农业绿色发展先行区》，宁夏回族自治区农业农村厅网站，2022 年 12 月 22 日。
③ 宁夏回族自治区水文水资源监测预警中心：《2022 年宁夏水资源公报》，宁夏回族自治区水利厅网站，2023 年 7 月 24 日。
④ 宁夏回族自治区统计局、国家统计局宁夏调查总队：《宁夏统计年鉴（2023）》，中国统计出版社，2024。
⑤ 《坚持保护利用建设并重　高质量建设宁夏农田生态系统》，宁夏回族自治区农业农村厅（内部资料），2022。

120亿元，宁夏地方财政累计投入约30亿元，为高标准农田建设、高效节水灌溉、盐碱地改良、耕地地力提升等奠定了坚实基础。

经过多年的保护、治理和建设，尤其是党的十八大以来国家全面启动高标准农田建设，宁夏回族自治区党委、政府及农业农村厅严格贯彻落实国家农田生态系统建设目标、任务、要求，积极开展高标准农田建设，耕地质量水平持续向好，农业机械化水平显著提高，粮食综合生产能力稳步提升，农业生产方式及资源利用方式绿色转型，节水、节电、节肥、节药效果明显，为宁夏农田生态系统建设奠定良好的基础条件，为宁夏乃至全国粮食安全生产和农产品质量安全作出宁夏贡献。

第三节　宁夏农田生态系统建设的路径选择

宁夏是全国重要的农产品供给区，必须抓好粮食和重要农产品生产，加快高标准农田建设，稳定粮食播种面积、提高粮食单产，牢牢守住保障国家粮食安全底线，推动宁夏农田生态系统建设，为黄河流域生态保护和高质量发展先行区建设提供基础保障。

一　健全耕地数量、质量、生态"三位一体"保护制度体系

确保国家粮食安全，根本在耕地，出路在科技，既要保证耕地种植面积和土壤安全，又要保证种子供应和种子质量安全。宁夏要不断健全耕地数量、质量、生态"三位一体"保护制度体系，确保耕地数量与质量安全、粮食生产安全、粮食供销安全以及农田生态系统健康稳定。大力发展绿色农业、设施农业、高科技农业及沙产业，不断提升粮食单产和品质，确保粮食生产安全和供销安全。推进黄河流域高效节水灌溉农业建设，节水的同时提升粮食产量和品质。

立足宁夏资源禀赋，加快葡萄酒、枸杞、牛奶、肉牛、滩羊、冷凉蔬菜"六特"产业发展。积极打造特色产业品牌及粮食安全品牌，发挥辐射联动效应，建立"好粮油"示范县、示范企业、"好粮油"品牌、粮食产业综合

体，不断提升"原字号""老字号""宁字号"农产品品牌溢价能力，打造"稻渔空间"等田园综合体，使粮食安全深入人心。

坚决贯彻落实最严格的耕地保护制度和耕地用途管制相关措施，严守耕地红线，落实三条控制线，压实耕地保护责任，多措并举落实重大项目耕地占补平衡，确保拥有可持续利用、可稳定使用的耕地，以稳定的耕地数量确保粮食产量稳中有增、质量稳步提升，形成良性循环、健康安全的农田生态系统，协同推进山水林田湖草沙系统治理。

全面落实粮食安全党政同责，严格粮食安全责任制考核，做好"菜篮子"市长负责制工作，逐步健全责任清晰、治理有效、监管到位、奖惩分明的"田长制+"体制，全面提升耕地保护水平。积极构建耕地数量、质量、生态"三位一体"的保护评价机制，通过第三方机构，对监测的耕地面积、质量和生态功能进行全面评价，将评价结果应用到实践中，为制定或调整耕地保护政策提供依据。

二 加快高标准农田建设

宁夏回族自治区政府及农业农村厅、水利厅、自然资源厅等部门协同发力，统筹推进田、土、水、路、林、电、技、管等措施，采取平整土地、改良土壤、配套灌溉和排水管网、整修田间道路、栽植农田林网与保持生态环境、完善农田输配电等措施，通过增施有机肥、种植绿肥、测土配方施肥、秸秆还田、套种轮作、休耕、耕地深松、高垄种植等方式，采取"工程+工艺+化学+生物"盐碱地综合治理模式，不断加大中低产田改造、盐碱地和梯田改良，持续提升耕地质量，增加粮食产能，大力推进高标准农田建设，打造田园综合体，构建山水林田湖草沙和谐共生的动态平衡系统。

加快种养结合生态循环农业生产基地和水生生物资源养护基地建设，形成水肥互补的生态循环农业模式，提升农田可持续发展能力。

农业节水是一个复杂的系统工程，包括农艺、工程、管理、机制等措施。宁夏开展农业节水建设，除压减水稻等高耗水作物种植面积的措施外，还依托工程措施发展高效节水灌溉。宁夏地形地貌类型多、耕地环境复杂，高效节水方式主要有管灌、微灌、喷灌三类，主要形式是微灌中的地表滴灌和地下滴灌，苜蓿、露地蔬菜可采用喷灌，不断提高农田灌溉水利用系数，实现省水、省肥、省工、增产、增收、减少病虫害的农田生态系统建设目标。

提高投资补助水平。2020 年，中央及自治区财政亩均补助标准为高标准农田 1250 元、高效节水灌溉 1450 元①。综合考虑建设成本、物价波动、政府投入能力和多元筹资渠道等因素，高标准农田建设亩均投资将逐步达到 3000 元。

三 加强农业面源污染治理，推动农业绿色发展

坚持生态优先、绿色发展原则，通过实施农药化肥减量增效行动，推广测土配方施肥与化肥减量增效技术、统防统治及绿色防控技术，秸秆全产业链高值化利用，农业生产废弃物资源化利用等措施，强化农业生产方式转变，宁夏境内化肥和农药利用率以及农作物秸秆、畜禽粪污、农用残膜综合利用率持续提升，推动农业绿色发展，筑牢绿色发展之基。

四 探索粮食产销区省际横向利益补偿机制

纵向补偿主要是中央财政对主产区的转移支付，主要包括对主产区倾斜的中央财政转移支付，加大对主产区项目的投资，加大奖补力度，提高主产区的经济增长潜力，等等。

建立健全省际横向补偿机制，主要是主销区对主产区的补偿，要明确补偿方式、补偿标准、补偿范围等。探索建立粮食产销区利益联结机制，引导主销区企业参与主产区粮食生产基地、仓储设施、深加工等建设，形成产销合作，共同保障粮食安全。2022 年全国 13 个粮食主产区粮食产量占全国粮食总产量的 78% 以上，为保障国家粮食安全做出了重大贡献。作为粮食主

---

① 宁夏回族自治区农业农村厅农田建设管理处：《我区严要求开展高标准农田建设》，宁夏回族自治区农业农村厅网站，2020 年 3 月 6 日。

产区的省区，经济发展相对薄弱、工业化和城镇化水平低、人均收入水平低，承担保障国家粮食安全的重任，每年投入大量的财政用以保护耕地数量及质量、维护农田生态系统健康稳定，这就会损失一部分利益，长久发展，影响农田生态系统的可持续发展。作为粮食主销区的省区，在经济高速发展的同时还可获得充足的粮食，是直接受益者。因此，建立健全产销区省际横向补偿机制，有利于缩小产销区经济发展差距，平衡利益双方，进而实现全体人民共同富裕。

五 加快农业科技创新平台建设

依托科技创新，选育良种，加快推进种业振兴行动。推进良种良法、科学施肥施药、智慧灌溉系统、病虫害综合防治等农业科技应用，提高农田综合生产能力。大力发展现代种植业，推进农机化转型升级，推广先进适用技术，助力农业发展。

加快农业科技创新平台建设。开展农业绿色低碳技术、农田防灾抗灾减灾、节能增效技术攻关，强化农业科技成果转化及集成应用。实施"互联网+现代农业"行动，推广集农业遥感、精准控制、远程诊断等功能于一体的智能精准农业生产系统，建设农业物联网、农业监测预警云平台、5G未来智慧牧场，实现生产全过程信息化、数字化监管。

加快农业大数据中心建设。清查全区农业种质资源、高标准农田建设、梯田及盐碱地改良等情况，严格监管耕地和种子两方面，扎实推进"藏粮于地，藏粮于技"，持续提升粮食综合生产能力和供给保障能力。加强高标准农田及农产品质量安全监管，明确管护主体和责任，健全管护制度，落实管护资金，确保农田数量不减少、质量不降低、生态可持续；推行"合格证+检贴联动"智慧监管模式，培育绿色优质农产品，实施绿色食品认证，保障宁夏绿色农产品安全供给。

发挥行业协会作用。地方政府积极推动农业产业及高标准农田相关技术标准的制定，围绕"六特"产业发展规划及农田生态系统建设，行业协会连同实体企业主持或参与制定及修订国家标准、行业标准，助力行业科学、规范、有序发展。

建立产学研用深度融合的技术创新机制。与区内或国内科研院所培育共建一批国家级、自治区级、市县级重点实验室或试验基地或技术创新研究中心，打造一批国内国际一流的研发机构，建设一批国家级及省市级创新平台。推进科技中介机构及微商等平台提升服务能力和水平，支持建设一批企业技术创新联盟和公共技术服务平台，加大资源开发和数据共享力度，推动农田生态系统高标准建设和监管。

第六章

宁夏沙漠生态系统建设

2020 年 8 月，中央政治局会议提出统筹推进山水林田湖草沙综合治理、系统治理、源头治理。"沙"这一元素成为宁夏构筑西部生态安全屏障、共圆伟大中国梦的重要影响因素之一。宁夏第十三次党代会明确提出统筹推进山水林田湖草沙综合治理、系统治理、源头治理，打造宁夏绿色生态宝地，为宁夏沙漠生态系统建设指明了方向。

宁夏是全国风沙较严重省区之一，沙漠生态系统建设是全面建设社会主义现代化美丽新宁夏的主要内容之一。要"顺应自然、尊重规律，既防沙之害、又用沙之利，在防沙治沙的同时发挥沙漠的生态功能、经济功能"①，基本了解宁夏荒漠化和沙化底数，以全国防沙治沙综合示范区和灵武、盐池、同心、沙坡头四个示范县（区）建设为抓手，持续实施林草生态修复、人工造林、封沙育林、特色经济林和经果林建设、水土流失治理等综合措施，推进荒漠化、沙化防治，为宁夏开展沙漠生态系统保护与开发建设提供理论支撑，为推进黄河流域生态保护与高质量发展写好生态建设篇章。充分利用沙区特色优势资源布局沙产业，突出各区域优势避免同质化发展，实现经济、社会、生态的绿色低碳发展、可持续发展、高质量发展。

---

① 滑志敏：《建设生态文明必须涵养生态思维、培育生态文化》，《光明日报》2020 年 7 月 6 日。

第一节 宁夏沙漠生态系统建设的经验启示

宁夏历届党委、政府深入贯彻防沙、治沙、用沙并重理念，有效遏制土地荒漠化及沙化趋势，实现"人进沙退"改善生态环境的奇迹，并合理布局沙产业，助推地区经济社会高质量发展。

一 沙漠资源的禀赋特征

沙漠因其自身的特殊属性和所处的地理环境，对人类生存具有一定的威胁，同时它也是不可或缺的财富。首先，沙漠地区干旱少雨，动植物种类稀少，生存条件恶劣，生态系统稳定性差，一旦破坏恢复难度大、周期长。沙尘暴肆虐不仅吞没农田、村庄，埋没铁路、公路等交通设施，对人类生存及生命安全产生威胁，甚至古城镇的消失都与沙漠有关。因此，防沙治沙成为沙漠地区生态环境治理的重要任务。其次，沙漠地区气候干燥，水分蒸发有助于重要矿物质的形成和富集（如石油、铁、磷等），还形成众多人类社会的历史文物和古生物化石等，是人类重要的能源资源库；铁、磷等矿物质是以藻类植物为生的海洋生物的重要营养元素，也是陆地生物所需的重要物质来源；特有的沙漠地质遗迹资源，是人类的财富，也是重要的科普教育基地；沙漠与森林一样，是陆地中重要的碳汇和碳源。因此，保留一定的沙漠面积，尤其是地质历史时期的沙漠，也是沙漠生态系统建设的一部分内容。

二 防沙治沙成效与经验启示

宁夏依托不同的地域特色形成不同的治沙模式。例如，中卫沙坡头国家级自然保护区"五带一体"铁路防风固沙模式，即从包兰铁路线轨向主导风向一侧依次为固沙防火带—灌溉造林带—草障植物带—前沿阻沙带—封沙育草带，沙漠生态系统建设成效显著（见图6-1）。通过实地调研，沙坡头国家级自然保护区管理局主要负责并监督国家及自治区相关防风固沙项目等沙漠生态保护与开发项目实施，规划分春、秋两次开展沙障布设、林草补植补造项目。每年春季，通过新铺设草方格、尼龙方格、沙柳方格等方式固沙，按一定间距及深度种植樟子松、柠条、沙柳等灌木林种，并种植耐碱耐旱草籽，铺设水利设施用以灌溉，以期增加林草的成活率（见图6-2）。秋季补植补造项目在8~10月完成，这是一项长期而艰巨的工程。为了提高林草成活率，灌溉是一项重要且复杂的工作，部分沙漠地区在林草成活两三年后基本不用灌溉就能满足植物生长需水，干旱年偶尔灌溉即可，部分地区则需要长期人工灌溉。有些补植补造的林草地区已铺设滴灌节水设施，有些地区则是利用输水管道大水漫灌（见图6-3）。但是水资源短缺仍然是沙漠地区生态用水的主要限制因素，而且沙粒结构松散、持水性差、透水性强等特殊自然属性为林草养护增加了很大的困难，沙漠腹地通达性差、铺设管道难等问题也增加了林草生态管护费用。整体而言，自然保护区内的生态环境稳步向好，在今后的林草生态工程建设推动下，逐步实现林草植被覆盖度提高和"人进沙退"的生态改善目标。

图 6-1　中卫沙坡头"五带一体"防风固沙防护体系

灵武白芨滩林场探索出治沙与致富相结合的"五位一体"的治沙模式——"212"发展模式，2大防护林体系就是产业区的前沿干旱灌木林和

图 6-2 中卫沙坡头 "方格" 防风固沙模式

周边乔木防护林体系，1个核心产业就是发展经济果林、设施园艺等支柱产业，2项循环产业就是种植业和养殖业（见表6-1）。即：在沙漠外围营造大面积以灌木为主的防风固沙林，形成第一道生态防线；围绕干渠、公路、果园，建设多树种、高密度、宽林带、乔灌结合、针阔混交的大型骨干林带，构成第二道生态防线。在两道生态防线的保护下，内部引水拉沙造田，培育经济果林和苗圃，果园成为职工的 "摇钱树"；在田间空地种植畜草，发展养殖业，形成了牲畜粪便肥田、林草养殖牲畜两项循环产业。白芨滩国家级自然保护区的治沙经验成为全国乃至全世界沙漠生态系统建设可供借鉴的一种模式。

图 6-3　沙漠地区部分水利设施

表 6-1　灵武白芨滩"212"防沙治沙模式

	种养植类型	分布
第一道生态防线	以灌木为主的防风固沙林	沙漠外围
第二道生态防线	乔灌结合、针阔混交的大型骨干林带	围绕干渠、公路、果园
1 个核心	经济果林和苗圃	两道防线内部
2 个产业	林草养殖牲畜,牲畜粪便肥田	田间空地

　　毛乌素沙地，面积 4.22 万平方千米，包括内蒙古鄂尔多斯南部、陕西榆林市的北部风沙区和宁夏盐池县东北部。1959 年以来，通过植树造林、封沙禁牧、退耕还林还草、引水拉沙，引洪淤地等生物措施和工程措施的实施，治理成效显著，毛乌素沙漠即将从中国版图"消失"。盐池境内毛乌素沙地的治理成效显著，哈巴湖自然保护区内沙漠地表基本都形成了结皮层（见图 6-4），实现了沙地固定，形成乔灌草相结合的自然景观，绝大多数地区的沙地自然地貌类型基本消失，不仅改善了当地小气候，而且为西部生态安全屏障建设作出积极贡献。但宁夏其他地区乃至全国防沙治沙用沙模式不能完全照搬毛乌素沙地治理模式，因为并不是所有的沙漠或沙地都能通过治理产生如此成效。主要原因在于毛乌素沙地是由气候变迁、人类不合理地利用自然资源、战乱等多种因素综合作用产生的沙漠生态系统，近现代以来当地气候条件较好，降水量在 250~440 毫米，基本能满足林草等植被的恢复和生长，加以人类的生态修复活动，使沙漠消失、恢复地质历史时期原貌成为可能。绝大多数沙漠受自然条件限制只能逐步实现流动沙丘向半固定沙丘、半固定沙丘向固定沙丘的演变，尤其是地质历史时期形成的沙漠生态系统，人工干预过度，可能产生新的生态环境问题。实地调研发现，盐池县沙漠腹地及周边草场较好的地区还存在退化现象，刚结皮的地表破坏严重；保护区内 20 世纪五六十年代种植的小叶杨树大面积枯死，表明当地自然赋存的各种水体并不能满足小叶杨树的用水需求，政府在后期的规划中，布设灌溉设施适当补充林木用水，项目实施中需要对树种选择更加科学、严谨；近年来种植的沙柳大面积枯死，部分原因是沙漠通达性差致使沙柳成活后的人工樵采费用和运输费用高，致使沙柳无序生长后枯死，因此沙柳的平茬、利用和维护是摆在政府部门面前亟待解决的问题；自然保护区内杨树和柳树等林木的管护任务艰巨。诸如此类问题，是宁夏各级政府及相关部门保护及扩大沙漠治理成果需要面对的重点和难点问题，亟待解决。

　　总体而言，宁夏境内毛乌素沙地基本实现了沙漠景观的"消失"，只有个别地区还有一些裸露的沙地景观（见图 6-5），腾格里沙漠和乌兰布和沙漠腹地及周边地区生态自然恢复成效显著，林草覆盖度逐年增高。沙漠生态

图 6-4　沙漠生物土壤结皮层

图 6-5　哈巴湖国家级自然保护区裸露沙地

系统建设应继续推进草方格固沙、林草补植补造、退耕还林还草、湿地恢复、禁牧或轮牧、节水等项目的实施，确保沙漠生态系统实现可持续、稳中向好发展。尤其是对林草植被恢复较好的地区，应加大滴灌等节水工程的实施，高效集约利用有限的水资源，确保宁夏生态安全屏障建设。

　　宁夏要持续推进沙漠化土地综合治理、绿洲腹部流动沙产业工程开发治理、企业参与沙地整治综合开发、沙地草方格固沙综合治理、沙地丘间种植封育修复等治理模式，总结出一系列生态治理与沙产业开发并举的成功经验和先进技术，形成享誉全国乃至全世界的沙漠生态系统建设模式。在沙漠治理中，宁夏涌现出王有德、白春兰等一批防沙治沙英模人物和灵武白芨滩国家级自然保护区、盐池北六乡、中卫沙坡头固沙林场、永宁金沙林场等一批防沙治沙典型单位，我们不仅要学习治沙经验，还要弘扬英模人物和先进企业的精神，为宁夏沙漠生态系统建设筑牢意识形态根基。

三 用沙之利的经验与启示

（一）发展绿洲农业和设施农业

宁夏在沙漠化边缘地区采用低压管道、喷灌滴灌、地膜下渗灌、薄膜保温、无土栽培等节水生产技术引水灌溉，结合先进的生物科技与信息技术等高科技输入，通过政府补贴吸引资金并雇用当地农民等措施，发展沙区绿洲农业，推动沙区经济高质量发展。主要农产品种类包括玉米、马铃薯、小杂粮、硒砂瓜、枸杞、大枣等，其中玉米不仅是三大粮食作物之一，也是重要的清洁能源（乙醇燃料的重要原料）；宁夏的枸杞、硒砂瓜、马铃薯、小杂粮等也成为享誉全球的"品"字农产品。利用工程措施、生物技术、高新科技等发展设施农业，如中卫市开发了地处腾格里沙漠边缘的 1.5 万公顷的沙荒地，建立了 7000 多座日光温室大棚，实行了"基金+企业+农户"的市场化运作模式发展当地的沙产业，不仅有效减轻了土地盐渍化、沙化，而且加快了当地经济的发展，达到生态效益、经济效益、社会效益"三赢"目标。宁夏森沃现代农业科技园区是集设施花卉、水果、蔬菜种植和销售、高科技农业设备制造于一体的四季生态农业观光园，从种苗培育、种植到产品定位、防腐保温、水肥供给、园林绿化、农业大数据监测等环节逐步实现现代化智能温室种植管理，实现产供销一体化、产业商业化发展。石嘴山市平罗县，依托生态移民项目和国家农业开发项目，在沙漠里建立了一座沙漠瓜菜产业园，属于现代高科技农业产业园区，成了当地生态移民的"绿色银行"。

（二）发展压砂西瓜种植

压砂西瓜种植是在荒漠化地区，利用粒径 7~15 厘米的粗砂砾或卵石加粗砂覆盖在土壤表层进行西瓜种植①。因为砂石不仅具有蓄水保墒、提高土温的作用，还能避免水蚀、风蚀、防止水土流失的作用，是因地制宜发展荒

---

① 谢增武、王坤、曹世雄：《宁夏发展沙产业的社会、经济与生态效益》，《草业科学》2013年第 3 期。

漠化地区农产品生产的一项重要措施。沙坡头区是中卫乃至宁夏中部干旱带硒砂瓜种植的核心地带，形成了以香山为中心，辐射香山、兴仁、常乐 3 乡（镇）17 个行政村的产业带。近年来，由于硒砂瓜种植范围大，对地下水循环及当地生态环境产生严重影响，因此 2021 年开始政府部门提出硒砂瓜退出政策，是积极响应国家政策，符合现阶段区域经济、社会、生态高质量发展要求的重要举措。

（三）发展沙漠中草药种植

宁夏沙区天然分布的中草药资源丰富，如甘草、麻黄、苦豆子、肉苁蓉、锁阳等，为沙产业的发展提供了资源。自 2000 年以来，宁夏回族自治区政府采取补植等措施恢复天然沙生药材，大规模推广家庭种植，在绿洲边缘大面积推广了良种枸杞、苜蓿、甘草、麻黄等栽培，提出了"土壤环境、植物品种、节水栽培及产业化发展相互耦合的荒漠绿洲边缘生产——生态技术体系"，推进了宁夏沙产业的产业化发展。

（四）发展沙区养殖业

依托柠条、玉米、秸秆等沙生灌草为主的系列饲料产品，盐池、中卫、固原等地的肉牛、肉羊、滩羊的舍饲养殖、规模化养殖发展迅速，尤其是盐池羊肉享誉全球。在肉牛产业方面，已建成 79 个 500 头以上规模化养殖场，培育 247 个千头以上养殖示范村、42 个万头以上养殖示范乡镇，2020 年肉牛全产业链实现产值 336 亿元。滩羊肉先后入选 G20 杭州峰会、金砖国家领导人厦门会晤等重大会议国宴专用食材，进入全国 26 个省（区、市）40 个大中城市，在全国肉类市场具有较高的知名度和美誉度[①]。

（五）发展沙区林草产业

通过植树造林、飞播造林、补植补造、封山（封沙）育林等措施，沙区林草覆盖度明显提高，有效改善了沙区生态环境。持续加大对特色经果林

---

① 马越：《2021 国际肉类产业博览会暨牛羊肉产销对接大会开幕》，《宁夏日报》2021 年 7 月 30 日。

产业的扶持力度，在沙区大面积种植沙柳、柠条等经济林种，作为养殖业及造纸等产业的原材料供应基地。做大做强做精葡萄、枸杞、苹果、红枣、文冠果、花卉、苗木等产业，培育一批示范带动能力强的龙头企业。截至2021年底，宁夏特色经济林面积达 231.1 万亩（较 2020 年底增加 0.8 万亩），产量 36 万吨（较 2020 年底增加 3.2 万吨），产值 30 多亿元[1][2]，推动了区域经济的发展，而且保护了当地的生态环境。

（六）发展新能源产业

沙漠地区风能和太阳能资源丰富，地域广阔，人烟稀少，是发展太阳灶、光伏发电、风力发电、生物质能源等新能源的理想场所。风能资源的分布主要受地形地貌和山地走势的影响，宁夏南部风速高北部风速低，以 90 米高度风功率密度 200 瓦/平方米以上等级为例，宁夏风电的技术开发量为 5193 万千瓦，可开发面积为 18965 平方千米。经测算，宁夏集中式光伏发电技术可开发量约 4.54 亿千瓦，分布式光伏技术可开发量约 2770 万千瓦[3]。实地调查发现，宁夏的光伏发电和风能发电已过剩，是全国电力输出地区，农户、集体分布式光伏发电并网政策还不完善，电能消纳及储能是当今科技攻关的关键与难点。

（七）发展沙漠生态旅游

沙区悠久的地质遗迹资源及历史文化资源，优美的沙漠、湿地资源，丰富的动植物资源，吸引大量的游客选择宁夏作为沙漠生态旅游目的地，形成沙漠观光、沙漠探险、沙漠观星、沙浴沙疗、科普教育等旅游项目，已形成沙坡头、沙湖、哈巴湖、白芨滩等沙漠景观游览区。

---

① 宁夏林权服务与产业发展中心：《示范带动　典型引领——特色经济林优质基地建设推动全区林果产业高质量发展》，宁夏回族自治区林业和草原局网站，2022 年 8 月 26 日。

② 宁夏林权服务与产业发展中心：《自治区林业和草原局党组成员、副局长王自新调研特色经果林产业》，宁夏回族自治区林业和草原局网站，2021 年 8 月 5 日。

③ 《宁夏回族自治区二氧化碳排放达峰行动方案（讨论稿）》，宁夏回族自治区发展和改革委员会，2021 年 7 月。

第二节　宁夏沙漠生态系统保护和治理的困境

地质历史时期形成的沙漠，是自然界存在的一种地貌类型。由于气候干燥、降水减少、风力作用等自然因素，加之不合理的农垦、过度放牧、滥采滥樵等人为原因，一部分草原、林地、农田等生态系统转变为沙漠景观系统，是全球变暖后产生的一种生态退化现象。20 世纪中叶后，全球各地的沙尘天气增多，范围广，尤其是几次较大范围的沙尘暴，致使大量基础设施摧毁、人畜死亡、农田村舍及草场公路等被掩埋、大气污染严重，世界各国开始注重沙漠生态系统的保护与治理，提出既要"用沙之利"，也要"防沙之害"，坚持生态优先战略，开展防沙治沙用沙工程项目建设。

——用沙之利。沙漠地区风能及光热资源丰富，生长有耐旱耐碱的动植物资源，部分地区还赋存有丰富的盐、石膏、石油、天然气等矿产资源，沙漠湖泊、风蚀蘑菇、响沙、海市蜃楼等沙漠独有的景观吸引大量游客观光旅游，并成为科普教育基地。因此，合理利用、开发沙漠地区赋存的资源，利用新技术发展砂基材料等新兴沙产业，"用沙之利"推动生态脆弱区经济和生态可持续发展、高质量发展。

——防沙之害。沙漠治理的关键是防风固沙。宁夏通过"草方格"固沙、飞播造林、人工造林、封沙禁牧、埋压水管浇灌等措施，保护已有沙生植被，有计划地补植补造，先固沙后造林，进而实现人进沙退，恢复沙漠生态功能。

现阶段，宁夏开展沙漠生态系统建设主要存在以下问题。

一　气候干旱化致使潜在沙漠化趋势严重

气候干旱化是现代沙漠化发生、发展的基本背景条件。科学家就全新世气候变化，比较统一的认识是自 1850 a A. D. 至今为气温的上升期[1][2]，在

---

① 王绍武：《全新世气候变化》，气象出版社，2011。

② 徐海：《中国全新世气候变化研究进展》，《地质地球化学》2001 年第 2 期。

此大背景下，加之近年来，随着温室气体（二氧化碳、甲烷等气体）的大量排放，气候变暖趋势日益明显，干旱化日益凸显，致使全国潜在沙漠化危险趋势严重，宁夏亦然。

在全球气候干旱化及气候变暖大环境下，由于宁夏沙漠面积占比大、分布范围广，加之降水稀少、蒸发强烈，风力作用、流水作用及人类不合理地利用资源，加大了沙漠生态系统保护和防治的难度。现阶段，发达国家及部分发展中国家的发达地区基本实现了"碳达峰碳中和"，而宁夏碳排放量和排放强度仍然很高，短期内无法实现零碳排放，加之其他污染物的排放，加剧了气候干旱化程度，致使宁夏潜在沙漠化的威胁加重。

二 水资源匮乏是沙漠化地区生态恢复的主要限制因素

宁夏中部风沙区降水量小而蒸发量大，黄河及其支流只流经部分地段，绝大多数地区无地表径流，加之水资源利用率低，加剧了区域水资源匮乏程度。沙漠生态系统的保护与治理，主要是通过补植补造林草资源等生物措施，实现流动沙丘→半固定沙丘→固定沙丘→结皮层形成、林草植被恢复，而林草等自然资源在沙漠地区的生长，必须满足一定土壤条件和水分条件，沙漠结皮层的形成逐步满足植物生长的土壤条件，而水分条件不足成为沙漠地区生态保护和恢复治理的主要限制因素。因此，为了增加林草植物的成活率，必须配套建设水利工程设施，但水资源匮乏是宁夏沙漠地区的客观现实，亦是改善沙漠生态环境的关键限制因素。合理利用当地水资源、引客水入沙、节水设施建设等是解决沙漠地区用水的关键，但具体实施的难度大、任务重。

三 沙漠生态系统的稳定性差

生态系统的稳定性是指生态系统保持正常动态的能力，主要包括抵抗力稳定性和恢复力稳定性。生态系统的稳定性不仅与生态系统的结构、功能和进化特征有关，还与受外界干扰强度和特征有关。抵抗力稳定性与生态系统营养结构的复杂程度和物种丰富度呈正相关，恢复力稳定性的大小可通过比较其恢复原状所花时间的长短来判定①②。总体而言，环境条件越好，生态系统的恢复力稳定性越高，反之亦然。

宁夏沙漠分布区位于温带大陆性干旱半干旱气候区，全年降水量小而蒸发量大，导致干旱少雨、缺林少绿、生态环境脆弱。自然环境本底差，适合生存繁衍的生物种类较少，生物链少，生态系统易遭到破坏且不易恢复，稳定性差。沙土结构疏松、孔隙裂隙多、垂直节理发育、富含可溶性物质，容易受风、水等外力作用侵蚀，风大沙多致使生态系统的稳定性降低。

四　不合理利用资源加剧沙漠化风险

人类对资源的不合理开发利用，是现代沙漠化加速扩张的主要原因，其主要表现形式是滥垦、滥牧、滥樵、滥采、滥用水资源等。无计划地开荒撂荒是造成土地沙漠化的另一个重要因素，即大面积盲目开垦，一方面破坏了优质草场，减少了草场面积，加剧畜草矛盾，另一方面，由于缺乏对土地的管理与保护，新开垦的土地次生盐渍化加剧、土壤肥力下降，几年后又被迫弃耕。樵采多发生在能源短缺的农牧交错区，人们往往为了获得燃料或搂发菜、挖药材等，不惜破坏沙生植被，造成土地沙漠化。例如当地居民或周边城镇的居民大量偷挖苁蓉、甘草、麻黄等具有极高药用价值的植物，搂拾地表发菜（俗称地毛、头发菜，含有较丰富的蛋白质和碳水化合物以及人体所需的多种微量元素，营养价值高，价格昂贵），在利益驱动下无限制乱挖、乱搂野生植物，对沙地表面及地表土层造成破坏，进而造成土地沙漠化。

过度放牧是导致土地沙漠化的最主要的人为因素，它主要发生在草原区，即家畜消费的植物量超过植物生长量的界限时，将加速植被破坏及地表面裸露而使其易于被风蚀或雨蚀。宁夏风沙区属于农牧交错带，其主要生产方式就是放牧。羊，牛、马、驴等动物是宁夏沙漠地区主要的养殖动物，这

---

① 周新、张伟、崔鸿：《生态系统的抵抗力和恢复力稳定性》，《生物学教学》2014 年第 4 期。

② 何红英：《对"生态系统抵抗力稳定性和恢复力稳定性"的辨析》，《中学生物学》2013 年第 3 期。

些动物多以地表植物为食，尤其山羊吃草时会啃食草根，对地表及地下生物破坏较大。合理的养殖结构及养殖规模，不仅可以增加农民的收入，而且通过动物消耗地表植被从而减少枯草或树叶的堆积，降低自然界风化分解腐殖质的数量，降低林草火灾发生率，并能实现林草植被自然恢复进而实现林草资源的可持续利用。近年来，由于牛羊肉的市场价格较高，局部地区过度放牧现象严重，超过草原承载能力，地表植被破坏速度超过林草自身恢复能力，草原地表土壤结构受到严重破坏，导致沙漠化风险加大。

不合理的漫灌和严重渗漏，又缺乏有效的排水设施，浪费大量沙漠地区有限的水资源，补给地下水的水量远远超过了它的排泄能力，最终导致水文地质条件的严重恶化，土壤次生盐渍化加重，对沙漠地区生态环境产生严重威胁。

五 生产经营方式落后致使局部沙漠化加剧

宁夏风沙区及周边绿洲地区大面积种植硒砂瓜、小麦、玉米、薯类、杂粮等，实行半机械化、半人工的耕作方式，水浇地一般使用机井大水漫灌或引黄灌溉，其粗放型种植业生产模式易引发并加剧土地沙漠化；牧区实行"圈养+放养"相结合的畜牧业养殖方式，对刚刚结皮恢复的沙漠地区的林草地破坏严重。诸如此类粗放式的生产生活方式，使宁夏局部地区沙漠化加剧。

六 缺乏先进的科学技术指导

宁夏区内高等院校及职业技术学院中相关沙漠生态系统恢复治理的研究团队较少，国内外高校及研究院所对当地的科技服务力量薄弱，当地居民的文化水平普遍不高，沙区工作人员的文化水平也较低，科技力量薄弱，尤其生物科技、工程技术、自动化技术等缺乏都是制约当地沙漠生态系统恢复及沙产业发展的因素。中国科学院沙坡头沙漠研究试验站是我国重要的野外综合观察研究站，为沙区物种选择、水利工程设施建设、防风固沙措施实施等作出积极贡献，但新兴生物科技及工程技术的大面积推广实施难、监测还不完善，核心技术的攻关难度大，与国内相关领域高新技术的联合攻坚较少，还未形成吸引大量科技人才的体制机制，这些都是宁夏沙漠生态系统建设的短板。

七　观念落后、认识不足

生态安全是一个区域与国家政治安全、经济安全、社会安全的自然基础条件，是国家生态文明建设的目标，是满足民众日益增长的水生态安全、大气生态安全、土壤生态安全的需求。西部地区不仅是我国的江河源和生态源，也是我国资源和能源的主产地，同样也是我国的风沙源地和水土流失严重的地区，因此，西部成为我国重要的生态安全屏障。宁夏沙漠生态系统建设必须处理好"用沙之利"和"防沙之害"的关系，在保护沙漠生态系统安全的前提下，开展沙漠生态旅游及发展沙产业，不能只注重经济发展而忽略生态安全，要从根本上认识到生态安全的重要性，落实好生态优先战略。

宁夏沙漠地区经济落后、交通不便、受教育程度低，尤其沙漠腹地通达性更差、当地居民的文化水平不高，并受传统观念"以农为主"的影响，对于合理开发利用沙区资源的重要性和必要性认识不足，对沙产业发展重视不够，特别是对沙产业的前景和市场潜力缺乏深入研究和分析，这些都影响了沙产业的发展。

社会公众对节水型社会建设的认识不足，缺乏节水意识，政府及有关部门对沙区节水技术和设施的推广和宣传力度不够。

八　保障体系不健全

一是法治、决策、管理机制不健全。要加快沙漠生态恢复治理的速度，提高质量和效果，必须完善沙漠化防治的法治建设、政府科学决策机制及公众参与的环境决策机制建设，建立健全生态环境保护和治理的监管机制。长期以来，"用、养、护"三权不明，管理不完善，加之缺乏制度保障和法治保障，导致沙漠化防治的机构及保障体系不健全。

二是专项资金保障不到位。宁夏基本实现了"人进沙退"目标，但境内仍有较大面积沙漠化土地还未得到根本治理，主要原因在于治理难度大、缺少专项资金来源。沙漠地区降水量小而蒸发量大，且地表径流的补给范围和补给量有限，加之风沙较大，自然条件恶劣，使得沙漠化治理工作需要大量的人力、物力、财力的支持。沙漠地区交通不便、沙漠腹地沙砾疏松不易通行，增加了沙漠治理的难度，防沙治沙中的交通费用也是一笔不小的开支。沙粒具有特殊的结构特征，即沙质土壤的透水性强而持水性差，使得在特殊的地理环境下选择种植的沙产业品种需要大量的水源支持，打井投入或从外部引入水资源及后期的灌溉等都需要大量的资金投入。治沙成本投入高而投资标准低，如沙区草方格造林每亩投入700元以上，仅麦草材料费及扎设人工费就高达550元，灌区防风固沙林每亩投入在1200元以上，梭梭林人工种植每亩投入约400元，而国家造林投资标准乔木林每亩300元，灌木林每亩120元，无法满足防沙治沙的需要，迫切需要防沙治沙专项资金的支持。沙漠治理工作需要专门的人员进行长期的管护，也许需要几代人的努力才能初见成效，各种管理及维护费用也较高。沙产业属于知识密集型产业，需要大量的研发经费和前期投入，投资大、回报慢，需要政府部门、企事业单位、社会团体、个人的长期大量的资金投入。可见，开展防沙治沙工程及推动沙产业发展需要投入的资金巨大，现阶段缺少专项投资渠道。经费投入少且管理体制不健全，导致沙漠化防治及沙产业发展的项目资金不能满足区域生态建设和产业发展需求。

第三节　宁夏沙漠生态系统建设的对策建议

宁夏沙漠生态系统建设的总体思路是以可持续发展为指导，在有效保护和恢复沙漠生态系统平衡的基础上，依靠科学技术、生物技术、工程技术等，发展沙区特色种植、养殖业，尤其是温室大棚种植及规模化养殖基地建设，加快推进生态工程建设；积极发展农产品、林果等深加工产业，扶持一批竞争力强、辐射面广的沙产业龙头企业；合理开发利用沙区优势资源，大力发展风力发电、光伏发电及生物质能供热，助力宁夏"碳达峰碳中和"

目标如期达成；积极发展沙区旅游业及其他沙产业，促进区域经济、社会、生态可持续发展、高质量发展。

一 加强顶层设计，引领沙漠生态系统建设

严格落实宁夏国土空间规划、《宁夏回族自治区生态保护红线》、宁夏"十四五"防沙治沙规划、沙产业发展规划等规划及实施方案，根据沙坡头、哈巴湖、白芨滩荒漠类型自然保护区内的核心区、缓冲区、试验区的功能差异，开展功能定位不同的保护与开发实施方案，明确防沙治沙目标和任务、沙产业发展的目标和重点，各项任务实施的步骤和措施，组织实施沙化土地保护与修复项目及防沙治沙示范区（县）建设，上级生态保护部门定期开展监督，具体实施部门及时调整方案，确保按期完成沙漠生态系统保护和建设各项指标、目标和任务。沙漠生态系统建设中要保留一定范围的沙漠原貌，尤其是地质历史时期的沙漠，这是原生态的自然财富，必须做好保护，既不能使其面积扩张对人类生存产生威胁，也不能治理过度损失其原有的基本自然属性和地理风貌。沙漠是陆地及海洋生态系统中生态链营养供给源之一，也是重要的碳库，可降低温室气体排放，缓解气候变暖趋势，为宁夏实现"碳达峰碳中和"目标作出贡献。沙漠生态系统是人工—自然复合生态系统，我们不仅要修复和治理已破坏的现代沙漠生态系统，也要保护地质历史时期形成的沙漠生态系统，还要依托资源优势推动区域经济社会高质量发展。

严格落实《宁夏回族自治区全域旅游发展总体规划》，将沙漠资源、黄河、湿地、林草等自然旅游资源与引黄古灌溉工程、古长城、西夏遗址遗迹等历史文化遗产资源组合好，结合旅游开发规划实施情况，及时调整旅游资源布局，发展全域旅游。

制定生物物种资源保护和利用规划，构建物种基因库。任何一个生态系统都离不开植物的基础能源的积累，植物对特定的生态环境具有重要的指示作用。物种基因库建设是维护生物多样性的重要措施，是维护沙漠生态系统稳定性的重要因素。建立宁夏荒漠类自然保护区地理信息系统，动态监测保

护区内动植物资源，及时掌握生物多样性资源动态变化，及时调整规划目标，确保生态系统动态平衡。

严格落实沙漠生态系统"开发项目准入"制度，加强沙化土地封禁保护区的建设和管理，禁止一切破坏沙生植被的生产建设活动和种养殖等活动，开展沙区承载能力评估，发挥沙漠生态系统的自我修复能力，逐步形成稳定的天然荒漠生态系统。

二　增加林草覆盖度，助推防风固沙示范区建设

（一）公益林建设

严格贯彻落实国家及自治区林地保护制度，实施"三北"防护林、天然林资源保护工程，增加公益林保护面积、提高公益林补偿标准，确保天然林全面禁伐，通过禁牧、补植、补播、抚育和有害生物防治等措施，使现有公益林得到有效保护，进而辐射带动周边荒漠植被得到休养生息，完善沙区防风固沙林、灌区农田防护林、道路沿线治沙造林、水土保持林体系建设，扩大公益林保护范围。依托腐殖酸生态液膜喷施野外固沙项目、绿森林硅藻泥造林项目、自动灌装沙袋沙障综合治沙技术等，充分利用雨季进行飞播造林，形成腾格里沙漠、乌兰布和沙漠、毛乌素沙地生物防沙治沙带，有效阻挡三大沙漠的向内侵蚀。深入落实"山林权"改革，积极开展公益林补偿项目，做好森林防火项目实施，增强森林资源抵御风险和可持续发展能力，为黄河流域生态保护和高质量发展先行区建设筑牢生态之基。

（二）经济林建设

中卫、盐池、灵武、同心沙漠边缘地带合理规划布局种植大枣、葡萄、苹果、枸杞、文冠果、山杏、梭梭、柠条、沙柳、沙拐枣等特色经果林和经济林，并借助先进技术及设备（便捷式沙漠造林器、军用固定翼"运五 B 型"飞机、商用直升机等）增加林木的成活率，逐步构建具有一定规模的经果林产业，并积极发展林下经济，助推经济高质量发展。推动特色经果林产业发展与乡村振兴有机结合，不仅可以促进农民就业和转产

增收，而且可以改善当地生态环境，增加生物多样性，使沙漠生态系统稳定性增强。

（三）人工造林，封山（沙）育林育草

通过人工造林及封山（沙）育林育草，恢复沙漠地区自然植被，以成本低、作用持久而稳定、可改善土壤结构及质量等多种优点成为防风固沙的主要措施。依托天然林保护、"三北"防护林建设、退耕还林还草、野生动植物保护及自然保护区建设等重大林草生态工程及造林补贴试点项目，不断提高林草覆盖度，改善宁夏风沙区生态环境。坚持保护优先、自然封育为主的方针，通过禁牧封育与人工修复相结合、划区轮牧与设施养殖相结合、沙区资源开发与资源保护相结合，对封山禁牧进行精细化管理，进行划区轮牧、休牧试点，总结轮牧与生态恢复经验，加快推进区域草原生态保护与建设。加大禁牧封育监督管理，严格执法，并开展鼠虫病害防治和草原资源与生态监测，推动宁夏沙漠地区林草生态恢复。

（四）退耕还林还草

严格落实国家退耕还林还草任务、巩固退耕还林成果，对已形成的沙漠化林地、草地，采取先封禁、后人工补植的方法，综合运用生物措施、工程措施和农艺技术措施，恢复林草植被。对土地沙漠化农耕或草原地区采取乔灌围网、牧草填格技术，即乔木或灌木围成林（灌）网，在网格中种植多年生牧草，增加地面覆盖度，特别干旱的地区采取与主风向垂直的灌草隔带种植，逐步形成结皮层，进而实现林草植被恢复或形成耕作层，逐步改善生态环境。实施治沙造田、改造低产田，注重以产业经济效益带动生态效益发展。实施退牧还草工程、沙化草原治理工程、草业良种工程、草原防灾减灾等工程，通过草原改良、人工草地建设、科学饲养、家畜改良，实现草地保护和开发。采取围封禁牧休耕，或每年休牧 3~4 个月，恢复天然林草植被。沙漠周边使用草沙障，障内栽植固沙植物，如柠条、沙棘、沙柳等耐旱耐沙的优良树种，逐步形成防风固沙带。工业原料林培育和加工利用，如沙柳，每 3~5 年需平茬一次，对沙柳的适度利用既可促进沙柳的生长，又可为人造板或造纸提供原料，沙柳也是重要的养殖原料。

（五）自然保护区建设

加强已建成的 3 个国家级荒漠类型自然保护区建设，合理规划布局保护区内生物和工程措施，结合高科技和人工技术，提高沙漠区域林草覆盖度，有效遏制沙漠化侵蚀及沙漠扩张，维护生物多样性，提高生态系统稳定性。但不可过度补植补造乔木及灌木等需水量大的树种，以免破坏沙漠地下水循环系统，植树造林短期内虽然可实现林草覆盖度增加，改善生态环境，但随着地下水位下降，一定范围内的地下水和凝结水等水体不能承载林木需水量，就会造成林木死亡，生态退化。因此，必须充分考虑沙漠地区降水量的时空分布规律、凝结水产生量、湿沙层储水量、引流的客水工程供水量、林草物种需水量等因素的影响，合理布局林草种植深度、间距、范围等，种植合适的物种，逐渐形成自然—人工复合生态系统新的动态平衡。为了增加林草成活率，必须建立相对独立的沙漠灌溉工程系统，解决林草植被供水不足问题。

（六）湿地建设

沙湖、沙坡头、哈巴湖、蓄水池等天然及人工湿地生态系统的开发与利用，带动当地经济发展的同时，也破坏了原有沙漠生态系统平衡，但在人为保护与修复措施干预下，湿地生态系统逐渐形成新的动态平衡，形成自然—人工复合生态系统，生态环境不断改善。湿地是重要的碳库，而且是沙漠地区重要的水资源分布区，以湿地生态保护为前提，适当发展区域产业经济，例如在沙漠湖泊或蓄水池发展养殖业，或绿洲农业及林果业，或沙漠湿地旅游，促进区域经济发展，并改善农民生活水平，同时改善区域生态环境，维护生物多样性。

三 合理布局沙产业，推动区域经济高质量发展

我国著名科学家钱学森院士于 1984 年提出了第六次产业革命的思想，并在其著作《创建农业型的知识密集产业——农业、林业、草业、海业、沙业》中指出："沙产业是在不毛之地搞农业生产，而且是大农业生产，这可以说是一项'尖端技术'。"防沙治沙是沙产业的基础，沙产业是在此基础上的进一步发展。传统防沙治沙中对沙区传统生物产品进行的复制，严格

地说只能是沙产业的前期阶段，真正的沙产业应该是市场经济的一部分，沙产业产品应具有高产值、高效益、高品质的特性。

（一）设施农业快速发展

宁夏沙区设施农业实行"基金+企业+农户"的市场化运作模式，不仅有效减轻了土地盐渍化、沙化的发生，而且促进了当地经济的发展。中卫、盐池、同心、灵武等沙漠周边地区及沙漠腹地绿洲地区依托优势光热资源，利用先进节水技术、节水管道设施，以及先进的生物科技与信息技术等，积极发展沙区设施农业，温棚瓜果、黑果枸杞、小番茄、葡萄、蔬菜、园艺等作物的大面积种植，不仅解决了季节性蔬菜瓜果供应不足问题，而且解决了人多地少问题，促进了当地经济的发展，还改善了区域生态环境。

（二）推动硒砂瓜产业退出机制建设

硒砂瓜种植拥有几百年历史，是干旱半干旱地区农业种植的一种方式，宁夏、甘肃等西部省区都有种植，不仅可以改善生态环境，而且可以增加经济收入，解决沙区贫困人口的温饱问题。由于硒砂瓜品质高，产量大，经济效益高，宁夏大面积种植，推动了地方经济的发展及农民收入的提高；近年来，由于种植面积增大地下水位下降明显，当地生态环境恶化。因此，我们要因地制宜、循序渐进推进硒砂瓜产业退出，将硒砂瓜退出纳入生态补偿机制中，并做好农户思想工作。如图 6-6 所示，硒砂瓜种植区的自然生态环境存在差异，有些地区林草植被覆盖度高，有些地区零星分布灌草及苔藓地衣，面对不同的植物生长环境，应该制定不同的生产发展和生态保护政策。在自然环境条件下（即无需灌溉条件下），林草覆盖度较高的地区，全面退出硒砂瓜种植（见图 6-6 左）；在基本处于荒漠范畴内的土地，可引用客水用于生态用水灌溉，种植小灌木及矮草，也可发展光伏产业，并在光伏下布局经果林产业及林下经济（见图 6-6 中）；在古代就已种植硒砂瓜、生态环境差的地区，暂时可以继续种植硒砂瓜，因为铺设的粗沙砾或卵石，具有蓄水保墒、提高土温的作用，还能避免水蚀、风蚀，防止水土流失，对原生态起到保护作用（见图 6-6 右）。

图 6-6　中卫硒砂瓜种植区植被情况

（三）沙生中草药种植及产业化经营

沙漠地区天然分布的中草药资源丰富，如甘草、麻黄、苦豆子、肉苁蓉等，为沙产业的发展提供了资源。宁夏各级政府应继续推进补植、品种改良等措施，恢复天然沙生药材，并大规模推广温室大棚中草药种植，在绿洲边缘大面积推广良种枸杞、苜蓿、甘草、麻黄、梭梭林等栽培，形成节水栽培及机械化、规模化、产业化发展相互耦合的荒漠绿洲种植体系，推进宁夏沙产业的规模化、产业化发展。

（四）发展沙区养殖业

沙漠地区有很多既是很好的固沙植物，又是良好的牲畜饲料的植物资源，如柠条、沙柳等，为沙区养殖业的发展提供了基础条件。宁夏以肉牛、滩羊品种选育、养殖为基础，已成为全国优质牛羊肉的重要生产基地。宁夏沙漠地区也是农牧交错带，畜牧业的深度开发必须坚持保护优先、自然封育为主的方针，着重草畜生态平衡。要不断推进传统畜牧业向生态效益畜牧业的转变，加快饲草料储备库、物种基因库等基础设施建设，注重肉奶蛋的品质监测与管理，做好肉蛋奶产品防疫工作，提高产品品质，实现畜牧业规模化发展、标准化生产、集约化经营，满足人民对食品安全的诉求。畜牧产生的肥料又可返回到自然界，改善土壤水肥环境，促进山水林田湖草沙生态系统优化。

（五）加快沙产业基地建设

基地建设是发展沙产业的基础，政府和相关部门要切实把沙产业基地建设列入重要议事日程，突出抓好生态建设项目和沙产业示范基地建设项目的有机结合，发挥好项目的辐射带动作用，保证原材料的可再生、可持续供给和龙头企业的有效运转。继续推进宁夏沙生道地药材种植基地建设，沙生灌木林和沙区经果林基地建设，沙漠设施农业建设，沙湖、沙坡头等沙漠旅游景区深度开发，风能发电、光伏产业以及生物质能源等新兴产业基地发展。由于沙区硒砂瓜种植对生态环境产生深远影响，因此，政府部门正在逐步推进硒砂瓜的退出，但其他富硒产品的后续开发，将成为宁夏沙产业发展的亮点。

（六）新能源开发

沙漠地区蕴藏着丰富的风能资源，是全国风力发电的"富矿区"；取之不尽用之不竭的光热资源，是全国光伏发电的"富矿区"。沙区有丰富的光热资源，通过科技创新和新能源利用，合理布局发展生态农业和温室大棚农业。依托丰富的太阳能资源、先进的科学技术，在温室大棚上安装太阳能板，不仅可以节约利用土地资源，亦可解决温室大棚用电需求，还可将剩余的电量输送到农户家庭或直接上网出售。大力发展太阳灶、光伏发电、风力发电等新兴清洁能源产业，解决沙区能源问题，减轻对薪柴的依赖程度，降低碳排放量，逐步实现终端用户电力化、电力生产零碳化的生态发展之路，有利于改变沙区生产生活方式。

（七）沙漠生态旅游业深度开发

宁夏沙漠地区既有悠久的历史文化资源，又有独特的沙漠自然景观，吸引大量游客到当地旅游，不仅可以观赏独特的沙漠自然风光，也是重要的沙漠科普基地。继续完善沙湖、沙坡头两个国家5A级沙漠旅游基地建设，加快开发盐池、灵武、平罗、同心等县市具有一定潜力的沙漠旅游资源，积极构建黄河金岸特色沙漠旅游线，培育沙地农业旅游、健身康体旅游项目，逐步形成集旅游、商贸、文化娱乐于一体的产业化沙漠旅游基地。

旅游业的深度开发为宁夏带来巨大的经济效益，可以为当地推进防沙治沙工程实施提供资金支持，最终形成良性循环，实现区域生态、经济、社会的可持续发展。

四 合理高效集约利用水资源，确保沙漠生态系统建设

宁夏沙漠地区降水稀少蒸发强烈、地表径流少且分布不均、地下水资源匮乏，因此开展沙漠生态系统保护与开发时，要综合运用节水设施、节水科技等发展节水产业，合理、高效、集约利用有限的水资源。进行种养殖业开发时，可以适度抽取地下水，但要确保地下水位稳定；在沙漠腹地及周边进行林草补植补造时，建立水利工程设施，有计划地引客水入沙，增加林草成活率，逐步改善当地的生态环境。建立小型蓄水库，收集夏秋季节的降水或丰水年的降水，在缺水季节进行用水配置，从而调节水资源利用的季节与年际分配不均。加快中水利用，提高中水利用效率，增加可利用的水资源量。

建立初始水权和用水总量三级指标体系，优先保障沙区人民生活用水及防沙治沙用沙生态用水。制定并不断修订《宁夏高效节水灌溉项目"先建后补"管理办法（试行）》《宁夏滴灌工程规划设计导则》《宁夏农业灌溉用水定额》等政策和标准，推动高效节水沙漠生态农业发展。

五 完善沙漠生态系统建设的体制机制

（一）建立稳定的投入机制

建立国家、地方、集体、个人以及社会各界联动互补多元化投入机制，调动社会各界参与宁夏防沙治沙示范区建设及沙产业发展。进一步扩大对外开放，积极利用国际国内金融组织贷款和外国政府贷款发展沙产业，对于新兴沙产业发展给予财政补贴。对沙漠生态系统建设的产业开发及基础设施建设等，在税收、信贷、贴息等方面实行优惠政策。努力争取国际援助和合作项目，鼓励外商和国内有实力的企业前来宁夏投资沙漠生态系统修复与治理，以及沙产业基地内的可再生资源开发利用。采取配套补贴和奖励的办法，引导社会资金和广大居民自有资金投资生态建设和沙产业项目建设。设立沙漠化防治及沙产业发展基金，吸引社会及国际沙漠生态建设资金投入。设立防沙治沙专项资金，提高对西北地区防沙治沙的投入标准，同时探索建立沙漠生态效益补偿制度和防沙治沙奖补机制。

（二）加大科学技术投入

全球气候变化对宁夏防沙治沙具有深远影响。因此，要依托科研团队，加强全球气候变暖对宁夏沙漠生态系统的影响研究，为沙区物种培育选种、植被恢复、生态系统保护以及沙漠化防治等提供科学依据。积极构建良好的沙漠碳循环生态系统，林草植被、湿地生物、沙漠等生态系统是重要的碳库，加之沙漠地区排放温室气体的产业较少，人类活动较城市、乡镇地区少，温室气体排放量低，是实现前期"碳达峰碳中和"的重要地区。运用高科技手段在沙区大力发展风能、光伏发电、生物质能源等清洁能源产业，解决民生用电和经济发展能源问题，从源头降低碳排放，为早日实现"碳中和"作出积极贡献。

加强中科院沙坡头沙漠研究试验站建设，开展多学科综合分析、生态过程研究、区域环境与资源调查、沙漠生态系统演替与气候变化的响应等，通过沙漠植物迁地保育、生物多样性研究、野外科学观测、野外风洞实验、沙地农业生态系统监测、沙漠生态系统监测等研究，发挥试验站的科学研究价值和应用价值，同时开展国际国内交流合作，加快实施国际沙漠化治理研究培训基地建设。

加快盐池毛乌素沙地生态系统国家定位观测站建设，着重开展沙漠生态系统结构与功能、沙漠生态系统与气候变化的响应、人为因素对沙漠生态系统的干扰、沙漠生态系统物质循环和能量平衡、沙漠生态系统服务功能评价和环境政策评估、沙区人类活动与生态安全的协调发展等方面的研究，为实现沙漠生态系统动态平衡、改善生态环境提供理论指导。

加强重点实验室、工程技术研究中心、种质资源库、生态环境监测试验站等沙产业科技平台与示范基地建设。加强沙区水资源、土地资源、光热资源、动植物资源的科学利用，对发展前景好、经济价值高的沙区资源进行人工培育、加工利用，进行重点技术合作研究，争取早日投入使用；加大科研院所的科技输出，如生物科技、工程技术的输出与转化；加大对沙产业的技术指导，提高科技成果转化率；加强管理和技术人员培训，提高人员素质；按照高科技、低能耗、高效益的思路，建设一批高科技沙产业示范基地，以点带面，促进沙产业的发展。

推动沙漠博物馆、沙观生态园的建设和提档升级，尤其是沙生植物园，不仅是重要的物种基因库，而且具有较高的观赏价值和科普价值。物种基因库的建设需要国内国际相关专业技术和人才的支持，因此人才高地建设也是沙漠生态系统建设的一项重要内容。

（三）扩大国际交流与合作

建立中国防沙治沙国际交流合作中心，研究国际防沙治沙重大问题，举办国际国内防沙治沙及沙产业发展培训班，为我国沙漠化防治及沙产业发展培养人才，为世界防沙治沙输出人才。

加强国际合作，积极吸引外资，启动荒漠化治理与生态保护项目。加强防沙治沙技术输出，建立国际荒漠化防治和交流平台，加大宣传力度，增强全民沙漠化防治及发展沙产业的意识。

（四）落实和完善各项优惠政策

实行沙产业与农、林、草业一视同仁，向沙产业倾斜的优惠政策。通过扩大减免税费、补贴范围和提高补贴标准，调动农民、企业及社会力量的积极性，引导沙产业走集约化、节约化、科技型、低碳型的发展之路。对贯彻实施退耕还林还草的个人及单位继续发放草原补贴。开展湿地生态补偿项目及公益林补偿项目。为发展沙产业营造的再生性原料林，按公益林对待，享受造林补贴和公益林补偿金。对于以沙生植物为原料的加工企业，减免企业所得税地方留成部分。帮助在治沙造林中作出贡献的困难企业解决实际问题，以免治沙成果受损。

（五）加强宣传

加强宣传，树名人形象、树生态意识。大力宣传王有德、白春兰等一批防沙治沙英模人物的治沙精神，宣传中卫沙坡头、灵武白芨滩等一批防沙治沙典型单位，通过先进事迹树立全民防沙治沙用沙意识。

宁夏哈巴湖科研宣教中心通过绿色哈巴湖、灵动哈巴湖、印象哈巴湖、奋斗哈巴湖四个分区展示了哈巴湖的沙漠景观、动植物资源、人文景观等，是宣传盐池人民防沙治沙成果的创造史诗基地，具有可推广、可复制的实践意义。

防沙治沙用沙项目的实施，有效增加了区域的林草面积及植被覆盖度，遏制了土地沙化趋势，改善了区域生态环境，进而改善了农牧业生产条件，使现代农业种养殖、高效节水设施农业种植、微藻类新兴沙产业深加工、沙生植物及中草药的培育与种植、新能源开发利用（发展砂基新材料产业链、太阳灶、风力发电、光伏发电、沼气等）以及科技示范园区观光、休闲健康沙疗、沙漠旅游等生态旅游得到较快发展，促进宁夏经济、社会、生态的可持续发展。

第七章

建立健全宁夏生态产品价值实现机制

党的十九大报告明确提出:"中国特色社会主义进入新时代,我国社会主要矛盾已经转化为人民日益增长的美好生活需要和不平衡不充分的发展之间的矛盾""我们要建设的现代化是人与自然和谐共生的现代化"。① 新时代新征程,我们要以习近平生态文明思想为引领,不断推动体制机制改革创新,提升生态文明治理体系和治理能力,践行绿色发展理念,处理好保护与发展的关系,推进生态产业化和产业生态化发展,既要提供更多优质生态产品以满足人民日益增长的美好生活需要,以高水平环境保护促进高质量发展,也要满足人民日益增长的优美生态环境需要,创造安全的高品质生活。

近年来,人们对安全、优质的生态产品需求日益增多,建立健全生态产品价值实现机制成为当前及今后阶段宁夏生态文明建设的一项重要内容。

第一节　建立健全宁夏生态产品价值实现机制的重大意义

随着我国经济发展速度和体量的增长,保护与发展的矛盾日益突出,资源紧张成为中国经济社会发展最大的瓶颈,而人们对优美生态环境需求也在日益增长。平衡生态环境需求与生态资源供给成为新时代亟待解决的重大课题。生态产品价值实现机制在习近平生态文明思想的深入转化中进入政策、

① 《党的十九大报告辅导读本》,人民出版社,2017,第11、49页。

理论与实践中，成为各地谋求扩大生态资源供给增量的可行路径，成为完善国家生态环境治理体系和提高治理能力的有力抓手，被确立为推动宁夏经济高质量发展的重要制度选择。

一　建立健全生态产品价值实现机制是贯彻落实"两山"理论的重大举措

建立健全生态产品价值实现机制是提升生态系统服务能力的中国特色路径选择，是践行"绿水青山就是金山银山"这一关系论的具象表达，是践行"将绿水青山转化为金山银山"这一要求的实践自觉。习近平生态文明思想指出：绿水青山和金山银山绝不是对立的，关键在人，关键在思路。我们要因地制宜探索生态产品价值实现路径，纠正保护与发展是对立冲突的错误认知，为"实现生态产品转化"，"把生态优势转化为产业优势、转化为发展优势"，从对立走向统一奠定了理论基础。生态资源和生态环境是重要的生产力，生态产品是大自然提供的物质产品和生态服务的总称，实现生态产品转化要建立健全生态产品价值实现机制，让生态产品与土地等其他生产力要素一样，进入生产、加工、流通全过程中，为实现绿水青山的生态效益和经济效益指明了实践方向。实现生态产品价值有生态经济化和经济生态化两大发展模式，生态产品价值实现机制就是提出一系列制度措施把生态做成产业，使产业向绿色化、生态化发展，让二者的融合更为紧密，为实现人与自然和谐发展建立了制度保障。

二　建立健全生态产品价值实现机制是提高宁夏生态资源治理能力的有力抓手

建立健全宁夏生态产品价值实现机制是国家顶层设计的制度安排和实践要求。国务院《关于建立健全生态产品价值实现机制的意见》就以生态产品价值实现机制提高生态资源治理能力给出三个方向。一是，建立健全生态产品价值实现机制要置身"国之大者"担当去谋划。推动生态产品价值高质量转化是事关中华民族永续发展的重大战略，是自上而下的重大任务，当代人要扛起生态文明建设的时代重任。推动生态产品价值转化，要时刻谨记保护环境就是保护生产力，满足人民生态安全需求是党和国家最重要的利益，要坚定站在维护生态环境安全的立场上，推进生态产品价值实现。二是，建立健全地方生态产品价值实现机制，对地方党委、政府的政策制定能力和政策执行能力提出要求。生态产品价值实现机制试点工作取得了局部成效，形成典型案例。有条件的地方要立足试点经验，贯彻新发展理念，结合各地在新发展阶段的生态产品优势、产业优势、生态环境特色进行战略布局与谋划，探索多元化的生态产品价值实现路径，构建生态环境与生态产业双驱并进的新发展格局，确保政策落地畅通。三是，推进生态产品价值实现对政府、市场、社会多方主体生态资源治理能力提出要求。生态产品价值实现，不能全靠政府，也不能简单交给企业等市场主体，需要政府、市场、社会多方参与。要通过建立健全生态产品价值实现机制，提升各主体兼顾生态效益和经济效益的思想自觉和行动自觉，发挥政府在制度设计和价值指导等方面的作用，提高市场主体的活力，发挥市场主体在资源配置和推动生态产品价值转化等方面的作用，协调互补，凝聚合力。

三 建立健全生态产品价值实现机制是推动宁夏黄河流域生态保护和高质量发展先行区建设的重要制度选择

《宁夏回族自治区生态环境保护"十四五"规划》《宁夏回族自治区自然资源保护和利用"十四五"规划》指出，宁夏生态产品价值实现机制有待创新突破，"十四五"是宁夏扩大优质生态产品供给的战略机遇期，明确"到2025年，生态产品价值实现机制初步建立"。建立健全宁夏生态产品价值实现机制是建设社会主义现代化美丽新宁夏百年征程上的重要政治任务和重大实践课题。

——建立健全宁夏生态产品价值实现机制是助力乡村振兴样板区建设的制度选择。生态产品价值实现是提高农民收入的重要途径：一方面，农村地区是生态农产品主要生产场地，具备促进生态产品种植加工、生态旅游等产业融合发展的条件，能有效增加农民收入；另一方面，生态产品价值实现过程中对劳动力的文化程度要求相对较低，可提供创业就业机会吸引农村劳动力回流。

——建立健全宁夏生态产品价值实现机制是建设黄河流域生态保护和高质量发展先行区的制度选择。要以生态产品价值实现彰显宁夏先行区建设成效：打造黄河滩区治理、贺兰山生态综合整治、南部山区水源涵养、防风固沙及荒漠化生态修复示范样板；立足自然资源优势及肉牛、滩羊、文化旅游等生态资源和产业基础，聚焦新型材料、电子信息、清洁能源，打造生态新产业提升黄河宁夏段生态公共服务供给能力。

——建立健全宁夏生态产品价值实现机制是铸牢中华民族共同体意识示范区建设的制度选择。生态产品价值实现机制的内在逻辑是实现自然资本的增值：把生态资源转化为生态产品，将生态产品以生产力要素融入市场，通过金融、技术等手段实现产品价值溢出，创造出更多的经济价值，实现经济繁荣和全体人民共同富裕，进而促进社会进步、民族团结，推动宁夏铸牢中华民族共同体意识示范区建设。

——建立健全宁夏生态产品价值实现机制是满足人民美好生态环境需求的制度选择。宁夏生态产品价值实现以为全区乃至全国各族人民提供更多优质生态产品为根本，打通城市水系、连通城市绿网、拓展城市空间和生态环境容量，建设"生态+"公共服务设施，打造"绿色、高端、和谐、宜居"城乡人居环境，满足人们生态旅游、绿色交通、人文、康养等美好需求。

宁夏作为内陆边远地区、经济欠发达地区、少数民族聚居区、生态环境脆弱区，推进黄河流域生态环境保护和高质量发展先行区、乡村全面振兴样板区、铸牢中华民族共同体意识示范区"三区"建设，必须加快建立健全具有宁夏特色和发展前景的生态产品价值实现机制，加强制度供给，打通生态产品价值实现通道，为生态产品价值区域共享贡献宁夏力量。

第二节　生态产品价值实现机制研究现状

一　生态产品及生态产品价值相关概念

生态产品是自然生态系统与人类生产共同作用产生的能够增进人类福祉

的物质产品和生态服务的总称①，是维系人类生存发展，满足人民日益增长的优美生态环境需要的必需品。生态产品按照其公益性质划分，可分为公共性生态产品、经营性生态产品和准公共性生态产品三种，主要包括水资源产品、清新空气、林木资源产品、草原资源产品、绿色农产品、生态旅游、碳汇功能产品等（见图7-1）。

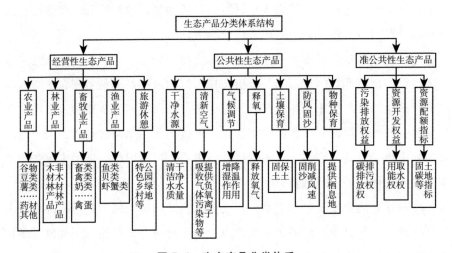

图 7-1　生态产品分类体系

资料来源：张永红、苏子龙、史宏军等《宁夏生态产品价值实现路径研究》，《宁夏生态文明建设报告（2022）》，2022年1月。

"草木植成，国之富也。"无论是自然形成的生态产品（如野生食品、野生中草药、淡水、燃料、原料等）或蕴含人类劳动的自然资源产生的生产类生态产品（如生态农产品、畜牧产品、林业产品、渔业产品、能源产品等），还是对生态环境管理及治理形成的生态产品（如清新空气、清洁水源、宜人气候等），都具有经济价值②。良好的生态环境本身就蕴含着经济社会价值。除此之外，生态产品价值还包括使用价值、生态价值、经济价值、社会价值、政治价值和伦理价值。由于生态产品属性、功能、品质、分

---

① 陈光炬：《生态产品价值实现的理论逻辑与实践路径》，中国（丽水）两山学院网站，2020年4月26日。

② 周斌、陈雪梅：《新时代中国生态产品价值实现机制研究》，《价格月刊》2022年第5期。

布、产量等特征差异，其价值实现方式各不相同。优良空气、优质水源、宜人气候等产权不明晰的公共物品属于公共性生态产品，其价值实现目前主要依靠政府，通过财政转移支付、财政补贴等方式进行"购买"实现纵向生态补偿；旅游产品、绿色农产品等众多生态产品具有明确产权，能够直接进入市场交易的商品属于经营性生态产品，其价值实现主要依靠市场，通过生态产业化、产业生态化和直接进入市场交易实现价值。准公共性生态产品的价值，如我国碳排放权、排污权、碳汇交易和德国的生态积分等准公共性产品既具有公共特征，又能够通过法律或政府规制的管控创造交易需求、开展市场交易，其价值实现方式主要是政府调控和市场交易相结合。

二　我国生态产品价值实现机制研究现状

近年来，我国围绕生态产品价值实现，各省区市不断加强顶层设计，依托资源特色和优势，积极开展试点工作，在水资源价值、林木资源价值、草原资源价值、生态系统服务价值、绿色农产品价值、生态优势转化为产业优势等方面进行了生态产品价值实现的积极探索，取得了重要进展。

（一）政府行为引领生态产品价值实现

1. 试点实践探索生态产品价值实现路径

党的十八大以来，我国围绕生态产品价值实现机制做出了一系列探索，开展生态产品市场化先行试点。2017 年，中共中央、国务院明确提出选择浙江、江西、贵州、青海等具备条件的地区开展生态产品价值实现机制试点。随后，浙江丽水、江西抚州于 2019 年被确定为生态产品价值实现国家级试点城市，南平市、江阴市、苏州吴中区、邹城市、淅川县、西峡县、灵宝市于 2021 年被确立为国家自然资源领域生态产品价值实现机制试点。自然资源部还结合地方生态产品价值实现机制探索情况，积极总结成功案例，先后印发了三批《生态产品价值实现典型案例》，面向全国推广成功经验，为地方生态产品价值实现探索提供参考。譬如，浙江省丽水市为破解生态产品"抵押难、交易难"的问题，建设国家级生态产品交易中心，首创生态产品价值核算评估应用体系，开展基于 GEP 核算的生态产品交易实践和

"GEP 贷""两山贷"等绿色金融产品创新，以此支撑生态产品价值实现①。福建省三明市森林资源丰富，为发挥森林资源优势，三明市推进集体林权制度改革，培育新型经营主体，形成多元经营格局，创新推出林权按揭和"福林贷"等普惠林业金融产品；为解决林权"碎片化"和林农缺乏技术、资金等问题，大力推动林业生态产品价值转换，积极探索形成了"以合作经营、量化权益、市场交易、保底分红"为主要内容的"林票"制度及用于林业碳汇产品交易的"碳票"制度，逐步打通森林生态价值转化为经济价值的渠道，即通过林权改革和碳汇交易促进生态产品价值实现，推动生态环境保护与经济高质量发展双赢②。山东省东营市探索自然保护区特许经营办法和社区共享机制，创新"绿色土地"出让机制，建立"土地出让+生态券"的土地使用价值形成机制，实现生态产品价值显化和外溢③。江苏省宿迁市泗洪县为激活生态产品价值转换，率先探索"绿票"交易、"绿色"贷款、"绿能"抵耗、"绿电"交易、"绿色"供给五项机制，推动地方生态产品价值转化实现④。其中"绿票"交易，即在泗洪县区域范围内符合条件的国有建设用地出让时，因该宗土地建设所导致的生态破坏和环境污染需要治理，竞得者需要从泗洪县生态产品交易平台购买用以恢复和治理未来污染物的相当数额的券，此券就是"绿票"，目的就是建立生态环境保护者受益、使用者付费、破坏者赔偿的利益导向机制，出售"绿票"所得的资金将全部用于生态项目的投资建设。江西省武宁县长水村依托生态产品储蓄银行带动发展林下菌菇及康养度假等生态产品实现价值转化、吉林省抚松县发展生态产业推动生态产品价值实现、广东省南澳县"生态立岛"促进生态产品价值实现、海南省儋州市莲花山矿山生态修复及价值实现等生态产品价

---

① 丽水市财政局：《丽水：生态产品价值实现机制的"丽水探索"》，丽水市财政局网站，2023 年 6 月 12 日。

② 福建省自然资源厅：《三明市林权改革和碳汇交易入选部生态产品价值实现典型案例》，福建省自然资源厅网站，2021 年 12 月 28 日。

③ 贾瑞君、李广寅：《生态产品价值实现，看"东营模式"》，《大众日报》2022 年 9 月 8 日。

④ 泗洪县人民政府办公室：《泗洪县五项改革率先探索生态产品价值实现机制》，泗洪县人民政府网站，2022 年 9 月 28 日。

值实现的探索与实践，都取得了很好的成效，形成在全国可借鉴、可推广、可复制的生态产品价值实现模式。

2. 理论引领生态产品价值实现

经过各省区市多年的努力探索，生态产品价值实现机制已取得了明显的成效，形成了具有地方特色的理论制度。2021 年，中共中央办公厅、国务院办公厅印发了《关于建立健全生态产品价值实现机制的意见》，指出要建立生态产品调查监测机制、生态产品评价机制，健全生态产品经营开发机制、生态产品保护补偿和价值实现保障、推进机制等。同时，明确指出建立健全生态产品价值实现机制，是贯彻落实习近平生态文明思想的重要举措，是践行"绿水青山就是金山银山"的关键路径，是从源头上推动生态环境领域国家治理体系与治理能力现代化的必然要求，对推动经济社会发展全面绿色转型具有重要意义。随后，各地区、各部门结合当地实际，深入贯彻落实《意见》要求及国家关于生态产品价值实现相关政策，推动各地出台及落实具有地方特色的《实施方案》。2021 年 6 月江西省委、省政府印发了《关于建立健全生态产品价值实现机制的实施方案》（以下简称《实施方案》），2021 年 11 月浙江省印发了浙江《实施方案》，2021 年 12 月海南省印发了《海南省建立健全生态产品价值实现机制实施方案》，2022 年 1 月江苏省印发了《江苏省建立健全生态产品价值实现机制实施方案》，2022 年 2 月天津市出台了《天津市建立健全生态产品价值实现机制的实施方案》，2022 年 3 月福建省出台了《实施方案》，2022 年 5 月山西省 11 部门联合印发《实施方案》，等等。《实施方案》中明确了建立生态产品调查监测、价值评价与核算、经营开发与市场交易、损害赔偿与保护补偿、价值实现保障及推进等机制，围绕生态产品价值实现制定了具有地方特色的多项重点任务清单，明确责任分工及目标，为推进区域生态产品价值实现提供了理论指导和根本遵循。

（二）生态产品价值实现的学术领域研究进展

为更好推动生态产品价值实现机制进一步完善，学术界也对生态产品价值实现机制做出多方面的理论研究。郭韦杉、李国平认为我国提出的生态产品价值实现机制与国际上通行的 PES（生态系统服务付费）相似，但我国生态产品价值实现机制所包含的范围更广[①]。国际上通行的 PES 是在 ES（生态系统服务）的基础上增加的一种基于市场的有效环境治理手段或激励机制。由于 ES 具有公共属性，过度使用造成的自然资源耗竭和环境污染不利于人类及其经济社会可持续发展，所以需要通过一定的手段进行治理。PES 从生态环境保护利益相关者的利益机制出发，通过 ES 供求双方的利益成本约束、支付关系及协调机制的制度安排，实现生态环境外部成本的内部化，让生态环境保护者得到生态效益提供者的生态补偿[②]。我国生态产品价值实现机制相较于国外生态系统服务付费（PES）制度，突破了"唯经济论"和"唯生态论"。生态产品价值实现是在生态环境治理和保护的基础上实现的生态产品价值转换，破解发展与保护之间的关系，实现了生态环境保护促进经济社会高质量发展路径。赵斌、郑国楠等对公共产品类生态产品价值实现机制的研究认为，公共生态产品的价值实现需要凝聚共识、通力合作、精准施策，多元协同参与，因此设计了多元主体参与机制、行政手段与非行政手段协同机制、基于数据链的生态产品价值核算评估机制、建立在价值核算基础上的财政资金分配及奖惩机制、基于数据链的资源环境税费定价（率）机制，以及与准公共产品价值实现之间的衔接机制六个方面[③]。周斌、陈雪梅认为我国目前生态产品价值实现还存在生态产品产权与生态产品价值核算体系不清晰、生态产品损害赔偿与保护补偿机制不合理等问题，应该通过完善自然资源生态产品产权制度、财政投入、生态补偿、市场体系和价格机制，建立生态产品核算机制与金融支持等机制[④]。孙博文认为当前我国在生态产品价值实现机制的探索中取得了重要进展，但是还存在一些不足有待

---

① 郭韦杉、李国平：《欠发达地区实现共同富裕的主抓手：生态产品价值实现机制》，《上海经济研究》2022 年第 2 期。

② 李国平、石涵予：《国外生态系统服务付费的目标、要素与作用机理研究》，《生态环境与保护》2015 年第 6 期。

③ 赵斌、郑国楠、王丽等：《公共产品类生态产品价值实现机制与路径》，《理论前沿》2022 年第 4 期。

④ 周斌、陈雪梅：《新时代中国生态产品价值实现机制研究》，《价格月刊》2022 年第 5 期。

完善，具体表现为对生态产品内涵认识不足、自然资源资产产权制度不健全、生态产品价值核算标准不统一、生态保护补偿制度改革不够深化、生态产品市场化交易机制不健全、生态金融发展滞后导致资金短板、数字技术应用支撑作用不明显，以及生态产品价值实现法治保障不足等[①]。近年来，众多学者对生态产品价值实现机制开展了大量研究，并取得了较多成果。但由于生态产品具有其特殊性和复杂性，生态产品价值相关研究正处于起步、探索阶段，有些研究未与实践相结合，有些研究不够深入，有些生态产品核算方法缺乏理论支撑，体系不完善，等等。在今后的学术研究中，应加强理论研究，并将理论与实践相结合，探索更加适用、更优的方法与机制推动生态产品价值实现。

三　宁夏生态产品价值实现机制研究现状

宁夏坚决贯彻落实党中央关于生态文明建设的决策部署，坚持走生态优先、绿色发展之路，在生态产品价值实现机制方面做出了积极探索，为全面建设社会主义现代化美丽新宁夏提供绿色保障。

为贯彻落实中共中央办公厅、国务院办公厅《关于建立健全生态产品价值实现机制的意见》，宁夏在生态产品价值实现机制探索方面积极行动。2020年以来，自治区自然资源厅积极开展专题研究，探索符合宁夏实际和管理需要的生态产品价值实现路径、管理措施、支持政策和保障措施等，先后征集并印发了《宁夏回族自治区生态产品价值实现典型案例》，指导各市县积极探索创新相关生态产品实现机制。其中，"稻鱼空间"就是银川市贺兰县一二三产业融合发展促进生态产品价值实现的典型范例，同时也是全国第三批生态价值实现典型案例。2012年以前，这里土壤盐渍化严重、农业基础设施简单、生产落后，导致水稻产量、农产品质量及人均收入"三低"。2012年以后，四十里店引入企业，因地制宜改善盐碱化土质，集种植业、渔业、旅游业和产品初加工于一体，以一二三产业融合发展推动生态产

---

① 孙博文：《建立健全生态产品价值实现机制的瓶颈制约与策略选择》，《改革》2022年第5期。

品价值实现，促进当地生态保护与经济高质量发展，并于 2018 年 10 月被农业农村部评为"中国美丽休闲乡村"，成功入选自然资源部第三批 11 个生态产品价值实现典型案例，在全国范围推广。"稻鱼空间"入选全国生态产品价值实现典型案例，让宁夏在加快建立健全生态产品价值实现机制方面信心倍增。

2021 年宁夏回族自治区政协十一届四次会议上，提出建立可持续的生态产品价值实现机制的提案，自治区林业和草原局积极回应，提出在立足生态产品资源禀赋，注重生态价值评估方面，要积极推动建立健全生态产品价值实现机制，全面开展以国家公园为主题的自然保护地体系构建工作，加快宁夏草地资源生态服务功能的经济价值评估；在着眼生态产品的外部效应、更加注重城市品质的提升方面，要依据自治区《黄河流域宁夏段国土绿化和湿地保护修复规划（2020—2025 年）》，深入推进村庄绿化和庭院经济林等多项重点建设项目落地；在把握宁夏生态产品的属性特征，注重生态产业间的融合互动方面，要全力推动枸杞产业发展；在发挥生态产品的经济价值，更加注重市场机制的引入方面，要积极探索碳汇林交易，深入推进山林权改革，加强草地资源的可持续管理与利用。此外，宁夏还出台了《宁夏回族自治区自然资源领域生态产品价值实现机制建设方案（试行）》，提出要推动建立生态产品调查监测体系及其评价体系，构建生态产品价值业务化核算技术体系，建立生态产品开发适宜性评价体系；建立健全自然资源资产产权运营机制，推进农村闲置宅基地复绿溢价探索，推动国有荒地复绿增值，建立健全"以林养林"新模式，探索拓展"以地换林换草"新路径；推动建立生态资源权益交易机制，开展绿化增量指标交易探索，推动生态系统碳汇交易；创新吸引社会资本参与生态保护修复新机制，推进建立工矿废弃地一体化整治利用新模式，探索附带土地权益的防沙治沙新模式，探索黄土高原水土流失综合治理及产业开发新模式，探索耕地补充改造新模式；积极推进生态产品产业化、产业生态化经营；完善自然资源资产生态补偿和损害赔偿机制以及健全生态产品价值实现支撑保障机制；等等。

宁夏各市（县、区）、各相关单位积极落实建立健全生态产品价值实现机制政策，在实践中不断探索、创新发展生态产品价值实现机制。2022 年 6 月，自治区林草局就农工党宁夏区委会提出的关于落实宁夏"双碳"目标提案发函，提出要聚焦生态修复扩绿量绿能，提升碳汇能力，建立健全生态系统产品价值实现机制及生态补偿机制。一是因地制宜构建符合宁夏森林、草原、湿地生态系统特征的完备的碳计量模型体系，摸清碳储量，为林草碳计量与效益评估做支撑；二是开发搭建桌面端宁夏林草碳汇资源感知平台和手机端林草碳汇资源展示 App，实现林草碳汇计量监测可视化，提升温室气体清单编制和碳汇效益核算工作效率，为宁夏碳汇交易和生态产品价值实现提供有力支撑；三是继续开展宁夏林地碳储量资源调查，为科学评估自治区林草碳汇能力、碳中和能力及发展潜力，推动绿色低碳可持续发展提供可靠的数据保障；四是深化山林权改革，印发《关于深入推进山林权改革加快植绿增绿护绿步伐的实施意见》。例如，银川市兴庆区月牙湖乡镇红墩子区立足自身地理优势与自然资源禀赋，以薰衣草基地生态环境建设促进生态产品价值实现。红墩子区降水稀少，风沙较多，地貌以固定半固定沙丘为主，植被稀疏，以沙漠植被为主，植被覆盖度不足 30%，生态功能脆弱。当地政府引进薰衣草生态庄园项目，先后种植乔木、灌木、常青树、果树和沙生植物，通过生态修复、系统治理和综合开发，恢复自然生态系统功能，增加生态产品的供给，并利用优化国土空间布局、调整土地用途等政策措施发展延长产业链，实现生态产品价值的提升和外溢。除通过生态修复提升生态价值外，还通过生态旅游推动生态产品价值实现。宁夏薰衣草庄园地处毛乌素沙漠边缘，濒临黄河，是集沙漠、黄河、林草花海于一体的塞上美景区。园区充分利用其独具特色的旅游资源和优越的地理条件，形成集"三季有花、四季常绿"的生态观光、探险、康养、休闲度假区于一体的生态旅游区。宁夏薰衣草基地建设，不仅有效改善了兴庆区及周边区域的生态环境，成功地在银川东部构筑起一道万亩生态屏障，实现了其生态效益；而且防风治沙林可开展研学活动，经果林可赏花可采摘，薰衣草片区吸引大量摄影爱好者及婚庆公司留下美好记忆，生态旅游蓬勃发展，该项目的实施还可大量吸收生态移民就业，以闲置荒地资源的生态保护开发换取移民就业、社会稳定，促进生态产品价值的实现，兼具经济效益和社会效益。

生态产品价值实现，既能保护和修复生态系统，治理和改善自然环境，又能满足广大人民群众对美好生活的需要；既是"两山"理论的生动实践，又是充分发挥市场作用进行生态保护和修复的具体体现，是实现经济社会高质量发展的重要路径选择。宁夏作为西部生态环境脆弱区、经济发展滞后区，必须要认真贯彻落实《建立健全生态产品价值实现机制的意见》，立足宁夏实际，建立健全生态产品实现机制，培育和发展具有宁夏特色的一二三生态产业，以绿色创新发展推动黄河流域生态保护和高质量发展先行区建设，为建设经济繁荣、民族团结、环境优美、人民富裕的社会主义现代化美丽新宁夏贡献力量。

第三节　宁夏生态产品价值实现的探索

一　水资源产品价值实现的探索——用水权改革

宁夏为建设黄河流域生态保护和高质量发展先行区，践行中央治水思路，强化水资源在经济社会发展中的刚性约束作用，提升用水效率，2021 年发布《宁夏"十四五"用水权管控指标方案》，修订《宁夏回族自治区取水许可和水资源费征收管理实施办法》，印发配套相关制度，完善用水权省级、县级平台交易，推动"水资源"向"水资产"转变。2022 年自治区第十三次党代会提出以黄河保护治理为核心，部署"六权"改革，持续深入推进用水权改革，健全完善水权水市场，探索形成众多水生态产品价值实现模式。

2022 年 8 月，经核定，宁夏确权灌溉面积 1042.8 万亩，确权水量 41.6 亿立方米；建立工业企业用水台账 3953 家，工业用水确权总量 4.8 亿立方米[①]。截至 2022 年底，宁夏累计交易水量 9098 万立方米、交易金额 3.37 亿

---

① 裴云云：《宁夏用水权确权工作完成》，《宁夏日报》2022 年 8 月 23 日。

元[①]。宁夏在全国率先探索创新用水权确权理论方案，率先出台"四水四定"管控方案，凝聚工作合力，形成了"总量管控、定额分配、适宜单元、管理到户""指标到县、用途管控"的新模式，建成了确权交易监管平台和数据库。

宁夏用水权改革重点在以下三个方面。

1. 为保证水资源总量，推进再生水综合利用

宁夏在农业领域严格实施深度节水控水，在工业领域严格高耗水产业准入，在生活用水方面提高节水器具普及率，多领域共同发力激发全社会节水积极性的同时，大力推进再生水综合利用。完善再生水利用配额制度，将再生水用于工业生产、生态补水等；利用水源热泵技术，将再生水用于供热供暖、市政杂用等；利用污水处理企业、科研院所的污水处理技术，将再生水用于农业灌溉、城市绿化等。

2. 为优化用水结构，深入推进水利"放管服"

通过优化用水结构推动产业结构调整，以用水方式转变倒逼发展方式转变、经济结构优化、增长动力转换。利用分类水价和超定额累进加价机制，合理定价，精准补贴，推进农业水价改革。利用协会、合作社、服务公司等，鼓励和引导社会资本进入，推进水利投融资改革。完善简化审批流程、全流程网上受理工作，优化权责清单，实现审管联动。水资源配置初步实现由"政府主导、无偿配置"向"市场主导、政府调节、有偿使用"的根本性转变。

3. 为激活水权市场，充分利用"互联网+"产业

发挥市场在水资源配置中的决定性作用，盘活水资源存量，激活水权水市场，通过多渠道多形式的交易，加快二级水市场的建立。利用水银行，完善水权收储交易投融资机制；利用水联网，加强"互联网+城乡供水"监测能力；利用数字治水新技术，优化资源配置，提高治水成效。

---

① 裴云云：《宁夏"六权"改革披荆斩棘直大道》，《宁夏日报》2023年1月6日。

二 林木资源产品价值实现的探索——山林权改革

宁夏推进山林权改革是建设黄河流域生态保护和高质量发展先行区的一大有力抓手，既要植绿增绿，提高森林覆盖率，有效改善生态环境，又要使林业增效，农民增收，做大做强林业产业体系。山林权改革能够有效地促进经济与环境的协调发展，真正变"绿水青山"为"金山银山"，实现林业生态产品价值。2021年底，宁夏国有林地确权面积321.6万亩，集体林地确权面积665.4万亩，依申请颁发林权类不动产证160本；林权抵押面积18.3万亩，林权抵押贷款余额20.2亿元；集体林地经营权流转面积15.74万亩，培育新型绿化经营主体2981家，经营利用林地面积149.8万亩；建立"1+5+22"山林权市场交易体系①。截至2022年底，宁夏无权属争议林地确权515.9万亩，确权率达到75%；培育新型林业经营主体3040家，经营利用林地面积139.3万亩，集体林地经营权流转面积达19.11万亩，新增林权抵押贷款4.08亿元②。印发《全面推进林长制工作方案》《自治区级林长制会议制度》《林长制信息通报制度》《自治区级林长制督办制度》等制度，将林长制纳入年度效能考核，以山林权改革推动林长制落实。

宁夏山林权改革重点在以下三个方面。

1. 实行林长制智慧管理

宁夏通过实施政策保障、人才保障、技术保障、管理保障推动山林权改革。根据自治区要求，依法依规进行山林权改革，落实林长制、山长制，完善考核机制，全面做好服务与管理，促进宁夏林业可持续发展。利用"互联网+"，建立林长制智慧管理系统，基本覆盖自治区全部林草资源。利用"智慧林长"移动端App，集信息查询、业务办理、日常巡林、现场督查、外业调查于一体，实现林长制网格化管理、事件闭环化处置、责任明确化落实等智慧管理。

---

① 刻斌权：《宁夏以山林权改革推进林长制落实》，《中国绿色时报》2022年2月18日。
② 裴云云：《宁夏"六权"改革披荆斩棘直大道》，《宁夏日报》2023年1月6日。

2. 林业产业特色化发展

宁夏森林资源并不丰富，因此林业产业要靠特色化发展实现其价值。在发展林业金融、拓宽投资渠道的基础上，因地制宜、因林制宜，无论是经果林、苗木花卉的培育，还是林副产品的采集加工，森林旅游、森林康养产业等，在产业选择上都要突出特色，依托当地资源禀赋，最大限度延伸产业链，并积极探索发展林下经济。中药材、食用菌、野菜、林下养殖等都属于宁夏地区当下较为成功的林下经济形式。充分利用森林资源，增加森林附加值，以基地的形式成片种植或养殖，能更为有效地增加林农收入。积极探索碳金融、碳交易、碳测量、碳规划等新兴行业，推动林业生态产品增值。为了应对未来在气候、能源方面的挑战，完成"碳达峰碳中和"任务，宁夏正在积极探索融入全国碳排放权交易市场，将电力行业重点排放单位纳入全国碳市场配额管理。

3. 创新工作机制

山林权改革既是乡村振兴的有效抓手，又是建设黄河流域生态保护和高质量发展先行区的重要措施。各市、县、区在组织、制度、管理、模式等方面积极探索、大胆创新，充分展现基层在落实林长制过程中的主体地位和首创精神。泾源县全面实施森林警长制，协助对应林长履行职责；平罗县探索建立"林长+派出所所长+护林员+监管员+消防大队"的"两长两员一大队"模式；隆德县建立"林长+N"管护模式，配齐配强"县护林执法大队+天保办林政执法监察大队+森林公安派出所+国有林场+乡镇林业工站+专职护林员"的专业管护队伍，为实现林业生态产品价值探索新机制。

三　土地资源产品价值实现的探索——土地权改革

宁夏土地面积小、闲置土地多、利用方式粗、亩均效益低，生态、农业、城镇争空间、抢地盘问题较为突出，亟须通过深化土地权改革，创新土地政策、盘活土地资源、显化土地价值。2021年宁夏全面展开土地权改革，并率先探索规划"留白"、分割转让、承诺制等多项创新改革措施，多力合一共推土地资源"盘活增值"。2021年，宁夏交易集体经营性建设用地32

宗、554.23 亩，出让收益 3949.67 万元，村集体和农民分享土地增值收益 1949.59 万元；高效供应国有建设用地 1095 宗、总面积 6.8 万亩；通过弹性年期出让工业用地 53 宗、2833.5 亩，成交价款 1.2 亿元；已完成全区农村宅基地摸底调查，建立农村宅基地基础数据库；农村承包地确权登记 1535 万亩，承包地流转面积累计达 329 万亩，累计发放贷款 4.5 万笔共计 31.9 亿元①。截至 2022 年底，基本建成五市土地交易二级市场，保障 296 宗 9100 亩闲置工业建设用地重新进入市场交易；累计批准建设项目用地 207 批次（宗）、7.5 万亩；处置批而未供和闲置土地 5.52 万亩②。不断盘活土地存量、谋求土地增量，为黄河流域生态保护和高质量发展先行区建设提供基础保障。

宁夏深化土地权改革，主要有以下几点做法。

1. 创新土地市场供应方式

从调整用地结构、创新供应方式、拓展供应渠道三个方面，宁夏提出了一系列含金量高的政策措施，重点探索工业用地弹性出让、混合供地、"标准地"等土地供应机制，降低企业用地成本，满足产业融合发展需求，增强宁夏经济高质量发展动力。

2. 市场化盘活存量土地

宁夏出台集体经营性建设用地出让（出租）指导意见，健全入市交易、收益分配等制度。土地权改革把"以亩均论英雄"作为根本导向，在强化行政、法律手段的基础上，创新市场化机制，综合运用激励性评价、差别化支持、利益式引导等措施，引导市场主体主动盘活低效闲置土地，促进土地生态产品价值增效，带动产业结构、产能结构、产品结构调整。

3. 探索土地指标跨区域交易机制

土地指标交易是国家为实现资源和资金在城乡之间、区域之间双向流动、平等交换和优化配置实施的一项重要政策。宁夏闲地、荒地、废地多，

---

① 张唯：《盘存量谋增量土里亦生"金"——宁夏土地权改革的"赋活"之路》，《宁夏日报》2022 年 1 月 5 日。

② 裴云云：《宁夏"六权"改革披荆斩棘直大道》，《宁夏日报》2023 年 1 月 6 日。

既是宁夏国土空间开发的重要问题，也是未来发展的潜在资源。通过土地权改革，致力于用足用活用好国家政策，把劣势变优势、将资源变资本。一是全面摸清生态移民迁出区、工矿废弃地、国有荒地、闲置宅基地等土地资源，全面规划，统筹布局；二是实施高标准农田建设、土地整治、宅基地复垦等项目，整理闲地、废地、荒地，形成可以纳入国家统筹交易的耕地和建设用地指标；三是争取国家支持，开展土地指标跨省区交易，同时完善区内土地指标交易平台，实现资源资金互补，推动山川共济、协同发展。

四　生态系统服务价值实现的探索——生态补偿机制

通过财政转移支付与生态保护成效挂钩政策，宁夏积极探索完善流域生态补偿机制，奖惩并举，纵横结合，使宁夏生态环境质量明显改善。2017年宁夏出台《关于建立生态保护补偿机制推进自治区空间规划实施的指导意见》《关于建立流域上下游横向生态保护补偿机制的实施方案》，为流域生态保护补偿和损害赔偿作出积极贡献。

2018年宁夏开始实施财政投入与环境质量和污染物排放总量挂钩政策，自治区人民政府出台了相关政策性文件，自治区财政、生态环境两部门配套制定了相关考核奖补细则，明确了生态补偿范围、挂钩标的、资金来源以及资金配比使用等要求。从2019年开始，宁夏每年安排2亿元奖补资金，对未完成上年度考核指标的县域进行处罚，处罚资金全部用于对生态环境质量改善明显市（县、区）的生态补偿，处罚标准与奖补标准相同；处罚资金从上下级财政结算资金中扣减。2020年，自治区生态环境、财政两部门对奖罚标准进行了调整，对未完成上年度考核指标的处罚标准提高为奖补标准的5倍，将处罚金用于生态环境质量改善较好、主要污染物减排贡献大的地区进行补偿。

在纵向生态补偿逐渐铺开的同时，宁夏开始在横向生态补偿方面发力，主要是协同建立黄河宁夏段上下游横向生态补偿机制和黄河流域省际上下游横向生态补偿机制。宁夏县域横向生态补偿正在快速推进。自治区财政、生态环境、水利、林业和草原四部门联合印发《黄河宁夏段干支流及入黄排水沟上下游横向生态保护补偿机制试点实施方案》。该方案规定，自2021年起，自治区设立黄河宁夏过境段干支流及入黄重点排水沟流域上下游横向生态保护补偿专项资金，自治区和市、县、区按照1：1比例共同筹措资金2亿元，支持引导建立区内县域横向生态补偿机制。按照"保护责任共担、流域环境共治、生态效益共享"和"谁达标谁受益、谁污染谁赔付"的原则，设置水源涵养、水质改善、用水效率三类考核指标，搭建"全面覆盖、权责对等、联防共治"合作平台，自治区财政统一汇总测算并兑现补偿资金（其中水质改善指标由自治区生态环境厅负责考核测算，权重为40%），推动跨省域、省域内生态补偿机制完善。

五 绿色农产品价值实现的探索

宁夏农业产业绿色化水平较低，具体表现为：以传统种养为主的低端发展，产业规模小、基础薄弱、管理粗放，产生的绿色生态农产品大多是初级产品销售，不能实现优质优价；农产品产业链短、附加值低，加工类占比较低，市场竞争力与销售渠道不够畅通，处于初级发展阶段；优质生态农产品少，品牌优势不足；技术支撑与产业发展存在差距，农业产业生态化过程中技术指导方面缺乏经验，基层技术人员出现断层，在品种培育、栽培管理、病虫害防治等方面技术欠缺及服务不到位；新型经营主体作用发挥不够，对龙头企业、合作社、家庭农场等新型经营主体培育力度不够，产业带动不足，持续增收乏力，抵御市场风险能力弱；等等。针对以上不足，宁夏积极探索绿色农产品价值实现的路径，主要做法如下。

1. 加大资源节约型农业技术的研发与利用

资源节约型农业技术主要是针对自然资源、社会资源节约集约利用，对自然资源节约主要是指节水、节地、节时等，对社会资源的节约主要包括节约劳动力、节约资金、节约能耗等。宁夏目前最有效的资源节约型农业技术包括高效节水技术，大大提高了水资源的利用效率；彭阳的旱作梯田及高标准农田建设，节约了土地资源，提高了土地资源利用率，保护了水土肥力，等等。土地权改革与山林权改革已改变现有的农业生产方式，实现规模生产，从而实现对社会资源的节约利用。

2. 促进农业废弃物综合利用

宁夏目前对秸秆的综合利用主要做法是粉碎后还田处理、与玉米及苜蓿等一起做饲料、与稻壳禽畜粪便等高温发酵做有机肥料、制作菌菇生长的基质、用于生物质能源材料等，秸秆回收利用率为87.6%。秸秆还田是比较粗放型的回收利用方式，并且还田后容易出现病虫害、减产等弊端，应推广更高技术水平的农业废弃物资源化利用技术，进一步提高秸秆回收利用的经济效益，比如技术水平更高的饲料化技术与基质化技术。另外秸秆、禽畜粪便还是制沼气能源的原材料，每吨秸秆所生产的沼气能源相当于0.7吨煤炭（中等品质的煤）燃烧所产生的能量，而且成本低，有效降低对环境的污染，实现减污降碳增效目标。宁夏要积极推广秸秆燃料化技术试点，将生物质能源用于民众日常生活，形成可推广、可复制的农业废弃物绿色利用模式。

宁夏农业生产依然离不开对农药、化肥的依赖，但是农药与化肥的使用会带来水体污染、土壤污染、大气污染。为降低农业面源污染，宁夏积极推广使用高效新型肥料及有机农药等，有效实现化肥农药降量、农产品提质增效、环境明显改善。增加农田建设专项资金用于研发新技术、新产品、新配方以及土壤改良、节水灌溉、农田基础设施建设等，进而提高生态农产品的产量、品质，实现优质生态产品增值。

六 将生态优势转化为产业优势的价值实现探索

宁夏培育壮大产业新优势，为绿色发展持续注入新动能。石嘴山市继续加快老工业基地转型的力度和速度，瞄准高端化、绿色化、智能化、融合化产业升级改造，加快发展新型材料、电子信息、清洁能源等产业，推进传统制造业设备换芯、机器换人、生产换线、产品换代，力促全产业链优化升级。吴忠市出台了《推进沿黄生态经济带建设行动计划》，大力发展绿色工业，改造冶金、化工、建材等传统产业存量产能，推动能源化工等产业向高端精密、绿色精细提升。立足数控机床、仪器仪表、轴承等特色产品优势，推进"互联网+先进制造业"发展工业互联网建设。围绕羊绒深加工、棉纺、家纺针织、服饰四大纺织产业链条，建成以品牌和技术为引领的现代纺织全产业链体系。重点推进乳制品、休闲食品、调味品、生态保健产品向高附加值、绿色生态方向发展。中卫市积极融入沿黄生态经济带建设，用高新技术和先进适用技术改造传统产业，严格控制高污染、高耗水、高耗能产业发展，加快培育一批绿色产业集群和龙头企业，实现经济发展和生态环保的双赢。同时，加快推进农业"种、养、加、销"一体生态循环发展，提高农业综合效益。加快发展环境友好型现代服务业，大力发展绿色金融、全域生态旅游、电子商务等新业态、新模式，推动服务主体生态化、服务过程清洁化、消费模式绿色化。

宁夏依托优质生态资源、旅游资源及悠久历史文化资源，积极推广"生态旅游+"融合发展模式，主要包括如下几个方面内容。

1. 建设国家公园

宁夏积极探索建设贺兰山国家公园。国家公园建设不仅能保护贺兰山珍稀动植物资源，有效维护生物多样性，充分发挥其生态安全屏障作用，而且可以作为休闲旅游、运动康养、研学旅游等场所，实现其生态产品价值。

2. 石嘴山市生态城市游

生态城市以绿色、低碳、生态为理念，以建立生态可持续发展和发挥经济高质量发展最大潜力为宗旨，为工业、农业、生态、能源等领域带来动能与活力。石嘴山市作为资源枯竭型城市，多年来积极追求产业转型，探索打造一座全新的生态科技创新城，真正实现"腾笼换鸟"；积极打造西北第一座湿地生态城，在交通网络、新能源、生态农业、清洁水系、宜居社区、高端产业等方面下功夫，打造新的城市名片，为石嘴山市未来发展创造商机；严格落实废弃矿山生态修复，通过生态治理、景观再造提高场地环境品质，例如打造奇石山旅游产品；打造以生态旅游、工业旅游、度假旅游为主的旅游度假产业，打造以医疗养生、休闲养生、食疗养生为主的健康养生产业，构建与外部功能联动、内部产业链循环的新型产业结构体系，创新生态产品价值实现路径。

3. 吴忠市生态农业旅游

生态农业旅游是以生态农业生产和生态旅游为主要功能，集生态农业建设、科学管理、旅游商品生产与游人观光生态农业、参与农事劳作、体验农村情趣、获取生态和农业知识于一体的一种新型旅游产品。吴忠市具有优良的生态农业资源，在旅游项目设计中探索将农产品劳作、采摘、餐饮、金融、旅游、康养等行业融合发展，既能保持田园生态风光，也能实现其旅游价值，满足人们旅游体验。例如吴忠国家农业科技园区孙家滩的果蔬采摘与文旅融合，成为众多游客的打卡地。

4. 固原市红色旅游

宁夏拥有珍贵的红色旅游资源，已被列入全国 12 个重点红色旅游区之一的"陕甘宁红色旅游区"。目前，宁夏固原市红色旅游开发以展馆陈列、建纪念馆、观看讲解等初级旅游项目为主，而且由于革命遗迹遗址等红色资源保护力度不够多有破损，影响游客感观及体验。因此，固原市积极探索一二三产业融合发展模式，依托其独特的红色旅游资源，加之多样性生态旅游资源、多元性文化旅游资源、独具特色的民俗旅游资源等资源融合发展，积极构建红色旅游胜地及避暑胜地，实现其生态旅游产品价值。

5. 中卫市黄河文化生态旅游

中卫市生态旅游资源丰富，逐步将黄河、湖泊湿地、林业、农业、沙漠、教育、文化等元素深度融合，积极打造中卫黄河文化生态旅游圈。中卫市集沙、山、水、园于一处，融长城文化、丝路文化、游牧文化、农耕文化于一体，以"黄河"为背景、以"特色农事活动"聚客，做好"农业+""田园+"文章，建设一批田园综合体、特色生态旅游小镇等，发展观光农业、乡村民宿、采摘体验、生态休闲、健康养生等特色游，使田园变公园、农房变客房、劳作变体验、资源变资产。中卫市因地制宜发展优势特色农业，加快培育合作社、农庄等新型经营主体，大力发展民宿、农家乐等业态，构建现代农业与旅游融合发展新模式。同时，中卫市的综合防沙治沙工程体系是治沙工作者勤劳与智慧的结晶，被誉为"人类治沙史的奇迹"，将防沙治沙融入中卫市的生态旅游中，将文化精神与农业、旅游业深度融合，既能够将伟大精神发扬光大，又打响了独一无二的生态旅游名片。

第四节　建立健全宁夏生态产品价值实现机制存在的问题

一　生态产品产权难以界定致使生态产品价值难以实现

大气、水、土壤等自然界一直广泛存在且不可或缺的资源，山体、河流、森林、农田、湖泊、草原、沙漠等生态系统提供给人类社会生存必需的可再生资源和非可再生资源，进而产生的生态产品，这些资源及产品都拥有其独特的经济价值。但是由于生态产品的产权边界较其他产品而言难以界定、难以度量，在市场运行体系下就难交易、难抵押、难变现，导致生态产品的价值难以实现。

宁夏跨我国东部季风区和西北干旱区，西南靠近青藏高寒区，属温带大陆性干旱、半干旱气候，因贺兰山、六盘山、黄河等自然之利，境内形成独特的自然生态环境，享有"塞上江南"美誉。宁夏境内分布有贺兰山、六盘山、罗山等众多山体，不仅是重要的生态安全屏障，也是优质水源的供给区、水土保持涵养区，还是天然氧吧，更是动植物资源赖以生存的物质基础，产生的生态产品种类繁多；黄河流经宁夏397千米，国家分配的黄河可用水量40亿立方米，使"天下黄河富宁夏"的美誉享誉全球，因水资源而产生的生态产品类型丰富；宁夏森林蓄积量由2010年的660.33万立方米增加到2021年的1035.12万立方米，十年来森林覆盖率从11.89%提高到16.9%，草原综合植被盖度由禁牧（2003年）前的35%提高到2021年的52.7%，其中天然草场2.34万平方千米，是全国十大牧场之一，因林草而生的生态产品种类多样①；农田作为人工复合生态系统，提供大量人类生存的必需生态产品，品类众多、品质优良；宁夏素有"七十二连湖"之称，阅海、鸣翠湖、沙湖等湖泊资源丰富，拥有丰富的生态产品；宁夏西、北、东三面被腾格里沙漠、乌兰布和沙漠、毛乌素沙地包围，沙漠分布范围广，

---

① 宁夏社会科学院国史研究所编《国情概览·宁夏卷》，人民出版社，2016。

为沙漠光伏发电、沙漠旅游等众多沙产业产品发展提供了先决条件。上述生态产品种类繁多，其分布、属性、质量等本底情况尚未形成系统的调查和监测，未形成较为完善的生态产品确权登记目录，产权主体及权责归属还未完全界定，使生态产品的转让、抵押、出租等市场行为难以推进，生态产品价值实现的动力严重不足。

二　还未形成系统完善的生态产品价值核算体系

从经济学所说的"商品价值"角度来看，实现生态产品价值就是在市场经济行为下，从产品和服务中获得利益的衡量。生态产品的价值应该体现生态产品的成本、独特性、功能特征、稀缺程度、市场供求关系、服务能力等方面，体现其多元性特点，加之有些生态产品的公共物品属性明显，有些生态产品的市场属性明显，而各个地区的市场供求关系也明显不同，加大了其评估核算难度。这些因素都使生态产品保护和开发成本评估等价值核算的指标体系、方法模型难以建立健全，生态产品价值核算体系难以完善，进而生态系统生产总值（GEP）核算机制难以实现。

宁夏生态产品类型丰富，发展势头强劲，但缺乏相适应且具有宁夏特色的生态产品价值核算系统。主要体现在：一是生态产品数据资料不完整致使价值核算难以实现。山水林田湖草沙是一个互相依存、互相影响、互相制约的巨系统，加之人工生态系统的开发建设，产生的生态产品构成庞大的数据资料库，而生态产品价值核算需要这些数据支撑，综合巨系统会产生"1+1>2 或 1+1<2"反应，影响核算结果。但目前，生态产品相关数据资料主要集中在自然资源普查等方面，统计口径、方式方法、选择的样本、调查的尺度等方面差异大，致使生态产品价值核算缺乏有效的数据支撑。二是生态产品价值核算方法还未形成系统的、可借鉴的模式。如宁夏 14 个自然保护区内，林草植被恢复较好，产生的林草生态产品、动植物产品、碳汇功能产品、优质水源产业、葡萄酒产业等生态产品核算方法不同，价值划分、界定困难，使生态产品价值核算标准推进缓慢，核算规程或指南仍处于探索阶段；宁夏绿氢产业、生物质产业、绿色交通、生态旅游、光伏产业、沙产业

等生态产品的价值核算方式还未形成系统的、可度量的技术标准；黄河流域上下游、干支流、左右岸，跨省域、省域内的生态补偿机制还未形成，价值核算难以实现。三是生态产品价值在市场经济体系中的认可度低。生态产品类型多、产权界定复杂、价值核算方法多样、市场运行机制不健全等因素影响，使生态产品价值相较于其他商品难以度量，核算方法是否适用？目前测算出的生态产品价值是否能体现其价值、功能？诸如此类问题，使核算的生态产品价值市场认可度较低，有待进一步探索完善。

三　缺乏合理的生态产品损害赔偿和保护补偿机制

中国东西梯度大、南北差异大，由于山川河流等自然因素以及人为因素等方面的综合影响，区域的生态资源禀赋各不相同，产生的生态产品类型和品质也有差异。由于各地区在整个生态系统或流域中的生态功能不同，相应所承担的生态保护的责任和目标不同，资源开发的程度和产生的生态产品就会受到影响，因此，在整个生态系统或流域内协同发展中，就存在利益损害方和受益方，无可避免地存在生态产品损害和保护补偿的价值体现方式。但是，由于具有公共物品属性的生态产品价值难以估算，各地区生态产品产生的利益很难划分开，致使生态产品损害赔偿机制及生态补偿机制都不健全。

以黄河流域为例，为了保障黄河安澜，上中游地区要做好生态安全保障区的功能定位，为了保护生态环境放弃一些发展的利益，而中下游地区成为生态环境保护的受益方。要实现黄河流域协同发展、高质量发展，必须处理好上下游、干支流、左右岸统筹谋划，均衡各方利益，做好生态损害和生态收益的利益补偿，推动生态产品价值实现。

宁夏位于黄河上游地区，是我国重要的生态安全屏障，在黄河流域"一盘棋"发展大格局中，属于生态利益损失区，但黄河中下游生态受益区还未形成流域整体的生态补偿机制；而"天下黄河富宁夏"也使宁夏属于生态环境受益区，宁夏的发展也要对上游省区进行补偿；黄河是宁夏境内唯一过境干流，由南向北流经宁夏，在全区发展规划中，南部山区、北部平原区、中部风沙区等因生态战略地位不同，其发展定位不同，而宁夏各县域之间也存在跨区域生态产品损害赔偿和保护补偿问题，但宁夏区域内的横向生态补偿机制还不完善。

除了黄河流域生态补偿仍处于起步阶段外，宁夏的湿地生态效益补偿也处于探索阶段，大气、水源涵养区、土壤生态补偿还较为空白，还存在退耕还林、退牧还草等领域生态补偿标准过低等生态补偿问题。可见，宁夏生态产品损害赔偿和保护补偿机制还不健全，因此建立具有宁夏特色的生态产品损害赔偿和保护补偿机制任重而道远。

四　缺乏相关法律、制度、政策等法治保障体系

我国环境立法及法规基本涵盖了大气、水、海洋、土壤、湿地、动植物、自然保护区、防沙治沙、流域保护、核辐射安全等环境要素及领域，生态法治体系逐步完善健全。但由于探索生态产品价值实现的理论研究和实践刚刚起步，缺乏生态产品价值实现的相关法律、制度、政策等法治保障体系。

宁夏作为我国西部重要的生态安全屏障，始终把生态保护作为重中之重。因此，宁夏深入贯彻落实国家生态环境相关立法、法规等，出台修订了相关生态保护的实施办法、保护条例等地方性法规，形成相对完善的涉生态环境立法。但是，探讨宁夏生态产品价值实现的政府行为和学术理论都起步较晚，还未形成较完善的法治保障体系，缺少用于指导实践的相关立法，在实践中可操作性不强。

五　政府考核评估机制不健全

由于宁夏生态产品及其价值实现相关研究及探索实践都处于初级阶段，森林、草原、水资源、土地资源、低碳工业产品、生态农产品、畜牧产品、渔业产品、生态旅游等生态产品的价值难估算、难交易，因此，生态产品价值还未完全纳入国民经济发展评估中，也未纳入领导班子和干部绩效考核中，在领导干部自然资源资产离任审计中缺失，还未形成与政府考核评估挂钩机制。

第五节　建立健全宁夏生态产品价值实现机制

一　加强顶层设计

作为西部重要的生态安全屏障区，宁夏要以习近平生态文明思想为指导，不断探索践行"绿水青山就是金山银山"理念，坚持走生态优先、绿色发展之路，不断满足人民群众日益增长的美好生态需求，推动宁夏生态产品价值实现。

目前，宁夏要依据中办、国办印发的《关于建立健全生态产品价值实现机制的意见》要求，建立健全《宁夏建立健全生态产品价值实现机制的实施方案》及相关办法，提出中短期及长远目标、具体任务等，明确权责，保障宁夏生态产品价值实现。各市县要立足区域实际，依托优势自然资源和区域特色，做好生态产品开发、管理、经营、交易等相关制度建设，不断探索适合本区域的生态产品价值实现的体制机制。

二　建立健全生态产品产权制度

宁夏山水林田湖草沙生态系统分布广泛，产生的生态产品类型丰富，理清自然资源类生态产品和人工生态产品的种类、范围、数量、品质、功能等特征，完善确权登记，明确生态产品产权价值，是当前实现生态产品价值的先决条件和必要条件。

1. 开展生态产品普查

依托宁夏网格化自然资源调查监测体系，在自然资源调查本底基础上，清查宁夏境内水资源、清新空气、林草资源、湿地、沙漠、动植物等自然资源种类、基本属性、分布范围及变化等数据资料；清查绿色农作物产品、畜牧产品及渔业产品等农业生态产品的种类、品质、产量及分布等数据资料；清查绿色低碳产业及生态旅游等相关产业链生态产品的类型及功能价值；清查山林权、用水权、土地权、排污权、用能权、碳排放权在宁夏的实践探索路径。编制生态产品目录清单，阐释其功能特点、权益归属、开发现状等，建立宁夏生态产品数据库。

2. 完善生态产品确权登记

在生态产品普查基础上，明确生态产品所有权、使用权、经营权边界，合理界定出让、转让、出租、抵押、入股等权责归属，有序推进生态产品确权登记及信息化建设。例如，宁夏南部六盘山碳汇产品丰富，可以通过碳排放权交易市场行为实现区域间碳排放指标与碳汇指标的转让。

3. 实现动态监控、实时共享

利用互联网、区块链、云技术等高科技手段，建立宁夏生态产品台账，统一管理。建立生态产品动态监测制度，实时更新生态产品构成、数量、质量、分布范围、功能、价格、权益归属等信息，形成开放共享的生态产品信息云平台。

三 建立健全生态产品核算机制

依据生态产品的种类、品质、数量、成本、稀有性、功能特性、市场供需、服务能力等属性特征，建立体现不同生态产品价值的核算方法体系，探讨建立体现市场供需关系的生态产品价格形成机制，建立宁夏区市县三级生态系统生产总值（GEP）核算机制，并纳入国民经济核算体系，将 GER 核算结果作为领导干部绩效考核、自然资源资产离任审计重要参考。

依托宁夏丰富的生态产品数据库资料，对无法测算的一些数据通过矢量化处理，尽可能获得有效的、统计口径较一致的数据资料，在此基础上建立可度量的生态产品价值核算指标体系，明确具体的核算方法、流程及技术规范，采用统计调查、模型测算等方法进行实物量和价值量核算，探索建立生态产品核算动态反馈机制，推动生态产品价值核算标准体系不断完善。

依托生态产品价值核算结果，在编制各类规划或项目实施过程中，采取适当的生态补偿措施，探索建立生态占补平衡制度，如不断完善地下水占补平衡、农业与工业等各水体之间的占补平衡、碳汇与碳排放占补平衡等制度，激发生态产品价值实现的动力。加快推进生态产品核算结果在地方的应用实践，主要体现在生态损害赔偿和保护补偿、经营开发、绿色金融、生态权益交易等方面的应用。探索建立生态环境权益初始配额与生态产品价值挂钩机制，例如综合考虑宁夏的碳排放初始配额和碳汇能力，处理好保护与开发关系，积极参与全国碳排放权交易，协同推进宁夏黄河流域生态保护和高质量发展先行区建设。建立健全生态产品价值核算结果发布制度，完善生态产品价格评估制度，通过第三方适时评估宁夏各地生态保护和治理的成效，确保生态产品提质增效。

四 完善生态补偿机制

1. 完善纵向生态保护补偿机制

宁夏集河流山川、平原丘陵、沙漠草原等地形地貌于一体，各市县区、各保护区、各水源涵养区、各生态旅游景区等生态系统功能差异明显，形成众多独具特色的生态产品。综合考虑生态产品价值核算结果和生态产品的功能及贡献等因素的影响，完善森林（如生态公益林）、草原（尤其天然草场）、湖泊湿地等重点生态功能区政府转移支付资金分配机制，建立健全绿色发展财政奖补制度。优化发展生态产业政府专项基金分配方案，引领生态产品价值实现的工程项目建设。积极探索发放生态债券（如林券、碳券、绿券等）、社会捐助、"生态贷"、"GEP 贷"等绿色金融产品，拓宽资金渠道。加强生态补偿资金的监管，依法保障利益双方权益，推动生态保护落实落地，形成奖励约束常态化机制。建立健全自然保护地自然资源资产特许经营权制度，为实现自然资源资产市场化提供制度保障，推动实现自然资源类生态产品价值。如宁夏持续推进基于环境质量和污染物排放总量考核奖补形式的纵向生态补偿。

2. 完善横向生态保护补偿机制

宁夏位于黄河上游地区，依黄河之利发展的农业、工业、旅游业等一二三产业势头强劲，对于青海、四川、甘肃而言，宁夏是受益区；宁夏作为西部重要的安全屏障，为了改善宁夏生态环境，确保黄河安澜，切实保障西北、华北生态安全，宁夏严格落实生态保护红线、永久基本农田、城镇开发边界三条红线，建立了自然保护区、水源涵养区、水土保持区、防风固沙区等生态功能区，对于中下游地区而言，宁夏是利益损害方。因此，宁夏始终坚持政府主导、利益双方自愿协商原则，结合生态产品属性特征及生态产品价值核算结果，探索跨省域、省域内的黄河宁夏段干支流及入黄重点排水沟的横向生态保护补偿和环境损害赔偿机制。宁夏因区域优势、交通优势、生态优势，积极探索生态产品受益方和利益损害方之间的生态飞地经济，不断创新生态产品价值实现模式，使利益双方共担风险、共享利益。

3. 完善生态损害赔偿机制

宁夏除了要不断完善纵向和横向生态保护补偿机制，还要不断完善生态环境损害赔偿制度。要实现生态产品价值，就要下大力气建立健全生态损害赔偿相关法律法规、制度条例、政策方案等，用法治引导、规范和约束各类与生态产品价值相关的行为。宁夏要以法治生态建设为根本保障，开展生态环境损害评估，明确环境损害赔偿金额、责任主体、赔偿主体、修复生态的路径选择、修复期限等事项，建立健全生态环境损害修复和赔偿制度。推动生态保护补偿和生态损害赔偿一体化监督管理，对生态修复项目实行实时监管，提高制度执行力，有效衔接行政执法和司法，对损害生态环境事件依法进行惩罚性赔偿，牢固树立不敢破坏生态环境的理念。针对大气污染物、污水、固废垃圾等污染物处理实行收费，并制定合理的收费标准。不断完善生态农产品及林草等生态产品的保险制度，例如增加农产品保险的种类、提高保险金额及赔付能力等，使政府、企业、个人共担种养殖风险。建立健全野生动物肇事损害赔偿制度和野生动物致害补偿保险制度，探索制定自然资源资产损害赔偿实施方案，切实保护生态环境，满足人们日益增长的美好生态环境需求。例如，针对2019年中卫市腾格里沙漠边缘出现大面积污染物问题，经查是中冶纸业集团有限公司（原美利纸业公司）1998~2004年期间倾倒造纸黑液造成土壤污染（2004年后利用黑液回收系统处置），生态环境部挂牌督办，自治区及中卫市相关部门依法依纪严肃处理了责任主体，依法依规进行了环境损害赔偿，并开展生态修复项目，通过先治理清除地表污染物、再综合治理地下污染，不断修复沙漠生态系统，逐步改善生态环境，实现了"绿水青山"和"金山银山"的双向转化。

五 建立健全经营开发机制

宁夏历届党委、政府始终践行"绿水青山就是金山银山"理念，坚定不移走生态优先、绿色发展的新路子，因地制宜发展绿色农业、清洁工业、生态旅游等产业，拓宽生态产品价值实现渠道。

宁夏因黄河灌溉之利，积极探索现代高效节水农业（建设高标准农田）和生态产业化经营模式，持续发力确保耕地质量安全、粮食生产安全、粮食供销安全，推动生态农产品增质增效。北部银川平原依托自然环境优势形成种植水稻、小麦、玉米、枸杞、沙漠西瓜、苹果等生态农产品产业带；南部山区通过小流域综合治理等项目实施形成种植小麦、小杂粮、冷凉蔬菜、红梅杏、文冠果等生态农产品产业带；贺兰山东麓依托矿山生态修复工程形成葡萄产业长廊；贺兰县"稻渔空间生态观光园"是集节水农业、水产养殖、生态旅游于一体的生态产业模式；永宁县温室大棚农业依托工程措施、生物措施和科技支撑，改变了生态产品生长环境，打破了产品自然属性中的季节性特征，形成四季常有的现代生态农产品基地及生态产业创新发展高地；泾源县肉牛产业、盐池滩羊产业、彭阳朝那鸡等生态种养模式，以规模化、智能化、现代化养殖中心建设，推动形成生态产业化经营模式；中卫市沙坡头和灵武白芨滩"防沙治沙+沙产业"、中药材产业等生态产品价值实现模式；等等。积极探索通过精深加工延长"六特"生态农产品产业链，提升生态农产品价值链，拓宽拓广拓深宁夏生态农产品价值实现路径。

宁夏依托生态优势、资源能源优势、区位优势，推动新型材料、清洁能源、装备制造、数字信息、现代化工、轻工纺织"六新"产业，文化旅游、现代物流、健康养老、现代金融、电子商务、会展博览"六优"产业发展，加快产业绿色化、智能化改造，融合发展，不断践行"两山"理论在宁夏的实践转化，推动生态产品价值实现。

宁夏拥有优美的山水林田湖草沙等自然资源，悠久的地质遗迹、古村落、剪纸、社火等历史文化资源，还拥有类似"三线"建设时期的工业遗址、石嘴山矿渣堆积地改造而成的奇石山旅游景区、贺兰山汝箕沟矿山生态修复等存量资源，形成旅游观光、休闲度假、森林康养、研学旅游、文旅产业园等文旅生态产品，使资源权益转化为旅游行为，体现了生态旅游产品的价值。

宁夏不断从生态产品质量评估及品牌认证、认证标准、认证机构等方面积极探索，规范生态产品供给标准体系（如"品字标"）及认证评价标准，并建立健全生态产品质量追溯机制、交易流通监管体系、云服务体系；探索构建多元参与、多元投资、市场化运营的新模式，推动生态产品供需精准对接；探索"六权"改革在宁夏的交易试点，完善交易机制，丰富生态产品价值实现的方式。

依托互联网、区块链及云监测、网络交易平台等高科技手段，宁夏不断探索数字经济在生态文明建设中的实践。通过加强流通、能源等基础设施以及基本公共服务设施建设，搭建物流、电商及网络交易平台等新业态，为生态产品价值实现提供必要支撑。其中，电商产业发展使枸杞、葡萄酒、红梅杏等生态农产品，生态旅游网络宣传与购票，林草碳汇交易等生态产品价值得以更快、更优实现，并逐步探索创新"互联网+私人订制"模式，推进生态产品供需精准对接，成为数字经济时代实现生态产品价值供给方和需求方交易的重要桥梁，成为助力乡村振兴、农民增收的重要抓手。

严格落实习近平生态文明思想，牢固树立尊重自然、顺应自然、保护自然的绿色发展理念，宣传培育自然资源及其他生态产品有偿使用理念，必须从观念上深刻认识到人与自然和谐共生才能实现区域的高质量发展，必须在行动上践行生态优先、绿色发展之路，探索践行"两山"理论转化，实现生态产品价值，才能推动整个社会走上生产发展、生活富裕、生态良好的文明发展之路。

我国生态文明建设正处于压力叠加、负重前行的关键期，已进入提供更多优质生态产品以满足人民日益增长的优美生态环境需要的攻坚期，也到了有条件有能力解决生态突出问题的窗口期。宁夏要坚持走生态优先、绿色发展之路，坚持生态惠民、生态利民、生态为民，加快改善生态环境质量，为城乡居民提供更多优质生态产品，使人民群众获得感、幸福感和安全感不断增强。

后　记

　　光阴荏苒，日月如梭。三年的撰稿期间，我实地调研了黄河流域九省区的众多自然保护区、湿地公园及国家公园，尤其是宁夏 14 个自然保护区、黄河宁夏段岸堤保护及水利设施建设、湖泊湿地、南部山区高标准农田建设、光伏及风电建设基地、绿色园区等，为书稿撰写积累了大量数据资料和丰富的实践经验。值此书稿落笔之际，心中升起对良师益友的无限感激。首先要感谢的就是我的两位导师——兰州大学资源环境学院王乃昂教授和宁夏大学资源环境学院李陇堂教授，感谢王老师和李老师在此书写作过程中给予的指导和帮助。两位先生知识渊博、治学严谨、待人谦和，使我不仅在学术领域学到很多专业知识，也让我懂得更多的人生道理，使我终身受益。其次，我要感谢张建明老师、何彤慧老师、李霞老师等学者对本书提出的专业性建议和修改意见，使我的专业知识和技能都有了较大的提高，书稿得以更加完善。还要感谢宋春玲老师、张学倩老师、白杨老师、张宏彩老师、徐荣老师等同事，不仅与我一起开展了辛苦的实地调研和访谈，而且在我此书的撰写过程中提供了许多帮助，在与他们的合作和交流过程中，我受益良多。更要感谢的是宁夏社会科学院给予我大量课题研究的支持，感谢刘雨书记一直以来的鼓励和支持，感谢马文峰院长和田光锋副院长带领我参与众多课题研究，感谢陈旭副院长及杜志杰处长和宋朋瑞同志等人给予我工作中的帮助和关心，他们严谨的治学态度、精益求精的工作作风和诲人不倦的育人精神，是值得我学习的。在此本人向他们致以最崇高的敬意！

感谢宁夏回族自治区党委组织部、自治区人力资源和社会保障厅给予我"青年拔尖人才培养工程自治区级学术技术带头人后备人选"并给予人才培养经费支持，使我在生态经济领域学术素养及文学素养都有提升。感谢宁夏回族自治区党委组织部选派我至中共中央党校（国家行政学院）访学一年，系统学习习近平新时代中国特色社会主义思想及相关理论，打下坚实的理论基础，以理论指导实践。感谢中共中央党校（国家行政学院）车文辉教授、白艳梅教授在访学期间带领我参与课题研究及调研，感谢张宇老师、郭杰老师、甘源老师、姜绍静老师给予的关怀和帮助，在此，祝老师们工作顺利！万事如意！

最后，感谢我挚爱的双亲和亲朋好友多年来对我学习和生活的鼓励和支持，感谢他们一直给予我无私的爱，培养了我面对困难的勇气，学会笑对人生。在此，祝愿他们身体安康！心想事成！万事如意！

在此书即将完成之际，我再次向亲朋、良师、益友表示衷心的感谢！

吴　月

2024 年 3 月·北京

图书在版编目（CIP）数据

宁夏山水林田湖草沙系统治理／吴月，宋春玲著.
北京：社会科学文献出版社，2024.11. --ISBN 978-7
-5228-4181-6

Ⅰ. X321.243

中国国家版本馆 CIP 数据核字第 2024TG9923 号

宁夏山水林田湖草沙系统治理

著　　者／吴　月　宋春玲

出 版 人／冀祥德
组稿编辑／陈　颖
责任编辑／连凌云
责任印制／王京美

出　　版／社会科学文献出版社·皮书分社（010）59367127
　　　　　地址：北京市北三环中路甲 29 号院华龙大厦　邮编：100029
　　　　　网址：www.ssap.com.cn
发　　行／社会科学文献出版社（010）59367028
印　　装／三河市龙林印务有限公司

规　　格／开　本：787mm×1092mm　1/16
　　　　　印　张：16　字　数：244 千字
版　　次／2024 年 11 月第 1 版　2024 年 11 月第 1 次印刷
书　　号／ISBN 978-7-5228-4181-6
定　　价／88.00 元

读者服务电话：4008918866